空间网格结构腐蚀安全评估与性能提升技术

刘红波　陈志华　陈蕙芸　郭刘潞　周　婷　著

天津大学出版社
TIANJIN UNIVERSITY PRESS

图书在版编目（CIP）数据

空间网格结构腐蚀安全评估与性能提升技术 / 刘红
波等著. -- 天津 : 天津大学出版社, 2024. 7. -- ISBN
978-7-5618-7771-5

Ⅰ. TU399

中国国家版本馆CIP数据核字第2024Z8782E号

出版发行		天津大学出版社
地　　址		天津市卫津路92号天津大学内（邮编：300072）
电　　话		发行部：022-27403647
网　　址		www.tjupress.com.cn
印　　刷		廊坊市海涛印刷有限公司
经　　销		全国各地新华书店
开　　本		787mm×1092mm　1/16
印　　张		16.75
字　　数		419千
版　　次		2024年7月第1版
印　　次		2024年7月第1次
定　　价		72.00元

凡购本书，如有缺页、倒页、脱页等质量问题，烦请与我社发行部门联系调换

前　　言

随着建筑科学技术的发展和人类对大型共享空间的需求增加,空间网格结构迅速发展并逐渐得到广泛应用。空间网格结构以钢材为主,不可避免地会受到腐蚀影响,从而导致结构承载性能逐渐退化,甚至引发工程事故,造成严重的经济损失和人员伤亡。因此,对空间网格结构腐蚀后的性能评估及性能提升需求日益迫切。然而,目前对空间网格结构腐蚀后的安全评估方法和性能提升技术的研究还未形成系统有效的技术体系和针对性设计规范。

本书基于作者多年的研究成果编写而成。全书从材料、构件、节点再到整体结构进行了系统梳理,共分为 6 章,内容包括:空间网格结构和腐蚀的简介、金属材料的腐蚀后力学性能评估方法、金属构件腐蚀后力学性能评估方法、关键节点腐蚀后力学性能评估方法、焊接空心球空间网格结构腐蚀后力学性能评估方法、空间网格结构腐蚀后的性能提升技术。本书可为空间网格结构腐蚀安全评估、防腐蚀设计提供参考,为腐蚀后空间网格结构加固提升提供建议。

本书的撰写得到了国家重点研发计划、国家自然科学基金等项目的支持。本书由刘红波教授和陈志华教授主持编写,刘红波教授、陈志华教授、陈蕙芸讲师、郭刘潞博士后和周婷副教授均为本书提及的研究成果做出了重大贡献,并参与了本书的手稿整理和修订工作。本书从起草到最终交稿得到了前辈、同行、同事及亲朋好友的大力支持和帮助,天津大学出版社编辑为本书出版给予了大力支持,在此,一并表示衷心的感谢。

最后,希望本书对空间网格结构安全评估和性能提升领域的读者不无小补。由于时间有限,加之作者认识上的局限性,本书中的疏漏和不当之处在所难免,敬请广大读者不吝赐教。

目　　录

第1章　空间网格结构和腐蚀的简介

空间钢结构起步于 20 世纪 50 年代,建造初期由于钢材短缺、造价高昂等原因,主要应用于公共建筑、工业厂房中,如 1959 年建成的人民大会堂万人大礼堂(图 1-1(a)),1961 年建成的北京工人体育馆(图 1-1(b))等。这些建筑到目前为止已有 60 多年,为确保其安全使用,需进行承载性能及安全性能的评估。

（a）人民大会堂万人大礼堂

（b）北京工人体育馆

图 1-1　空间钢结构

21 世纪以来,我国的钢材产量迅速增加。空间钢网格结构也随之迅速发展,现已广泛应用于游泳馆、体育馆、机场、展览馆、工业厂房等,例如国家游泳中心"水立方"、北京工业大学体育馆、北京首都国际机场、深圳市市民文化中心、某生产车间和某干煤棚等(图 1-2)。空间钢网格结构长期在室外大气环境和室内使用环境的双重作用下,将不可避免地受到各种腐蚀因素的威胁,结构的承载性能将逐渐下降,甚至会导致严重的经济损失和人员伤亡。

（a）国家游泳中心

（b）北京工业大学体育馆

（c）北京首都国际机场

（d）深圳市市民文化中心

（e）某生产车间

（f）某干煤棚

图 1-2　空间钢网格结构应用实例

　　全世界每年因金属腐蚀造成的直接经济损失为 7 000 亿~10 000 亿美元。英国因腐蚀造成的损失平均每年达 100 亿英镑,占 GDP(国内生产总值)的 3.5%;德国的损失约为 88 亿欧元,占 GDP 的 3.0%;美国的损失则达 3 000 多亿美元,占 GDP 的 4.2%;中国 2014 年腐蚀成本超过了 2 万亿元,占 GDP 的 3.34%。我国在对腐蚀引发的工程事故的统计中发现,钢结构事故占 38.62%。空间网格结构作为钢结构的一类典型结构形式,其锈损倒塌事故造成的人员伤亡不胜枚举。中国台湾某高中礼堂,建成 6 年后倒塌,造成 26 人死亡,30 余人受伤;湖南耒阳电厂干煤棚建成不到 10 年倒塌,造成重大财产损失(图 1-3);河北廊坊某服装厂车间建成 14 年后倒塌,造成 10 人死亡,15 人受伤;山西某机修车间使用 31 年后倒塌,造成重大财产损失(图 1-4);等等。俄罗斯彼尔姆边疆区丘索沃伊市某游泳馆建成 10 年后倒塌,造成 14 人死亡,多人受伤。

　　与一般的钢结构相比,虽然空间网格结构具有自重轻、用材省、造型美观、空间刚度大、施工安装便利等诸多优点,但是对其锈损后承载性能的检测和评估也存在不小的挑战。一方面,空间网格结构通常运用于大空间建筑结构,如果要进行定期的锈损情况全面检测和危险点排查,将要付出远超于普通住宅钢结构的人力、物力和财力;另一方面,空间网格结构形态各异、结构复杂,进行锈损检测和评估的过程难以规范化且容易产生偏差而高估或低估结构的服役状态。此外,空间网格结构不论是重要标志性建筑物还是诸如游泳馆、干煤棚、特定生产车间这类特殊小型建筑物,都具有数量多、分布广、人流量密集的特点,一旦发生事故后果不堪设想。因此,对空间网格结构腐蚀后性能评估和性能提升的相关研究是必要且重要的。若能及时预测和评估空间网格结构承载性能的时变劣化特性,及时修复和加固在役锈损空间网格结构,不仅可以避免大修和拆除造成的经济损失,而且能有效减小结构整体突然失效的风险系数,提高空间网格结构服役全寿命周期的可靠度。比如 1966 年建成的天津科学宫礼堂网架结构,由天津大学刘锡良教授设计,作为国内第一个焊接球网架工程,它已服役 50 余年,这离不开对网架结构的定期检测和安全性能评估工作(图 1-5(a))。再比如公安部天津消防研究所(现应急管理部天津消防研究所)的燃烧试验馆吊顶网架结构,该网架结构在服役期间长期处于高温和高湿环境中,服役仅十年就锈损严重,通过对其进行剩余性能检测和安全评估并给出修复加固建议,使其能继续服役,从而避免了对整体网架的拆除(图 1-5(b))。

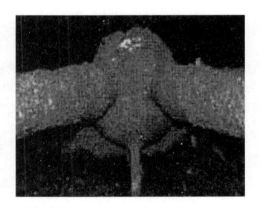

图 1-3　湖南耒阳电厂干煤棚倒塌事故

图 1-4　山西某机修车间倒塌事故

然而,目前对锈损空间网格结构的承载性能退化规律及安全评估方法的研究还未形成系统、有效的体系,也无相关设计规范给出针对性建议。实际工程中的安全评估还停留在依靠自身经验与现场部分明显损伤部位实测相结合的阶段,通常忽略了节点的影响,也未考虑腐蚀全过程中结构内力重分布等的影响,很可能会遗漏薄弱区域,留下安全隐患。

（a）天津科学宫礼堂网架结构　　　　　　　　　（b）公安部天津消防研究所网架结构

图 1-5　锈损空间网格结构安全性能评估典型应用

　　基于此背景,本书针对锈损空间网格结构开展了包括材料、构件、节点以及整体结构在内的系统研究。该研究不仅能为锈损空间网格结构安全使用和合理拆修提供科学依据,也能在保证结构服役安全的前提下,最大程度延长结构的使用寿命,降低我国基础工程设施的建设成本,具有重要的科学意义和广阔的工程应用前景。

第 2 章　金属材料的腐蚀后力学性能评估方法

2.1　引言

作为传统建筑材料的低合金钢,在建筑结构中广泛应用。但金属材料的腐蚀将削弱建筑结构的承载能力,甚至引起脆性断裂和失稳破坏,威胁结构安全。研究结构钢在酸性盐雾环境下的腐蚀行为和剩余性能,对研究和评估在役建筑结构在工业海洋大气环境下的剩余承载能力有重要作用。

因此,本章对空间网格结构常用钢材的腐蚀损伤和力学性能退化进行定性分析和定量评估。首先,将三种结构钢置于乙酸盐雾环境中,最长持续 320 天。其次,对不同腐蚀程度的金属材料进行扫描电镜测试、超景深三维显微镜观察、三维激光扫描等表征测试及单轴拉伸试验。再次,推导金属材料腐蚀发展的时变模型,总结试件的剩余性能时变规律,综合分析金属材料腐蚀行为和力学性能退化的联系。最后,在试验研究的基础上,提出了结构钢的腐蚀简化模型和腐蚀空间分布模型,建立了不同金属材料的腐蚀后剩余性能评估方法,为分析和评估在役建筑结构的剩余承载性能奠定基础。

2.2　钢材腐蚀

2.2.1　标定试验

空间网格结构多分布在我国沿海经济发达地区,这些地区同时具有“酸雨频率高”和“沿海大气环境,易受氯离子侵蚀”两个特点。因此本章采用人工加速乙酸盐雾试验(AASS)来模拟这种工业海洋环境的腐蚀作用。型号为 AB-120B 的步入式盐雾试验箱(简称“盐雾箱”)如图 2-1 所示,试验箱采用浓度为(50 ± 5)g/L 的 NaCl 溶液,并用乙酸调节到 pH 值为 3.1~3.3。通过压缩空气将盐溶液变为雾状吹入内腔。内腔的湿度控制在 95%,温度设置为(35 ± 2)℃。

选用牌号为 Q235B 的结构钢进行标定试验,试件尺寸为 100 mm × 50 mm × 6 mm,如图 2-2 所示。先用碳化硅纸机械抛光试件,然后用清水和软毛刷将试件清洗干净,最后用无水乙醇冲洗,自然烘干后用天平称量试件的初始重量。将试件置于 L 形木制支架上,使其与垂直方向成 60°,如图 2-3 所示。试件按照腐蚀水平(在盐雾箱中的时间为 96 h, 144 h, 168 h, 240 h, 480 h)分为 5 组,每组 3 个平行试件,共计 15 个试件。到预定时间后取出试件,观察其表面形貌,采用加入六次甲基四胺缓蚀剂的稀盐酸除锈并称量失重数据;计算试件等效均匀腐蚀深度(表 2-1);依据文献的幂函数公式和表 2-1 的数据,拟合出盐雾箱的加速性方程(式(2-1)和图 2-4),拟合相关系数 R^2=0.998 49。

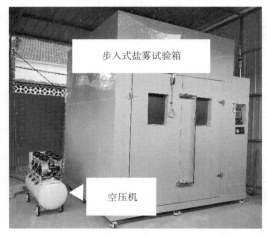

（a）箱体外部　　　　　　　　　　　　　　　　（b）箱体内部

图 2-1　步入式盐雾试验箱

$$d_C = 0.004\,5t^{0.946\,75} \qquad\qquad (2\text{-}1)$$

式中,d_C 表示等效均匀腐蚀深度(mm);t 表示腐蚀时间(天)。

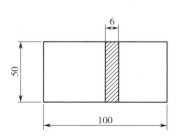

图 2-2　标定试件尺寸

图 2-3　标定试件摆放位置

表 2-1　不同腐蚀水平下的标定试验结果

腐蚀时间(h)	试件编号	失重量(g)	失重率(%)	d_C(mm)	$\overline{d_C}$(mm)
	A-1	1.041	0.44	0.017 0	
96	A-2	0.843	0.36	0.014 3	0.015 9
	A-3	0.988	0.43	0.016 4	

续表

腐蚀时间（h）	试件编号	失重量（g）	失重率（%）	d_C（mm）	$\overline{d_C}$（mm）
144	B-1	1.293	0.64	0.024 5	0.024 5
	B-2	1.333	0.63	0.024 2	
	B-3	1.490	0.67	0.024 9	
168	C-1	1.644	0.72	0.029 1	0.027 9
	C-2	1.647	0.71	0.027 2	
	C-3	1.659	0.73	0.027 4	
240	D-1	2.433	1.03	0.039 8	0.041 0
	D-2	2.445	1.09	0.040 7	
	D-3	2.386	1.10	0.042 6	
480	E-1	4.451	1.94	0.079 0	0.076 3
	E-2	4.540	2.18	0.074 2	
	E-3	4.574	2.09	0.075 9	

注：$\overline{d_C}$ 表示各个等效均匀腐蚀深度的平均值。

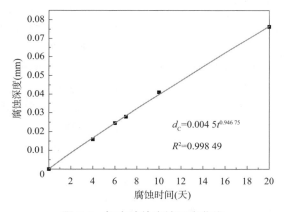

图 2-4　标定试件腐蚀深度曲线

　　选择牌号为 Q235 的低碳钢在我国万宁、琼海、青岛、广州四处典型的工业海洋大气环境中暴露 16 年所得的腐蚀动力学方程（式（2-2）~式（2-5）），与本书加速腐蚀标定试验所得方程（式（2-1））比较，以等效均匀腐蚀深度 d_C 为基准，计算得出试验时间 100 天大致等效于万宁、琼海、青岛、广州分别腐蚀 5.5 年、14 年、20 年和 88.5 年。这说明乙酸盐雾试验对实际腐蚀性大气环境的模拟具有加速性。

$$d_C = 0.032t_y^{1.40} \tag{2-2}$$

$$d_C = 0.022t_y^{1.05} \tag{2-3}$$

$$d_C = 0.057t_y^{0.61} \tag{2-4}$$

$$d_C = 0.056t_y^{0.41} \tag{2-5}$$

式中，t_y 表示自然暴露腐蚀试验的时间（年）。

在上述加速性分析的基础上,进一步研究乙酸盐雾试验与大气腐蚀试验的相关性。腐蚀试验分成两组:一组是乙酸盐雾的标定试验;另一组是相同材料的自然环境大气暴露试验,包括万宁、琼海、青岛、广州等试验站的试验。利用灰色关联法进行分析,灰色关联度计算结果见表 2-2。从表中可以看出,乙酸盐雾试验对湿热工业环境的模拟是适宜的;在列举的几个工业海洋环境的城市中,与乙酸盐雾试验的关联度从大到小依次为琼海、万宁、青岛、广州。

表 2-2　灰色关联度计算结果

地点	差系列	两级最小差	两级最大差	关联度
万宁	(0, 0.22, 0.43, 1.03, 4.72)	0	4.72	0.758
琼海	(0, 0.01, 0.04, 0.04, 0.62)	0	0.62	0.813
青岛	(0, 0.26, 0.35, 0.83, 2.13)	0	2.13	0.691
广州	(0, 0.36, 0.50, 1.12, 2.86)	0	2.86	0.687

2.2.2　试验材料及试件设计

对空间网格结构常用的牌号为 Q235B、Q345B、Q390B 的结构钢(以下命名为 Q235、Q345 和 Q390)进行试验。三种钢材的化学成分见表 2-3。从平行于板材轧制方向切取 A、B 两种类型的金属材料标准件。A 类标准件依据 ISO 9226 加工,用于腐蚀形貌观察;B 类标准件依据《金属材料 拉伸试验 第 1 部分:室温试验方法》(GB/T 228.1—2021)加工,用于腐蚀后材料力学性能退化研究。两种标准件的设计形状和尺寸如图 2-5 所示。两种标准件用不同牌号的碳化硅纸机械抛光至 1 200 粒度,用无水乙醇清洗并烘干。标准件的分组设置如图 2-6 所示。注意,腐蚀前 A 类标准件厚度方向的四个侧面和 B 类标准件的端头需涂环氧树脂防止腐蚀。

表 2-3　结构钢的化学成分及含量　　　　　　　　　　　　　　　　(%)

结构钢	C	Si	Mn	P	S
Q235	0.17	0.16	0.42	0.017	0.015
Q345	0.15	0.24	1.22	0.015	0.019
Q390	0.15	0.28	1.47	0.017	0.002 5

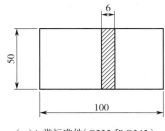

(a)A 类标准件(Q235 和 Q345)

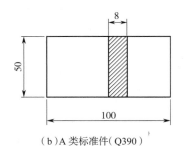

(b)A 类标准件(Q390)

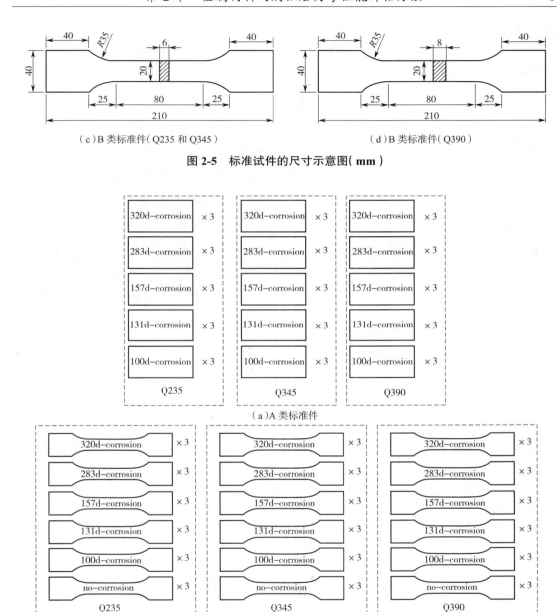

（c）B 类标准件（Q235 和 Q345）　　　　　（d）B 类标准件（Q390）

图 2-5　标准试件的尺寸示意图（mm）

（a）A 类标准件

（b）B 类标准件

图 2-6　测试组设置

2.2.3　试验过程与设备

1. 加速腐蚀试验

采用与标定试验相同的腐蚀试验设备（图 2-1）和加速腐蚀试验方法，对 A 类和 B 类标准件进行人工加速腐蚀试验。A 类标准件置于 L 形木制支架上，与垂直方向成 60°，每日翻转保证其均匀腐蚀,B 类标准件垂直悬挂,如图 2-7 所示。将两类标准件按照 100、131、157、283、320 天的腐蚀周期分批取出,每批每类标准件 3 个。在室温下,对所有试件采用加入六次甲基四胺缓蚀剂的稀盐酸除锈。除锈后所有试件用无水乙醇清洗并烘干、称重,测量质量损失情况。

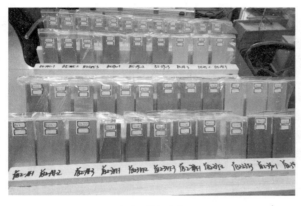

（a）A 类标准件　　　　　　　　　　　　（b）B 类标准件

图 2-7　A、B 两类标准件的放置形式

2. 表面形貌测量

用相机记录三种钢材的 A 类标准件除锈前后的表面宏观腐蚀形貌。之后,将 A 类标准件用机械切割成 10 mm×10 mm 的小试件。通过型号为 CLSU1510 的扫描电子显微镜（SEM）分析一些小试件的表面微观腐蚀形貌（图 2-8）。通过型号为 VHX-2000C 的超景深三维显微镜分析另一些小试件的表面微观腐蚀形貌（图 2-9）。低合金钢的腐蚀形貌并不属于典型的点蚀形貌,若要对后续节点的腐蚀分析做进一步的量化,需对加工节点所用的两种结构钢（Q235 和 Q345）腐蚀后的表面进行进一步分析。利用 Techlego 有限公司的 G3 系列工业级三维扫描仪,对两种结构钢的 A 类标准件的表面形貌进行激光三维扫描（图 2-10）和定量分析。扫描仪分辨率为 630 万像素,单幅扫描精度为 0.003 mm。

图 2-8　电镜扫描

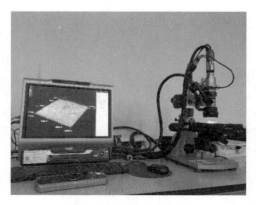

图 2-9　超景深三维扫描

图 2-10　激光三维扫描

3. 静力拉伸试验

首先,通过游标卡尺测量腐蚀前所有 B 类标准件的标距范围(50 mm)内的宽度和厚度并取平均值,得到初始截面面积,用于计算 B 类标准件的工程强度指标。然后,剥离 B 类标准件端头的环氧树脂胶,用清水和无水乙醇对腐蚀后的试件进行清洗,并烘干备用。依据规范 GB/T 228.1—2021 的要求,用型号为 DDL300 的伺服液压万能试验机对处理后的 B 类标准件进行静力拉伸试验,如图 2-11 所示。试验采用位移加载制度,加载速度为 2 mm/min。引伸计用来测量加载过程中的变形,并在达到极限荷载后拆除。断裂后测量试件平行长度段的伸长量和断后截面面积。

图 2-11　静力拉伸试验

2.2.4　腐蚀动力学

质量损失方法通过测量试件腐蚀前后的质量变化来反映腐蚀水平,它是腐蚀动力学中使用最广泛的方法。基于质量损失方法,本书计算了不同腐蚀时间下三种结构钢 A 类标准件的质量损失率 η_C 和等效均匀腐蚀深度 d_C 两个表示腐蚀水平的指标,见式(2-6)和式(2-7)。三种结构钢 A 类标准件不同腐蚀周期的质量损失率 η_C 和等效均匀腐蚀深度 d_C 见表 2-4。需注意,表中数据为每组三个平行试件的均值;试件编号命名方式为"试件类型名-腐蚀时间"。

$$\eta_C = \frac{m_0 - m_C}{m_0} \times 100\% \tag{2-6}$$

$$d_C = \frac{m_0 - m_C}{\rho S_A} \tag{2-7}$$

式中,m_0 表示腐蚀前的质量(g);m_C 表示腐蚀后的质量(g);ρ 表示金属材料的密度(结构钢为 0.007 85 g/mm³);S_A 表示金属材料暴露在盐雾中的总腐蚀面积(mm²)。

表 2-4　三种结构钢 A 类标准件的质量损失分析结果

试件编号	η_C（%）	d_C（mm）	试件编号	η_C（%）	d_C（mm）
Q235-100	7.04	0.279	Q390-283	10.99	0.485
Q235-131	10.35	0.385	Q390-320	12.61	0.561
Q235-157	11.16	0.418	Q345-100	7.58	0.221
Q235-283	15.97	0.590	Q345-131	8.74	0.248
Q235-320	17.99	0.700	Q345-157	10.02	0.295
Q390-100	5.00	0.225	Q345-283	15.66	0.480
Q390-131	6.64	0.301	Q345-320	18.77	0.555
Q390-157	7.27	0.323			

　　金属或合金在自然大气环境下的等效均匀腐蚀深度随腐蚀时间变化的规律可以用幂函数（式（2-8））表示。

$$d_C = \beta_0 t^n \tag{2-8}$$

式中，β_0 表示初始腐蚀速率（mm/天）；n 表示金属-环境-特定时间指数（$n>1$ 表示该金属在该环境下的锈层没有保护性）；t 表示加速腐蚀试验的时间（天）。

　　基于式（2-8）、Q235 钢的标定试验结果以及表 2-4，三种结构钢随腐蚀时间变化的关系可以被拟合为式（2-9）~式（2-11）。拟合过程如图 2-12 所示。

$$d_C = 0.009\,29t^{0.745\,7} \tag{2-9}$$

$$d_C = 0.004\,34t^{0.837\,69} \tag{2-10}$$

$$d_C = 0.008t^{0.733\,11} \tag{2-11}$$

　　基于图 2-12（a），可对长时间乙酸盐雾腐蚀试验的加速性进行校准。结合式（2-2）~式（2-5）以及式（2-9），以万宁、琼海、青岛三地为例，按照 2.2.1 节的方法，得出设定的 5 个腐蚀周期的加速性模拟结果，见表 2-5。

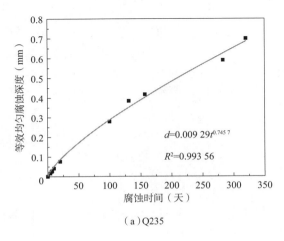

（a）Q235

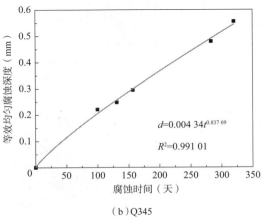

（b）Q345

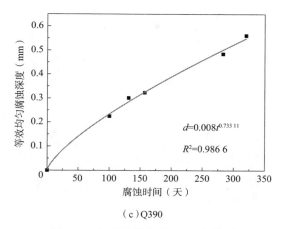

$$d=0.008t^{0.733\,11}$$

$$R^2=0.986\,6$$

（c）Q390

图 2-12　不同结构钢的 d_C 时变模型

表 2-5　乙酸盐雾试验加速性模拟结果

加速腐蚀时间（天）	万宁（年）	琼海（年）	青岛（年）
100	4.8	11.6	15
131	5.5	14	20
157	6.1	16	25
283	8.4	24.2	50
320	9	26.5	60

由图 2-12 可知,幂函数模型同样能较好拟合 Q235、Q345、Q390 三种结构钢在乙酸盐雾环境中 d_C 的发展规律。此外,在乙酸盐雾环境下,三种结构钢的腐蚀速率逐渐放缓。Q345 的幂指数 n 稍高,即其锈层保护性稍弱于 Q235 和 Q390。

进一步分析三种结构钢的腐蚀动力学行为。金属的腐蚀动力学行为主要受合金元素和腐蚀环境两大因素影响。在腐蚀条件一致的前提下,推测三种结构钢的腐蚀动力学行为的差异性源于化学成分及其含量。Q235 和 Q345 的成分差异主要在于锰（Mn）。Mn 的热力学稳定性要小于铁（Fe）且质量分数较大的 Mn 更容易在合金中形成杂质相。故 Mn 容易诱发结构钢的点蚀行为,减小腐蚀动力学中的 β_0,增大腐蚀动力学中的 n。而 Q390 虽然有着与 Q345 相近的 Mn 含量,但是其硫（S）的含量远低于 Q235 和 Q345。S 容易在结构钢表面形成夹杂物（如 MnS）,含 S 夹杂物在电解液中会快速溶解从而诱发结构钢的局部点蚀。因此 Q390 的点蚀行为稍弱于 Q345,$\beta_{0\text{-}Q390}>\beta_{0\text{-}Q345}$ 且 $n_{Q390}<n_{Q345}$。综上所述,结构钢中的夹杂物是产生点蚀行为的诱因,而夹杂物主要影响的是腐蚀动力学中的 β_0,轻微影响 n。

2.2.5　腐蚀形貌

三种结构钢 A 类标准件的锈层形貌如图 2-13 所示。结构钢上均附着厚的红棕色多孔锈层和部分氯化钠晶体;除去外层蓬松锈层后,钢材表面还附着有一层黑色较致密锈层,难以去除。三种结构钢 A 类标准件除锈后的表面形貌如图 2-14 所示。低合金钢表面没有明显深坑,但表面也并不平整,肉眼可见细小无规律的凸起或凹陷。

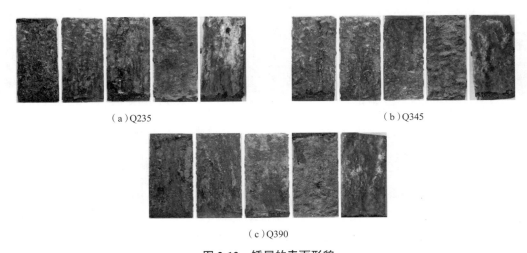

（a）Q235　　　　　　　　　　　　　　　（b）Q345

（c）Q390

图 2-13　锈层的表面形貌

（注：腐蚀周期从左至右依次为 100、131、157、283、320 天）

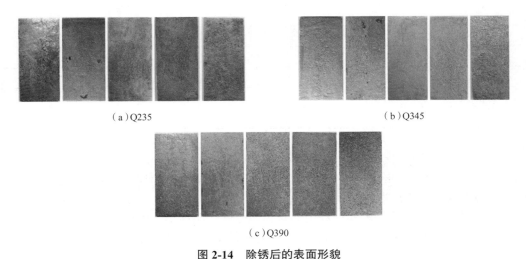

（a）Q235　　　　　　　　　　　　　　　（b）Q345

（c）Q390

图 2-14　除锈后的表面形貌

（注：腐蚀周期从左至右依次为 100、131、157、283、320 天）

A 类标准件的 50 倍电镜扫描和超景深三维扫描结果分别如图 2-15 和图 2-16 所示。三种结构钢均为传统意义上的均匀腐蚀材料，其实际腐蚀形貌应该是均匀腐蚀和点蚀同时发生导致的。表面蚀坑浅而宽，蚀坑投影面近似呈圆形。分析其产生蚀坑的原因，主要有三种：一是氯离子吸附在金属表面诱发点蚀；二是随着均匀腐蚀的发生，金属中的加工缺陷和夹杂物暴露于电解质溶液中从而产生点蚀；三是盐雾气氛会在金属表面凝结成独立的小液滴，小液滴中心的氧浓度低于边缘的氧浓度，形成了氧浓度差。随着腐蚀时间增加，"老蚀坑"逐渐扩张，"新蚀坑"不断出现，大部分表面因为蚀坑的融合出现不规则的"蚀坑集"，并且"蚀坑集"的发展倾向不均匀。此外，结构钢均匀腐蚀的过程会不断侵蚀金属表面，从而影响蚀坑演化的过程，已经出现的蚀坑深度和直径可能会减小。这又使得结构钢整体表面的"蚀坑集"体积总损失呈现先增大后减小的循环变化规律。综合图 2-13~图 2-16，认为低合金钢为"非典型点蚀"或者"均匀腐蚀为主并伴有轻微点蚀"的腐蚀形貌,其形貌特征有待进一步研究。

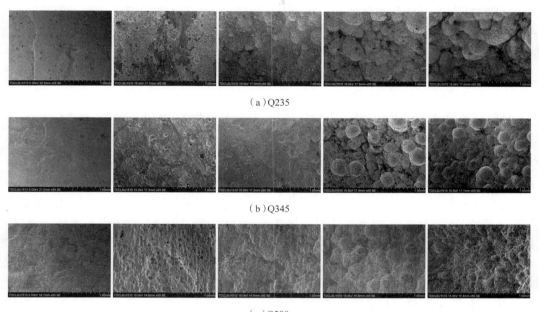

（a）Q235

（b）Q345

（c）Q390

图 2-15　50 倍电镜扫描结果

（注:腐蚀周期从左至右依次为 100、131、157、283、320 天）

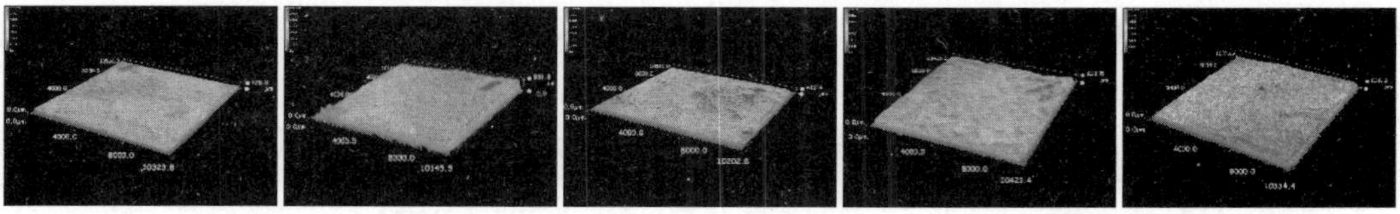

（a）Q235

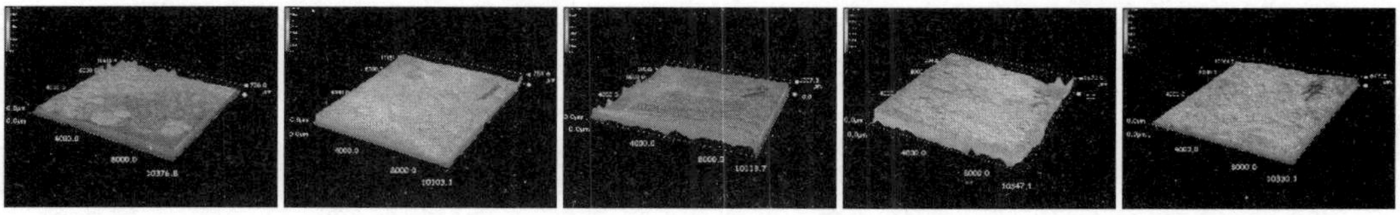

（b）Q345

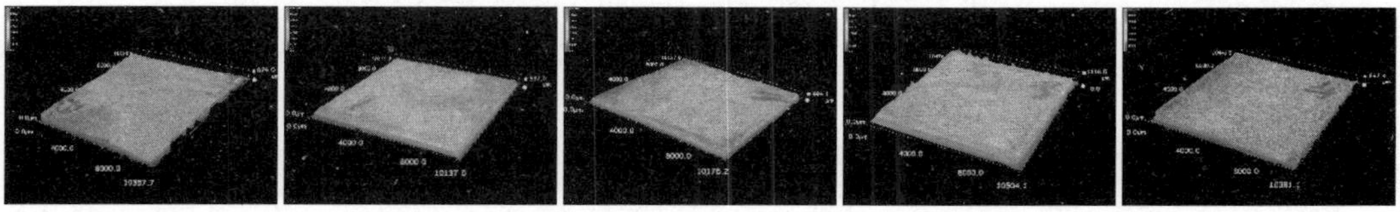

（c）Q390

图 2-16　超景深三维扫描结果

（注:腐蚀周期从左至右依次为 100、131、157、283、320 天）

2.2.6　腐蚀破坏机理

结构钢在乙酸盐雾气氛条件下主要的电化学反应为氧的去极化反应。铁在阳极区失电子发生氧化反应,溶解为亚铁离子,最终形成腐蚀坑(式(2-12))。氧气和氢离子在阴极区域得电子发生还原反应,生成水(式(2-13))。

$$Fe \rightarrow Fe^{2+} + 2e^- \tag{2-12}$$

$$O_2 + 4H^+ + 4e^- \rightarrow 2H_2O \tag{2-13}$$

且较高的氯离子浓度会对氧化过程(式(2-13))起催化作用(式(2-14)~式(2-16))。

$$Fe + Cl^- \rightarrow FeCl_{ad} + e^- \tag{2-14}$$

$$FeCl_{ad} \rightarrow FeCl^+ + e^- \tag{2-15}$$

$$FeCl^+ \rightarrow Fe^{2+} + Cl^- \tag{2-16}$$

在水和氧气的持续作用下,亚铁离子会继续氧化为红褐色的 γ-FeOOH,反应式见式(2-17)。γ-FeOOH 在 H^+ 的作用下被还原为黑色的 Fe_3O_4(式(2-18)),当遇到较大的阴极区域或者氧气充足时,Fe_3O_4 还会被氧化为 γ-FeOOH(式(2-19))以及易溶于酸性电解质的 γ-Fe_2O_3 和 α-Fe_2O_3。而越接近金属基体的锈层中氧气浓度越小,这也较好地解释了腐蚀形貌中结构钢外表面为红棕色新锈层和内表面为黑色老锈层的现象。

$$4Fe^{2+} + O_2 + 6H_2O \rightarrow 4\gamma\text{-}FeOOH + 8H^+ \tag{2-17}$$

$$3\gamma\text{-}FeOOH + H^+ + e^- \rightarrow Fe_3O_4 + 2H_2O \tag{2-18}$$

$$4Fe_3O_4 + O_2 + 6H_2O \rightarrow 12\gamma\text{-}FeOOH \tag{2-19}$$

γ-FeOOH 是疏松多孔的半导体和电化学活性物质。随着腐蚀时间增加,γ-FeOOH 会逐渐转变为更靠近基体的致密且绝缘稳定的 α-FeOOH。此外,当氯离子浓度较高时,γ-FeOOH 还会转化为 β-FeOOH,这是氯离子主导的海洋大气环境中特有的腐蚀产物。结构钢在乙酸盐雾环境下的腐蚀机理如图 2-17 所示。因为相对于铝的氧化物来说,结构钢的锈层几乎没有保护性,FeOOH 和 Fe_3O_4 快速生成并附着在金属基体表面,形成结构钢主要的腐蚀行为——均匀腐蚀。而 Cl^- 会随机穿透锈层并吸附在基体表面,加速 Fe 的氧化,形成均匀腐蚀基础上的轻微点蚀。由于 Fe 溶解形成 Fe^{2+},在蚀坑底部的 Fe^{2+} 会形成一个电场,加快 Cl^- 朝孔底移动的速度,加快 Fe 的溶解。随着 Fe 的不断溶解,锈层下(蚀坑里)的溶液的 pH 值会随着 H^+ 的聚集降低,这进一步促进蚀坑的深挖和扩张。

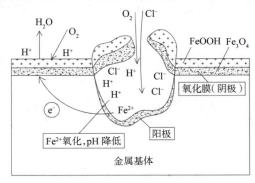

图 2-17　结构钢在乙酸盐雾气氛下的腐蚀机理

　　总的来说,结构钢在乙酸盐雾气氛下的点蚀的环境诱因是 Cl^-,蚀坑萌生是由于 Cl^- 催化了 Fe 的氧化过程,而蚀坑发展是由于 Fe^{2+} 进一步氧化释放 H^+ 导致坑底的 pH 值降低。结构钢的锈层实际不受到 Cl^- 的威胁,因此随着锈层累积, Cl^- 的穿透能力被削弱,锈层深处的基体接触 O_2 和 Cl^- 的难度增大从而氧化难度加大,即出现结构钢的等效均匀腐蚀深度增长速率随腐蚀时间增大而逐渐减小的现象。

2.2.7　结构钢的腐蚀形貌简化模型及腐蚀特征参数

　　为了进一步研究和定量分析两种用于加工焊接空心球节点的结构钢(Q235 和 Q345)表面“蚀坑集”的深度发展规律,建立低合金钢的“非典型点蚀”的空间分布模型,应用三维扫描技术对五种腐蚀程度下两种低合金钢的 A 类标准件表面数万个测点的相对坐标进行采集和分析。同时,基于上文对低合金钢腐蚀动力学和腐蚀形貌的分析,本节提出结构钢腐蚀形貌的简化模型和评价该模型的四个腐蚀特征参数(评价指标),如图 2-18 所示。其中, d_{max} 为扫描平面最高点到最低点在深度方向的距离,表示最大点蚀深度; d_p 为所有表面测点到扫描平面最高点深度方向距离的平均值,表示为平均点蚀深度; d_C 为等效均匀腐蚀深度(式(2-7)); d_{ave} 为计算均匀腐蚀深度(式(2-20))。

$$d_{ave} = d_C - d_p \tag{2-20}$$

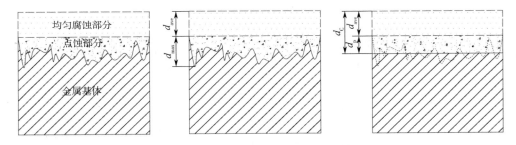

图 2-18　结构钢的腐蚀特征参数

　　结合图 2-18,利用 MATLAB 软件对不同腐蚀时间下钢材点蚀部分的腐蚀深度进行统计分析。点蚀深度统计分布类型的比较如图 2-19 和图 2-20 所示。结构钢“蚀坑集”的点蚀深度相比正态分布更倾向于对数正态分布和广义极值分布(GEV)。GEV 的概率密度函数(PDF)的表达式见式(2-21)。式中, x 表示点蚀深度(mm); k 表示形状系数; σ 表示尺度系数; μ 表示位置系数。此外,分布函数的均值都随腐蚀时间波动,分布函数的方差呈线性递增趋势。注意: Q345 在 320 天时方差下降,且 Q345 的极限应变 ε_{ut} 在 320 天时出现上升趋势(图 2-19(j)),这可能是因样本太少产生的随机误差,也可能是点蚀离散度确实会减小,有待进一步进行腐蚀时间更长和样本数量更多的试验。

$$f(x|k,\mu,\sigma) = \frac{1}{\sigma}\exp\left[-\left(1+k\frac{x-\mu}{\sigma}\right)^{-\frac{1}{k}}\right]\left(1+k\frac{x-\mu}{\sigma}\right)^{-1-\frac{1}{k}} \tag{2-21}$$

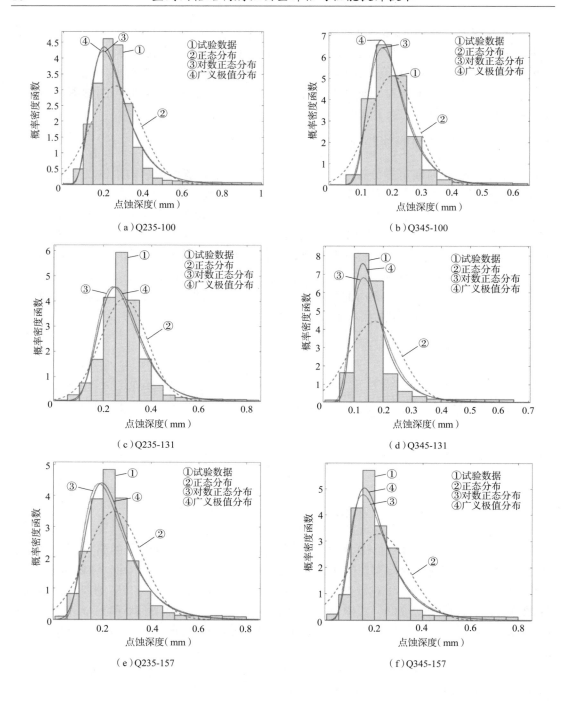

（a）Q235-100

（b）Q345-100

（c）Q235-131

（d）Q345-131

（e）Q235-157

（f）Q345-157

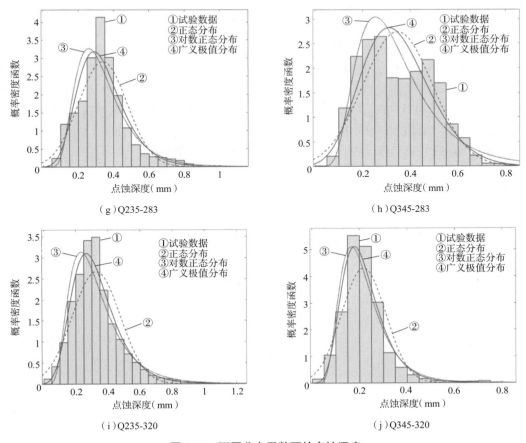

图 2-19　不同分布函数下的点蚀深度

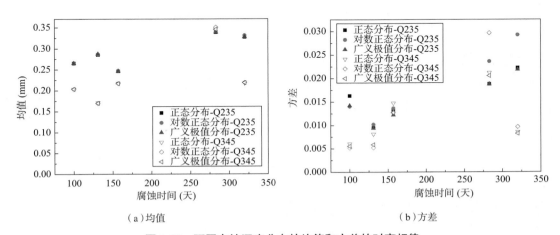

图 2-20　不同点蚀深度分布的均值和方差的时变规律

　　基于本书提出的低合金钢腐蚀形貌的简化模型,研究 Q235 和 Q345 的四种腐蚀特征参数随时间变化的规律并比较两种结构钢的差异,如图 2-21 所示。平均点蚀深度 d_p 和最大点蚀深度 d_{max} 随腐蚀时间波动;计算均匀腐蚀深度 d_{ave} 随腐蚀时间呈递增趋势;由图 2-12 可知,等效均匀腐蚀深度 d_C 随腐蚀时间以幂函数形式递增,但由于 n 趋近于 1,因此在本试验条件下 d_C 随时间的演化也可视为近似线性递增。比较 Q235 和 Q345 可知,在 320 天内乙酸盐雾环境下,Q345 的总体腐蚀程度低于 Q235。但 Q345 的平均点蚀深度 d_p 的波动大于 Q235,这与图 2-21 的统计分布函数的均值变化相同。这也进一步证明了图 2-13~图 2-16 中所发现的 Q345 更趋近于点蚀腐蚀形貌、腐蚀分布更离散的现象。

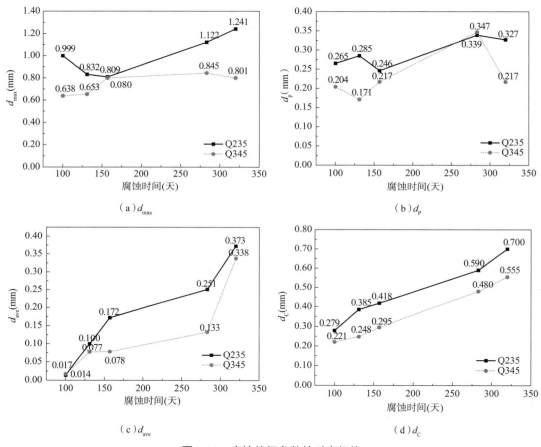

图 2-21　腐蚀特征参数的时变规律

2.2.8　破坏模式腐蚀后力学性能试验结果和分析

　　在拉伸试验中,同种金属材料在不同的腐蚀试验组表现出相似的失效形式,如图 2-22 所示。结构钢 B 类标准件断裂面的投影面积明显小于其他部位,在断裂过程中出现颈缩。

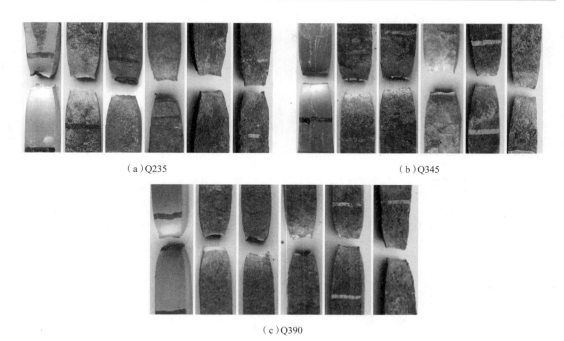

（a）Q235　　　　　　　　　　　　　　　（b）Q345

（c）Q390

图 2-22　B 类标准件的失效模式

（注：腐蚀周期从左至右依次为 0、100、131、157、283、320 天）

　　总的来说，在本试验条件和试验时间内，低合金钢的断裂仍属于延性断裂。"蚀坑集"的出现并未造成低合金钢破坏模式的转变。

2.2.9　应力–应变关系曲线

　　图 2-23 展示了三种结构钢真实的应力-应变曲线。图中曲线的命名方式为"腐蚀时间（天）-平行试件编号（1~3）"。注意：由于在试验过程中出现失误，157 天和 320 天的 Q235 B 类标准件中分别有一个试件的试验数据被舍去。而且，所有试件均在达到峰值荷载后摘除引伸计，故曲线没有下降段。真应力和真应变的计算方法基于以下假设：在极限荷载之前引伸计标距范围内金属材料沿长度均匀拉伸且横截面应力均匀，见式（2-22）和式（2-23）。

$$\sigma_t = \sigma_e \left(1 + \varepsilon_e\right) = \frac{F}{A_C}\left(1 + \frac{l_1 - l_0}{l_0}\right) \tag{2-22}$$

$$\varepsilon_t = \ln\left(1 + \varepsilon_e\right) = \ln\left(1 + \frac{l_1 - l_0}{l_0}\right) \tag{2-23}$$

式中，σ_t 和 σ_e 分别为真应力和工程应力；ε_t 和 ε_e 分别为真应变和工程应变；F 为试件两个夹持端施加的荷载；A_C 为试件腐蚀后加载前的初始截面面积，通过游标卡尺测量；l_1 为引伸计任意时刻的读数；l_0 为引伸计标距（50 mm）。

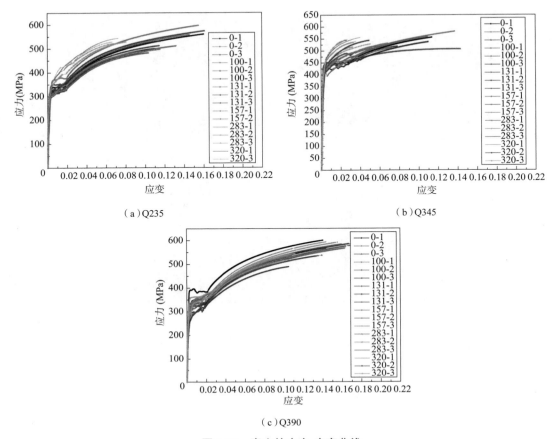

图 2-23　真实的应力-应变曲线

由图 2-23 可知,随着腐蚀时间增加,结构钢的屈服平台缩短并伴随一定的倾斜角,直至消失;结构钢在强化阶段发生的变形逐渐减小(颈缩点前移)。在三种结构钢中,Q345 的屈服阶段和强化阶段的变形最小,Q235 和 Q390 在屈服阶段和强化阶段的变形相近且较大。这与三种结构钢腐蚀动力学和腐蚀形貌的分析结果是一致的,也进一步证明了当结构钢中 Mn 和 S 的含量同时偏大时更容易发生点蚀,使其表现出更多脆性材料的特性。

2.2.10　剩余性能特征参数

剩余性能包括腐蚀后剩余的承载性能和剩余的变形能力。为了进一步分析三种金属材料剩余性能的时变发展规律,本节建立了建筑结构常用金属材料的腐蚀后应力-应变关系模型,选取弹性模量(E)、屈服强度(f_{yt})、极限强度(f_{ut})、屈服应变(ε_{yt})、极限应变(ε_{ut})、断后伸长率(Δ)、断裂应变(ε_{ft})共七个特征参数来评估和比较三种材料剩余性能与腐蚀行为的关系,如图 2-24 所示。注意,后续讨论所用参数均为三个平行试件的均值。

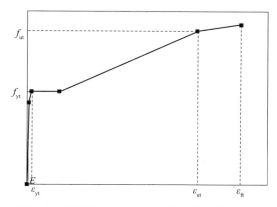

图 2-24　结构钢的真应力-真应变曲线简化模型

为了便于比较,统一取真应力-真应变曲线中塑性应变为 0.2% 对应的应力为 f_{yt},对应的应变为 ε_{yt};取真应力-真应变曲线中极限荷载对应的应力为 f_{ut},对应的应变为 ε_{ut}。理论上,E、f_{yt}、f_{ut}、ε_{yt}、ε_{ut} 均可通过式(2-22)和式(2-23)计算并在真应力-真应变曲线上找到相应的取值。A_C 是用游标卡尺测得的除去均匀腐蚀损失后的截面面积,所以影响 f_{yt} 和 f_{ut} 变化的主要因素是点蚀。换句话说,f_{yt} 和 f_{ut} 可以被用于点蚀影响的理论分析,即 f_{yt} 和 f_{ut} 越大,点蚀对危险截面材料性能(简称"材性")损失的影响越小。

然而,在建筑结构中测量 A_C 通常是不方便的,于是本书提出了基于腐蚀前的设计截面面积 A_0 的强度计算公式;并且为了使其与由 A_C 计算的强度参数区分开来,将由 A_0 计算的强度参数称为工程屈服强度(f_{ye})和工程极限强度(f_{ue}),见式(2-24)和式(2-25)。

$$f_{ye} = \frac{F_y}{A_0}\left(1 + \frac{l_y - l_0}{l_0}\right) \tag{2-24}$$

$$f_{ue} = \frac{F_u}{A_0}\left(1 + \frac{l_u - l_0}{l_0}\right) \tag{2-25}$$

式中,A_0 为 B 类标准件腐蚀前的初始截面面积,通过游标卡尺测量;F_y 是屈服荷载;l_y 是屈服荷载时引伸计显示的变形值;l_0 是引伸计初始长度(50 mm);F_u 是极限荷载;l_u 是极限荷载时引伸计显示的变形值。不同于 f_{yt} 和 f_{ut},f_{ye} 和 f_{ue} 反映的是危险截面上包括均匀腐蚀和点蚀在内的总腐蚀对材性的影响,即 f_{ye} 和 f_{ue} 越大,对危险截面上的总腐蚀损失影响越小。

断后伸长率(Δ)的计算见式(2-26)。式中,l_u 为断裂后的标距长度(mm);l_0 为初始标距长度(50 mm)。基于改进的 Warren-Averbach 方法和体积守恒定律,低合金钢真实的断裂应变(ε_{ft})按式(2-27)计算。其中,A_f 为断裂后实测的断裂截面面积。

$$\Delta = \frac{l_u - l_0}{l_0} \times 100\% \tag{2-26}$$

$$\varepsilon_{ft} = \ln\frac{A_C}{A_f} \tag{2-27}$$

定义削减系数 α 为腐蚀后材料剩余力学性能参数与腐蚀前(腐蚀天数为 0)对应参数的比值。分别建立真屈服强度削减系数 α_{yt}、工程屈服强度削减系数 α_{ye}、真极限强度削减系

数 α_{ut}、工程极限强度削减系数 α_{ue}、弹性模量削减系数 α_{E}，见式（2-28）~式（2-32）。

$$\alpha_{\text{yt}} = \frac{f_{\text{yt}}(n)}{f_{\text{yt}}(0)} \ (n = 100, 131, 157, 283, 320) \tag{2-28}$$

$$\alpha_{\text{ye}} = \frac{f_{\text{ye}}(n)}{f_{\text{ye}}(0)} \ (n = 100, 131, 157, 283, 320) \tag{2-29}$$

$$\alpha_{\text{ut}} = \frac{f_{\text{ut}}(n)}{f_{\text{ut}}(0)} \ (n = 100, 131, 157, 283, 320) \tag{2-30}$$

$$\alpha_{\text{ue}} = \frac{f_{\text{ue}}(n)}{f_{\text{ue}}(0)} \ (n = 100, 131, 157, 283, 320) \tag{2-31}$$

$$\alpha_{\text{E}} = \frac{E(n)}{E(0)} \ (n = 100, 131, 157, 283, 320) \tag{2-32}$$

式中，n 代表腐蚀时间（天）。上述各削减系数与腐蚀时间的关系如图 2-25 所示，它们可用于比较三种金属材料的剩余强度。此外，还建立了三种金属材料的剩余变形参数（ε_{yt}、ε_{ut}、ε_{ft}-ε_{ut}、Δ）与腐蚀时间的关系并对其进行比较，如图 2-26 所示。其中，ε_{ft}-ε_{ut} 表示材料在颈缩阶段产生的变形。

从图 2-25（b）（d）可见，三种结构钢的工程强度均随腐蚀时间增加呈减小趋势。320 天时，Q235 和 Q345 的工程强度降至原强度的 60% 左右，Q390 的工程强度降至原强度的近 70%。而腐蚀对 Q390 的影响稍小于 Q235 和 Q345，推测可能是 Q390 的设计壁厚较其他两种结构钢稍大，同样的腐蚀时间内危险截面的损失百分比偏小。从图 2-25（a）（c）可见，点蚀对三种结构钢真强度的影响均存在多拐点波动的现象。这也可从侧面说明，结构钢的材性退化主要是由均匀腐蚀部分控制的。

综上所述，金属材料的剩余真强度与腐蚀形貌密切相关。结构钢的剩余真强度由腐蚀深度呈现增减循环的"蚀坑集"控制。这种腐蚀不是由最危险蚀坑深度决定的，而是由最危险截面决定的，可以被定义为一种特殊的局部腐蚀。即结构钢的腐蚀发展倾向于一种"蚀坑集"不均匀化、"蚀坑集"体积总损失循环化的过程。从图 2-25（e）可知，腐蚀对三种结构钢弹性模量的影响基本可以忽略不计。

分析图 2-26（a）（b）可知，总体上腐蚀对三种结构钢材料 ε_{yt} 的影响不明显。ε_{ut} 主要反映标距范围内所有横截面的点蚀损失的差异性（粗糙度），真应变越小，点蚀损失分布的粗糙度越大。随着腐蚀时间增加，三种结构钢的 ε_{ut} 呈递减趋势。Q345 由于在腐蚀动力学中表现出更强的点蚀特性，其 ε_{ut} 递减速度最快；推测 Q390 由于极少的 S 含量和较大厚度，ε_{ut} 递减速度稍缓于 Q235。

ε_{ft}-ε_{ut} 表示试件达到极限荷载后的变形能力，它取决于最危险截面的最大蚀坑深度、蚀坑形状、内部缺陷（夹杂物、微裂纹等）等特征参数，这些参数会造成应力集中，缩短裂纹成核时间，加速裂纹发展，使得材料颈缩段的变形产生差异。分析图 2-26（c）可知，三种结构钢的 ε_{ft}-ε_{ut} 与腐蚀时间几乎无关，这说明三种结构钢的"非典型点蚀"形貌中的最危险截面的最大蚀坑深度与腐蚀时间的相关性不明显。三种结构钢颈缩段的总体变形能力从大到小依次为 Q390、Q345、Q235，这说明牌号越大的结构钢加工过程越精细，其内部缺陷越少，达到极限荷载后的变形能力越好。Δ 反映了 ε_{ut} 和 $\varepsilon_{ft}-\varepsilon_{ut}$ 的综合影响,表示标距范围内横截面点蚀损失粗糙度和最危险截面的最大蚀坑这两种腐蚀形貌特征对材料变形能力的综合影响。分析图 2-26(d)可知,三种结构钢中 Q345 的变形能力最差,说明在本试验所选择的材料中,腐蚀形貌对结构钢综合变形能力的影响大于不同牌号加工缺陷所造成的影响。

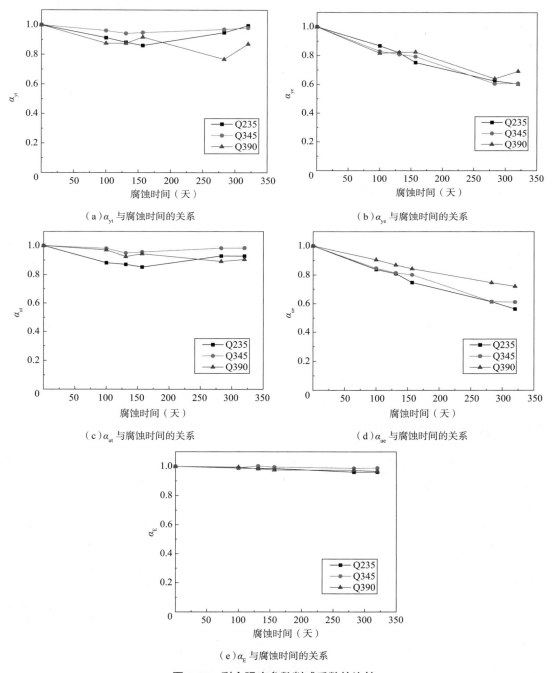

（a）α_{yt} 与腐蚀时间的关系　　　　　（b）α_{ye} 与腐蚀时间的关系

（c）α_{ut} 与腐蚀时间的关系　　　　　（d）α_{ue} 与腐蚀时间的关系

（e）α_{E} 与腐蚀时间的关系

图 2-25　剩余强度参数削减系数的比较

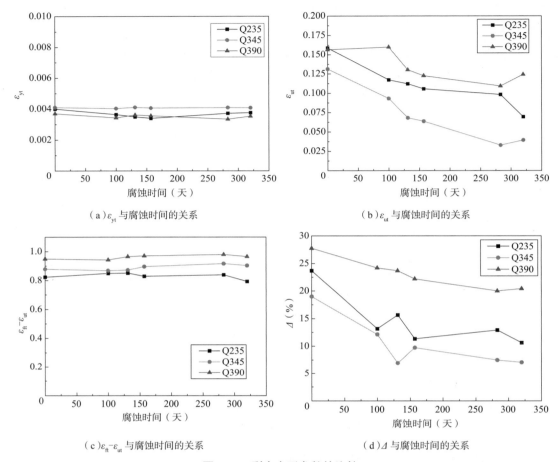

图 2-26　剩余变形参数的比较

2.2.11　腐蚀后剩余性能评估方法

　　综合上述分析,最终选定三个评估参数(工程屈服强度削减系数 α_{ye}、工程极限强度削减系数 α_{ue}、极限应变削减系数 α_ε)来定量分析三种材料的总体剩余性能与腐蚀水平的关系。通过式(2-9)~式(2-11)的腐蚀动力学方程可以推算出试件(B 类标准件)的单面等效均匀腐蚀深度 d_C,从而计算出其截面损失率(失重率)η_C。材料剩余性能评估参数与 η_C 的线性回归模型以及相应的拟合方程如图 2-27 所示。

　　对比三种结构钢的强度参数,理论上完全均匀截面试件的质量损失率和截面削弱率相当,即不考虑测量误差和其他影响因素,η_C 前的系数应该在 0.01 左右。从图 2-27 可知,三种结构钢的两种强度参数拟合公式中,η_C 前的系数基本稳定在 0.014~0.017 范围内,且 R^2 除个别外基本在 0.95 以上。这说明在本试验条件下点蚀对结构钢的强度均有一定的影响。但这部分影响不会超过等效均匀腐蚀造成的截面稳定损失的影响,在本试验腐蚀时间内基本保持在一个不随腐蚀时间变化的稳定值,能被等效均匀腐蚀参数覆盖,从而在强度削减系

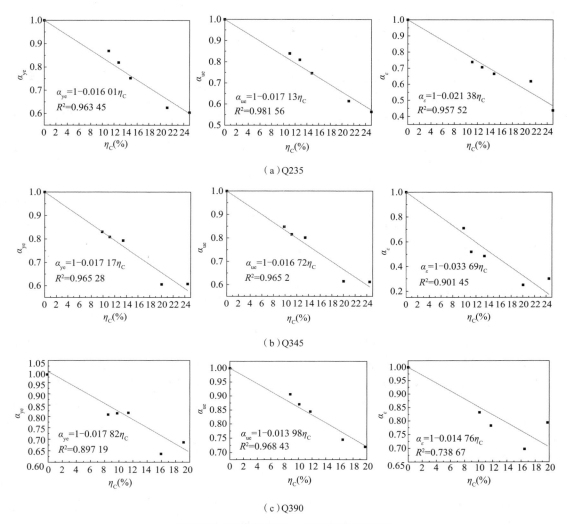

图 2-27　剩余性能与 η_C 的线性回归分析

数上仍然呈现随 η_C 线性递减的规律。对比三种结构钢的变形参数,发现 Q235 和 Q345 的变形参数随 η_C 的下降速度稍快于强度参数,说明点蚀的存在对变形的影响稍大于对材料的影响。但 Q390 钢材的变形参数随 η_C 的下降速度和强度参数相当甚至稍慢,这是因为 Q390 含有极少的 S,具有更高的塑性,且其点蚀损失的差异性(粗糙度)较小,因此其极限应变随 η_C 的下降速率缓慢且规律并不如 Q235 和 Q345 那样明显,其点蚀分布在 100 天的大于 1 的无效极限应变削减系数已舍去。

综上所述,对于三种结构钢,无论是强度参数的分析还是变形参数的讨论,均与本书对金属材料腐蚀机理和腐蚀形貌的研究结果相吻合,这进一步验证了研究结果的可靠性。

因此,对于腐蚀行为与 Q235、Q345 和 Q390 相似的建筑结构金属材料,其总体剩余性能的评估过程可概括如下:

(1)基于失重试验结果、无损测厚结果、三维扫描结果、腐蚀动力学方程或者标准

ISO 12944 获取腐蚀特征参数 d_C；

（2）获取待评估试样的原始尺寸，计算质量损失率 η_C；

（3）通过图 2-27 的方式拟合方程并用于预测和评估。

注意，对于 Q390 这类塑性较好且塑性削减随腐蚀变化不明显的结构钢，建议偏于安全地采用等级较低的结构钢的塑性退化规律方程。

在本书条件（乙酸盐雾 320 天内）下，Q235、Q345 和 Q390 的 α_{ye}、α_{ue}、ε_{ut} 的拟合结果见式（2-33）~式（2-41）。

$$\alpha_{ye}(Q235) = 1 - 0.016\,01\eta_C \tag{2-33}$$

$$\alpha_{ue}(Q235) = 1 - 0.017\,13\eta_C \tag{2-34}$$

$$\alpha_{\varepsilon}(Q235) = 1 - 0.021\,38\eta_C \tag{2-35}$$

$$\alpha_{ye}(Q345) = 1 - 0.017\,17\eta_C \tag{2-36}$$

$$\alpha_{ue}(Q345) = 1 - 0.016\,72\eta_C \tag{2-37}$$

$$\alpha_{\varepsilon}(Q345) = 1 - 0.033\,69\eta_C \tag{2-38}$$

$$\alpha_{ye}(Q390) = 1 - 0.017\,82\eta_C \tag{2-39}$$

$$\alpha_{ue}(Q390) = 1 - 0.013\,98\eta_C \tag{2-40}$$

$$\alpha_{\varepsilon}(Q390) = 1 - 0.014\,76\eta_C \tag{2-41}$$

此外还需注意，上述结论来源于 B 类标准件的试验研究，其特殊性在于四面均发生腐蚀且试件截面尺寸较小。理论上尺寸越小的截面，点蚀对其的影响越明显。因此，若涉及截面尺寸较大且内表面封闭、单面腐蚀的构件剩余力学性能的研究，可以参考但不能照搬本章的部分结论。

2.3　本章小结

本章对空间网格结构常用的三种结构钢（Q235、Q345、Q390）的腐蚀行为和腐蚀后的力学性能进行了长期且系统的试验研究。通过腐蚀试验并结合三种表征测试方法，分析了腐蚀动力学、腐蚀形貌和腐蚀机理，建立了腐蚀形貌简化模型，研究了模型特征参数的空间分布规律和时变规律。通过腐蚀后的单轴拉伸试验得到并分析了腐蚀后三种材料的破坏模式、应力-应变关系和主要剩余性能特征参数的变化规律，建立了三种材料腐蚀后剩余性能的评估方法。得到的主要结论如下。

（1）幂函数模型同样能较好拟合三种金属材料在乙酸盐雾环境中等效均匀腐蚀深度的发展规律。三种结构钢的腐蚀速率逐渐放缓。Q345 的锈层保护性稍弱于 Q235 和 Q390。Mn 和 S 容易诱发结构钢的点蚀行为，使得 Q345 的点蚀行为相较于 Q235 和 Q390 更明显。Mn 和 S 形成的夹杂物极大影响腐蚀动力学中的 β_0，轻微影响 n。本章提出并验证了乙酸盐雾试验和实际大气环境下的等效转换计算方法。以青岛为例，拟定的腐蚀周期（100、131、157、182、232、283 天）分别约相当于青岛的 15、20、25、30、40、50 年，加速倍率为 55~65 倍。

（2）Q235、Q345 和 Q390 外表面为红棕色新锈层，内表面为黑色老锈层，总锈层较厚。

长期乙酸盐雾环境下，Q235、Q345 和 Q390 均可被定义为"非典型点蚀"，蚀坑浅而宽并融合为不规则的"蚀坑集"。Q235、Q345 和 Q390 的腐蚀发展倾向于一种"蚀坑集"不均匀化、"蚀坑集"体积总损失循环化的过程。

（3）三种结构钢的主要腐蚀产物为红褐色 FeOOH 和黑色 Fe_3O_4。三种结构钢在乙酸盐雾气氛条件下均发生氧的去极化反应，其产生点蚀的环境诱因都是氯离子。对于 Q235、Q345 和 Q390，氯离子主要起催化作用。

（4）提出结构钢"非典型点蚀"形貌的简化模型和特征参数。结构钢点蚀部分的腐蚀深度更倾向于对数正态分布和广义极值分布，分布函数的均值随腐蚀时间波动，分布函数的方差呈线性递增趋势。平均点蚀深度 d_p 和最大点蚀深度 d_{max} 随腐蚀时间波动。计算均匀腐蚀深度 d_{ave} 和等效均匀腐蚀深度 d_c 随腐蚀时间呈递增趋势。Q345 的总体腐蚀程度低于 Q235，但其 d_p 的波动大于 Q235。

（5）在连续乙酸盐雾试验的 320 天内，结构钢的断裂仍属于延性断裂，"蚀坑集"的出现并未造成结构钢破坏模式的转变。

（6）随着腐蚀时间增加，结构钢的屈服平台缩短并伴随一定的倾斜角，直至消失。结构钢的强化阶段变形和极限应力均随腐蚀时间逐渐减小。三种结构钢中，Q345 在屈服阶段和强化阶段的变形最小，Q235 和 Q390 在屈服阶段和强化阶段的变形相近且较大。

（7）提出三种材料应力-应变关系的简化模型和剩余性能的特征参数。三种结构钢的工程强度均随腐蚀时间增加呈减小趋势，320 天时，Q235 和 Q345 的工程强度降至原强度的 60%左右，Q390 的工程强度降至原强度的近 70%。点蚀对三种结构钢真强度的影响均存在多拐点波动的现象。结构钢的材性主要受均匀腐蚀影响。结构钢的剩余真强度由腐蚀深度呈现增减循环的"蚀坑集"控制，这种腐蚀是由最危险截面决定的，可以被定义为一种特殊的局部腐蚀。腐蚀对三种结构钢弹性模量的影响基本可以忽略不计。

（8）三种结构钢的极限应变随腐蚀时间呈递减趋势。三种结构钢的"非典型点蚀"形貌中的最危险截面的最大蚀坑深度与腐蚀时间的相关性不明显，其颈缩段的总体变形能力主要与加工缺陷有关。

（9）在本试验条件下和腐蚀时间内，点蚀对空间网格结构常用的三种结构钢的影响基本稳定，腐蚀特征参数 $d_c(\eta_c)$ 仍可视为造成 Q235、Q345 和 Q390 剩余性能退化的主要原因。对三种结构钢的总体剩余性能进行定量分析，并提出了不同的结构钢腐蚀后剩余性能的评估思路。

第3章 金属构件腐蚀后力学性能评估方法

3.1 引言

大跨度钢结构长期在室外大气环境和室内使用环境双重作用下不可避免地受到各种腐蚀因素的威胁。钢材属于腐蚀敏感材料,构件腐蚀后极限承载力下降,延性减弱,很多情况下会在低于屈服强度的荷载下突然断裂,导致结构局部失效甚至整体结构的连续性倒塌。钢构件锈蚀是大跨度空间结构的主要灾害之一,也一直是工程界关心的问题之一。目前,关于拉索构件腐蚀的研究主要集中在高强钢丝、钢绞线、平行钢丝束等传统类型的拉索。密闭索是一种性能优良的新型拉索,由于其发展年限较短,目前关于密闭索锈蚀的研究基本空白。另外,圆钢管作为空间网格结构中常见的构件,其腐蚀后的力学性能影响空间结构整体的安全性能。

基于此,本章针对新型密闭索构件的腐蚀规律及腐蚀后的力学性能展开研究。首先,对Z型钢丝和密闭索进行盐雾加速腐蚀试验,研究密闭索构件的腐蚀机理。然后,通过静力拉伸试验,研究密闭索腐蚀后的性能衰减规律,提出密闭索腐蚀后的力学性能评估方法,为密闭索构件锈蚀后的性能评估提供理论依据。最后,对在自然条件下经过一段时间而锈蚀的钢管杆件进行轴压试验,获得锈蚀后钢管的力学性能,通过有限元模拟,提出锈蚀后钢管构件的设计建议,为空间网格结构腐蚀后性能评估提供理论依据。

3.2 密闭索腐蚀

3.2.1 密闭索及Z型钢丝盐雾加速腐蚀试验设计

1. 加速腐蚀试验设计

预应力空间结构多分布在我国沿海经济发达地区,这些地区同时具有"酸雨频率高"和"沿海大气环境,易受氯离子侵蚀"两个特点。因此,本章采用人工加速乙酸盐雾试验来模拟这种工业海洋环境的腐蚀作用。用步入式盐雾试验箱(试验箱型号为AB-120B)对密闭索及密闭索中的Z型钢丝开展人工加速乙酸盐雾试验。根据规范《人造气氛腐蚀试验 盐雾试验》(GB/T 10125—2021),盐雾试验箱采用浓度为50 g/L的NaCl溶液,通过冰醋酸(CH$_3$COOH)调节pH值在3.1~3.3范围内。盐雾箱温度控制在(35±2)℃,湿度控制在95%左右,采用持续喷雾的方式对试件进行人工加速腐蚀试验。

2. 试件设置

密闭索通常分为高钒密闭索和不锈钢密闭索,建筑结构中常用的为高钒镀层密闭索。密闭索由中心圆形钢丝和外层的Z型钢丝组成,外层Z型钢丝相互咬合,有效阻隔了腐蚀介质进入密闭索内部,延缓了拉索内部腐蚀,因此密闭索具有良好的耐候性。本书对密闭索及密闭索外层 Z 型钢丝的锈蚀规律进行研究。其中,Z 型钢丝为 1 570 MPa 级密闭索用 Z 型钢丝,钢丝成分见表 3-1。钢丝强度为 1 570 MPa,钢丝截面面积为 19.791 2 mm²,截面周长为 18.713 3 mm,钢丝表面为热镀锌-5%铝-稀土合金镀层。钢丝试件总长度为 70 cm,钢丝中间的腐蚀长度为 26 cm,两端未腐蚀长度各为 22 cm,为防止试件两端发生锈蚀,对试件表面进行喷塑处理,如图 3-1 所示。试件采用竖向悬挂的方式放置在盐雾试验箱内,如图 3-2 所示。对 Z 型钢丝开展 1~9 个月的盐雾加速试验,腐蚀时长级差为 1 个月,每组试件设置 5 个平行试件,试件名称为 Z-N-X,其中 N 为腐蚀时长,X 为试件编号。

表 3-1　1 570 MPa Z 型钢丝化学成分

化学成分	C	Si	Mn	P	S	Cr	Ni	Cu	Fe
含量(%)	0.82	0.25	0.74	0.016	0.005	0.18	0.015	0.11	余量

另外,对公称直径为 22 mm 和 45 mm 的密闭索进行了 1 个月、3 个月、6 个月及 9 个月的盐雾加速腐蚀试验,见表 3-2。密闭索试件长度为 90 cm,中间腐蚀长度同样为 26 cm。为防止密闭索两端发生腐蚀,试件两端采用聚乙烯塑料薄膜缠绕,并用胶带固定的方式阻隔密闭索试件与腐蚀介质,如图 3-3 所示。

表 3-2　密闭索试件设置

试件名称	公称直径(mm)	试件数量(个)	腐蚀时长(月)
LCWR-22	22	5	0/1/3/6/9
LCWR-45	45	5	0/1/3/6/9

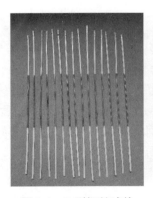

图 3-1　Z 型钢丝试件

图 3-2　锈蚀试件

图 3-3　密闭索试件

根据 2.2.1 节中标定试验的结果,建立本书中乙酸盐雾加速腐蚀试验环境与万宁、琼海、青岛、广州四个工业海洋环境的对应关系,见表 3-3。

表 3-3　乙酸盐雾加速腐蚀试验与大气环境的对应关系

试验腐蚀时长（月）	大气环境腐蚀时长（年）			
	万宁	琼海	青岛	广州
1	1.228	2.368	1.527	2.749
2	1.963	4.425	4.478	13.624
3	2.582	6.378	8.402	34.748
4	3.137	8.266	13.132	67.520
5	3.648	10.109	18.566	113.035
6	4.126	11.915	24.639	172.208
7	4.580	13.691	31.299	245.834
8	5.013	15.443	38.506	334.622
9	5.428	17.174	46.230	439.211

3. 腐蚀动力学模型获取方法

为研究 Z 型钢丝的腐蚀规律，获得 Z 型钢丝的腐蚀动力学模型，可通过称重计算的方式得到 Z 型钢丝腐蚀过程中的失重率。试验开始前，首先用无水乙醇对喷塑后的钢丝进行清洗，并用冷风机吹干。采用电子秤（精度为 0.001 g，如图 3-4 所示）对试件进行称重。锈蚀试验过后，根据规范《金属和合金的腐蚀　腐蚀试样上腐蚀产物的清除》（GB/T 16545—2015），将钢丝放置在加入六次甲基四胺缓蚀剂的稀盐酸溶液中，并采用超声波清洗设备对钢丝进行除锈，如图 3-5 所示。除锈后的钢丝，首先用清水清洗，然后用无水乙醇清洗，清洗后的试件用冷风机吹干后，再次称重，可获得钢丝锈蚀过程中的失重量，进而计算钢丝随时间变化的失重率 η_{cor}：

$$\eta_{cor} = \frac{m_0 - m_{cor}}{m_{0.p}} \times 100\% \tag{3-1}$$

式中，m_0 为 Z 型钢丝试件的初始质量（g）；m_{cor} 为 Z 型钢丝试件锈蚀后的质量（g）；$m_{0.p}$ 为 Z 型钢丝锈蚀段的初始质量（g）。Z 型钢丝腐蚀段长度为 26 cm，钢丝截面面积为 19.791 2 mm²，钢材的密度为 7.845 g/cm³，因此，Z 型钢丝试件锈蚀段的质量约为 40.37 g。另外，钢丝的腐蚀深度是表征钢丝腐蚀发展速率的重要指标。试验用 Z 型钢丝表面为高钒镀层，除锈过程中，钢丝表面镀层会与除锈溶液中的 HCl 发生反应，因此在计算钢丝表面的腐蚀深度时，需要去除锈蚀段钢丝表面镀层的质量。腐蚀深度 d_{cor}：

$$d_{cor} = \frac{m_0 - m_{cor} - m_c}{\rho S_{cor}} \tag{3-2}$$

式中，ρ 为钢材的密度，取 7.845 g/cm³；S_{cor} 为试件暴露在腐蚀环境中的面积，截面周长为 18.713 3 mm，钢丝腐蚀段的长度为 26 cm，因此腐蚀面积为 48.655 cm²；m_c 为锈蚀段镀层的质量（g），按照钢丝生产要求，钢丝镀层厚 0.06~0.1 mm，镀层密度为 6.918 g/cm³，因此钢丝暴露段镀层质量 m_c 约为 1.25 g。

图 3-4　电子秤

图 3-5　超声波清洗机

4. 三维扫描及表面形貌识别方法

对盐雾加速腐蚀(简称"锈蚀"或"腐蚀")后的 Z 型钢丝试件进行除锈处理后,采用北京天远三维科技股份有限公司的 OKIO-5M 设备(图 3-6)对钢丝进行三维扫描,设备扫描精度为 10 mm。分别对未腐蚀,腐蚀 1 个月、2 个月、3 个月、6 个月及 9 个月后的 6 根 Z 型钢丝进行三维扫描,获得钢丝表面各点的三维数据坐标集,进而获得锈蚀后钢丝的表面形貌,未锈蚀及锈蚀 1 个月的形貌如图 3-7 所示。

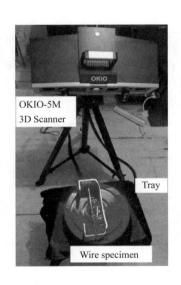

图 3-6　三维扫描设备

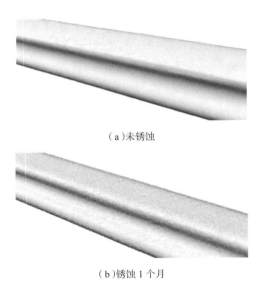

(a)未锈蚀

(b)锈蚀 1 个月

图 3-7　三维扫描结果

三维扫描结果为锈蚀后钢丝表面的三维坐标点,通过扫描结果可以清晰观察钢丝表面的蚀坑形貌及分布。但由于钢丝具有一定的初弯曲及微扭转,且不同钢丝弯曲及扭转的角度略有不同,因此很难通过直接计算对钢丝的表面腐蚀深度进行量化处理。本书基于Rhino 环境下参数化建模插件 Grasshopper 编程界面(图 3-8),提出一种带有初弯曲及微扭转的异型钢丝锈蚀形貌的评价表征方法。

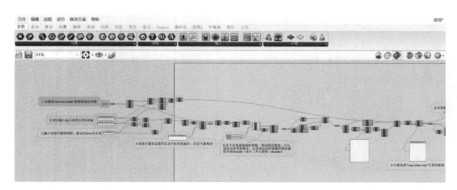

图 3-8　Grasshopper 编程界面

　　锈蚀钢丝为同批钢丝,因此假定钢丝截面相同。首先根据原始钢丝扫描结果确定钢丝的截面尺寸。采用切割面对原始钢丝进行切割,但是由于切割面角度不同,切割线围成的钢丝面积有所不同,无论是原始钢丝还是锈蚀后的钢丝,钢丝的原始正截面都相同,因此,需在三维空间内找到钢丝的正截面。以 X、Y、Z 三个轴为旋转轴,以截面面积最小为目标,采用遗传算法工具,确定切割面角度,获得切割面与原始钢丝的切割线,即可确定钢丝的原始截面。

　　钢丝沿其轴线,以钢丝横截面为底面积,以某一确定角度进行拉伸,但是由于钢丝的初弯曲及微扭转,钢丝的轴线并非一条直线,角度也非确定值。因此,要获得钢丝的原始形貌,需将钢丝划分成长度较小的微段,对钢丝进行拉伸,实现反向建模。同样,此时也需要采用遗传算法,分别判断各个截面的法平面,在各个微段上以原始钢丝的横截面为底,以相邻两个面之间的形心连接线为轴对钢丝进行拉伸,还原原始钢丝形貌,如图 3-9 所示。

图 3-9　微段拉伸

　　在反向建模及锈蚀后钢丝表面的网格点数据中,取最近点,从而获得钢丝的表面腐蚀深度,对腐蚀深度进行统计,获得钢丝表面腐蚀深度的概率密度函数。将三维坐标系转化为 Grasshopper 的 UV 坐标系,将钢丝展开,即可获得钢丝表面的腐蚀深度云图。通过 Grasshopper 编程界面可实现智能化识别钢丝表面形貌,整个过程仅需拾取锈蚀钢丝三维网格点。另外,由于数据量庞大,考虑到计算机的性能,需要对锈蚀钢丝进行分段识别,输入所识别部分的 X 向坐标范围。此外,识别过程中可以通过调整微段大小,提高识别精度。本书中取 0.5 mm 的截面拉伸微段。

3.2.2　Z 型钢丝腐蚀机理及锈蚀后表面形貌分析

1. 高钒镀层 Z 型钢丝腐蚀机理

Z 型钢丝表面为热度锌-5%铝-稀土合金镀层,基层为铁(Fe)、碳(C)及其他元素的混合物。与传统锌铝合金镀层相比,高钒镀层在原有成分上添加了 0.1%的铈、镧稀土混合物,见表 3-4。稀土元素的加入可以细化晶粒,增加锌液的流动性,减小锌液的表面张力,使得镀层厚度均匀、表面光滑,使镀层表面的保护膜更为致密完整,延缓其腐蚀。另外,稀土元素易与 O、S 等结合,生成稀土氧化物和硫化物,凝固过程中,一部分氧化物和硫化物作为晶核继续生长,另一部分表层的颗粒则随着锌液的滴落而除去,这样就抑制了热浸镀液中锌渣和锌灰的形成,防止镀层中夹杂物在晶界产生偏析,形成表面活性区域,造成表面能的不均匀,进而在表层形成很多微孔,加速蚀坑的萌生和发展,加速腐蚀。另外,添加稀土元素后,可以有效防止镀层表面产生发达的胞状组织,胞状组织边界融合较好,镀层成分与微区点位分布更为均匀,可有效阻止局部腐蚀的发生。

表 3-4　钢丝镀层成分

成分	Al	Re	Fe	Si	Pb	Cd	Sn	Zn
含量(%)	4.2~7.2	0.03~0.1	≤0.075	≤0.015	≤0.005	≤0.005	≤0.002	余量

注:其他元素的质量分数(除去 Sb 、Cu 、Mg 、Zr 和 Ti)均≤0.02%,总量≤0.04%。

大气环境中,高钒镀层的耐腐蚀原理主要包括三个方面:其一,高钒镀层阻隔了空气中的腐蚀介质及钢丝基体,形成一种物理保护;其二,镀层含有 5%左右的铝,这使得腐蚀初期可以形成致密的氧化铝薄膜,提高腐蚀电位,延缓钢丝腐蚀;其三,在腐蚀后期,锌的牺牲阳极保护和铝的钝化作用协调保护。

Z 型钢丝在乙酸盐雾环境下的腐蚀主要分为两个过程。首先是高钒镀层的腐蚀。酸性环境中,铝的钝化膜会被破坏,失去防护作用。在腐蚀过程中,由于锌的电位较低,在酸性盐雾环境中充当阳极,发生氧化反应:

$$Zn - 2e^- \rightarrow Zn^{2+} \tag{3-3}$$

同时阴极发生吸氧反应:

$$O_2 + 4e^- + 2H_2O \rightarrow 4OH^- \tag{3-4}$$

阳极的 Zn^{2+} 和阴极的 OH^- 反应生成 $Zn(OH)_2$,$Zn(OH)_2$ 脱水形成 ZnO:

$$Zn^{2+} + 2OH^- \rightarrow Zn(OH)_2 \tag{3-5}$$

$$Zn(OH)_2 \rightarrow ZnO + H_2O \tag{3-6}$$

另外,乙酸盐雾中存在大量的 Cl^-,随着腐蚀的进行,钢丝表面形成碱式氯化锌:

$$Zn + 8H_2O + 2Cl^- \rightarrow Zn_5(OH)_8Cl_2 + 8H^+$$
$$\rightarrow 4Zn(OH)_2 \cdot ZnCl_2 + 8H^+ \tag{3-7}$$
$$\rightarrow 4Zn(OH)_2 \cdot ZnCl_2 \cdot xH_2O + 8H^+$$

碱式氯化锌为白色的难溶物,附着在钢丝表面,表现为"白锈"。与后面所讲的钢丝的腐蚀现象和腐蚀产物一致。

随着腐蚀的发展,白锈脱落,基层裸露在乙酸盐雾环境中,此时的电化学反应主要为氧的去极化反应。铁在阳极失去电子发生氧化反应,生成亚铁离子 Fe^{2+},乙酸盐雾中的氢离子 H^+ 与钢丝表面空气中的氧气在阴极区域得到电子发生还原反应生成水:

$$Fe \rightarrow Fe^{2+} + 2e^- \tag{3-8}$$

$$O_2 + 4H^+ + 4e^- \rightarrow 2H_2O \tag{3-9}$$

已有研究表明,高浓度的氯离子 Cl^- 对氧化过程有一定的催化作用:

$$Fe + Cl^- \rightarrow FeCl_{ad} + e^- \tag{3-10}$$

$$FeCl_{ad} \rightarrow FeCl^+ + e^- \tag{3-11}$$

$$FeCl^+ \rightarrow Fe^{2+} + Cl^- \tag{3-12}$$

如图 3-10 所示,在水和氧气的持续作用下,亚铁离子会继续氧化为红褐色的 $\gamma\text{-}FeOOH$,$\gamma\text{-}FeOOH$ 在 H^+ 的作用下被还原为黑色的 Fe_3O_4,当遇到较大的阴极区域,或者氧气不足时,Fe_3O_4 会被氧化成 $\gamma\text{-}FeOOH$,以及易溶于酸性电解质的 $\gamma\text{-}Fe_2O_3$ 和 $\alpha\text{-}Fe_2O_3$。在腐蚀过程中,由于最先腐蚀的部分产生的腐蚀产物附着在钢丝表面,使得钢丝基层部位的氧气浓度下降,因此,也就出现了外层腐蚀产物颜色略深,内表面腐蚀产物颜色略浅的现象。

$$4Fe^{2+} + O_2 + 6H_2O \rightarrow 4\gamma\text{-}FeOOH + 8H^+ \tag{3-13}$$

$$3\gamma\text{-}FeOOH + H^+ + e^- \rightarrow Fe_3O_4 + 2H_2O \tag{3-14}$$

$$4Fe_3O_4 + O_2 + 6H_2O \rightarrow 12\gamma\text{-}FeOOH \tag{3-15}$$

$\gamma\text{-}FeOOH$ 是疏松多孔的半导体和电化学活性物质。随着腐蚀时间的增加,$\gamma\text{-}FeOOH$ 会逐渐转变为致密且绝缘稳定的 $\alpha\text{-}FeOOH$。此外,当氯离子浓度较高时,$\gamma\text{-}FeOOH$ 会转变为 $\beta\text{-}FeOOH$,这是氯离子主导的海洋大气环境中特有的腐蚀产物。铁的锈蚀产物对基体几乎没有保护性,在腐蚀过程中,$FeOOH$ 和 Fe_3O_4 快速生成并附着在金属基体表面,加速基体的氧化,形成均匀腐蚀。由于 Fe 溶解形成 Fe^{2+},Fe^{2+} 会在局部形成一个电场,使 Cl^- 加速向该部位移动,同时加快该部位基体铁的溶解,腐蚀局部发展形成蚀坑,随着基体铁的继续溶解,蚀坑内部的 H^+ 聚集,从而使得蚀坑内的 pH 值降低,进一步促进蚀坑的发展。

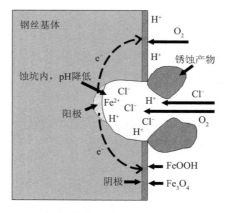

图 3-10　钢丝基体在乙酸盐雾环境下的腐蚀机理

对于钢丝基体来说,在乙酸盐雾环境中,Cl^-是钢丝发生点蚀的环境诱因,蚀坑的萌生是由于Cl^-的催化作用,蚀坑的发展是由于Fe^{2+}的进一步氧化导致蚀坑内H^+含量升高。对于 Z 型钢丝而言,由三维扫描结果可以看出,其表面形貌分布与位置有强相关性,Z 型钢丝截面曲率大的部位,更容易发生Fe^{2+}的氧化,因而腐蚀更为明显,这也是腐蚀的关键考虑位置。

2. 试验现象及腐蚀产物

通过对 Z 型钢丝开展盐雾加速腐蚀试验,可获得不同加速腐蚀时长的钢丝试件。图 3-11(a)~(e)分别为未锈蚀和锈蚀 1 个月、2 个月、3 个月、6 个月、9 个月后部分钢丝的形貌。图 3-12(a)~(f)分别为锈蚀 15 天、1 个月、2 个月、3 个月、6 个月和 9 个月后钢丝的锈蚀产物。由图 3-11 中 Z 型钢丝锈蚀后的表面形貌可以看出,钢丝的锈蚀存在随机性,相同腐蚀时长的钢丝表面存在一定的差异,但整体而言,钢丝的锈蚀随着腐蚀时长的增加而加重。由图 3-12 可见,钢丝锈蚀 15 天的产物为白色松散状的物质,这是由于钢丝表面为热镀锌-5%铝-稀土合金镀层,酸性盐雾下产生碱式氯化锌腐蚀产物。当腐蚀时长达到 1 个月时,钢丝表面开始出现红褐色的斑点,镀锌层开始发生局部破坏,腐蚀产物中出现红褐色的铁的氧化物。对于锈蚀 2 个月和 3 个月的钢丝,锈蚀产物仍为白色和红褐色的混合物,红褐色物质比例增大。当腐蚀时长达到 6 个月时,镀锌层已完全被腐蚀,锈蚀产物包裹在钢丝表面,呈红褐色,锈蚀产物均为红褐色的铁的氧化物。当锈蚀时长达到 9 个月时,钢丝表面的锈蚀层增厚,锈蚀产物呈块状。

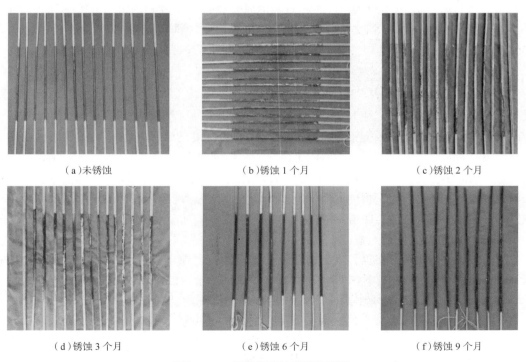

(a)未锈蚀　　　　　　　(b)锈蚀 1 个月　　　　　　　(c)锈蚀 2 个月

(d)锈蚀 3 个月　　　　　　(e)锈蚀 6 个月　　　　　　(f)锈蚀 9 个月

图 3-11　Z 型钢丝腐蚀后表面形貌

（a）15 天　　　（b）1 个月　　　（c）2 个月　　　（d）3 个月　　　（e）6 个月　　　（f）9 个月

图 3-12　Z 型钢丝腐蚀产物

3. 腐蚀动力学模型

按照 3.2.1 节中 Z 型钢丝锈蚀后失重率的计算方法，可获得经过不同加速腐蚀时长腐蚀后 Z 型钢丝的失重率，如图 3-13 所示。根据 3.2.1 节中 Z 型钢丝表面腐蚀深度的计算方法，可获得经过不同加速腐蚀时长腐蚀后 Z 型钢丝表面的腐蚀深度，如图 3-14 所示。由图可见，当腐蚀时长少于 2 个月时，钢丝的腐蚀基本为镀层损坏，这与 3.2.2 节中的腐蚀现象相符。3 个月时基层开始腐蚀。腐蚀存在一定的随机性，就单一样本而言，并非腐蚀时间越长，腐蚀深度越大，但是从概率角度，腐蚀随着时间的增长而加深。相同腐蚀样本数量下，钢丝的锈蚀级差随时间增长而增长，也就是说腐蚀时间越长，腐蚀结果差异性越大。下面计算各腐蚀时长下的平均失重率和平均腐蚀深度。由于高钒层对钢丝基层的保护作用，腐蚀时长少于 2 个月时，钢丝腐蚀不明显，因此对腐蚀时长超过 2 个月的钢丝的失重率和腐蚀深度采用幂函数进行拟合，得到 Z 型钢丝失重率和平均腐蚀深度随腐蚀时长变化的动力学模型：

$$\eta_{cor} = 0.051\,85(t - 1.434\,35)^{0.718} \tag{3-16}$$

$$d_{cor} = 40.212\,2(t - 1.733)^{0.803} \tag{3-17}$$

式中，t 为加速腐蚀时长（月）。由图 3-13 和图 3-14 可见，拟合结果良好，拟合优度高于 0.99，所得曲线可以用于 Z 型钢丝失重率和平均腐蚀深度的预测。通过钢丝的腐蚀动力学模型可知，高钒镀层可以有效延缓钢丝的腐蚀，在腐蚀时长少于 2 个月的时候，钢丝基层的腐蚀速率比较缓慢。当腐蚀时长超过 2 个月时，钢丝的腐蚀速率加快。但从整个腐蚀过程来看，钢丝的腐蚀速率随着腐蚀时间的增长而缓慢降低，这是由于腐蚀后钢丝表面会有部分锈蚀产物附着在钢丝表面，使得钢丝的腐蚀速率减缓。

4. 锈蚀 Z 型钢丝表面形貌

对除锈后的 Z 型钢丝进行三维扫描，获得未锈蚀和锈蚀 1 个月、2 个月、3 个月、6 个月、9 个月后的表面形貌，如图 3-15 所示。由图 3-15 可见，未锈蚀钢丝表面光滑，锈蚀 1 个月后的钢丝表面开始变得粗糙，出现多个蚀坑，蚀坑多为椭球形。随着腐蚀时长增加，单个蚀坑发育，蚀坑投影面积增大。当腐蚀时长达到 3 个月时，蚀坑开始串联，钢丝表面蚀坑串联边沿形成脊。腐蚀时长达到 6 个月时，由于蚀坑的深度发展，钢丝表面的粗糙程度加强。当腐蚀时长达到 9 个月时，蚀坑进一步发展，导致局部截面明显减小。总体而言，钢丝腐蚀以均匀腐蚀为主，点蚀现象不明显。

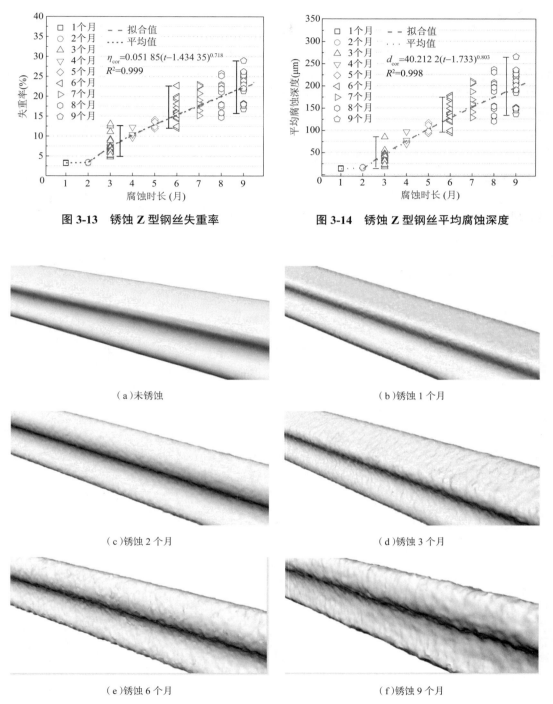

图 3-13　锈蚀 Z 型钢丝失重率　　　　　　图 3-14　锈蚀 Z 型钢丝平均腐蚀深度

（a）未锈蚀　　　　　　　　　　　　　（b）锈蚀 1 个月

（c）锈蚀 2 个月　　　　　　　　　　　（d）锈蚀 3 个月

（e）锈蚀 6 个月　　　　　　　　　　　（f）锈蚀 9 个月

图 3-15　Z 型钢丝腐蚀后表面形貌

5. 腐蚀深度的概率密度分布函数

图 3-16 为不同腐蚀时长下部分腐蚀段钢丝表面的腐蚀深度云图,图中为腐蚀段钢丝中间的 5 cm。由图 3-16(a)可见,当腐蚀时长为 1 个月时,钢丝表面主要表现为点蚀,蚀坑为圆形或椭圆形。当腐蚀时长达到 2 个月时,钢丝表面蚀坑发展,相近蚀坑开始连接扩大。当腐蚀时长达到 3 个月时,蚀坑继续发展,由于钢丝为异型钢丝,不同位置的腐蚀开始发生变化,腐蚀沿轴向呈条状分布,钢丝截面曲率较大的位置腐蚀较为明显。对于腐蚀时长少于 3 个月的工况,钢丝的腐蚀主要发生在钢丝的表面,表现为蚀坑在表面的发展,腐蚀深度基本控制在 60 mm 以内。当腐蚀时长达到 6 个月时,最大腐蚀深度可以达到 200 mm,最小腐蚀深度也高于 20 mm,此时钢丝表面表现为均匀腐蚀和点蚀共同作用,且钢丝表面均已发生腐蚀。当腐蚀时长达到 9 个月时,钢丝的腐蚀深度沿轴向分布的规律愈加明显,且此时钢丝的最大腐蚀深度将近 500 mm,最小腐蚀深度也可达到 60 mm,腐蚀严重。

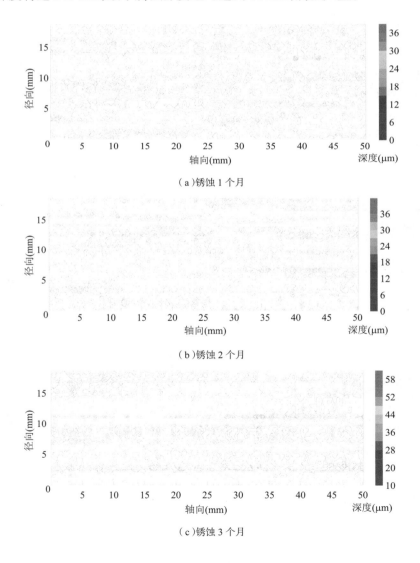

（a）锈蚀 1 个月

（b）锈蚀 2 个月

（c）锈蚀 3 个月

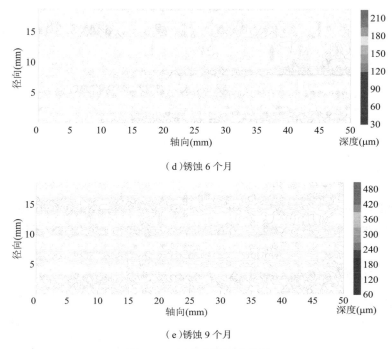

（d）锈蚀 6 个月

（e）锈蚀 9 个月

图 3-16　钢丝腐蚀深度云图

基于钢丝表面腐蚀深度结果，获得钢丝腐蚀深度的概率密度分布及累积概率密度分布，如图 3-17 和图 3-18 所示。钢丝表面蚀坑深度的概率分布图形具有一定的集中性和对称性，形状类似钟形，故采用高斯（Gaussian）分布对钢丝表面腐蚀深度的概率密度分布进行拟合，Gaussian 分布函数方程为

$$y = y_0 + \frac{A}{w\sqrt{\pi/2}} \mathrm{e}^{-2\left(\frac{x-x_c}{w}\right)^2} \tag{3-18}$$

式中，x_c 表示函数的期望；w 表示函数的标准差的 2 倍。拟合结果如图 3-17 所示。

许多学者采用耿贝尔（Gumbel）极值分布对钢丝表面腐蚀的点蚀系数进行拟合，此处也采用 Gumbel 极值分布对钢丝表面腐蚀深度累积概率分布进行拟合。Gumbel 极值分布方程为

$$F(x) = \exp\left[-\exp\left(-\frac{x-\beta_0}{\alpha_0}\right)\right] \tag{3-19}$$

式中，$F(x)$ 为累积分布函数；α_0 为比例参数；β_0 为位置参数。拟合结果如图 3-18 所示。对比拟合曲线与试验数据的拟合结果及拟合优度的数值可知，对于腐蚀时长较短的钢丝，建议采用 Gaussian 分布进行拟合，对于腐蚀时长超过 3 个月，腐蚀较为严重的钢丝，建议采用 Gumbel 极值分布对钢丝腐蚀深度的累积概率密度进行拟合。

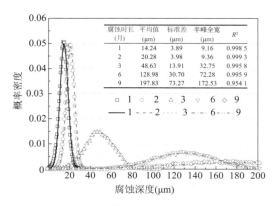

图 3-17　Z 型钢丝表面腐蚀深度的概率密度分布
及 Gaussian 分布拟合结果

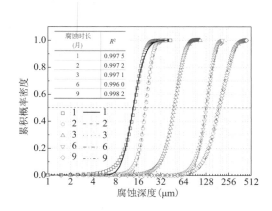

图 3-18　Z 型钢丝表面腐蚀深度累积概率密度
分布及 Gumbel 极值分布拟合结果

3.2.3　密闭索锈蚀后力学性能研究

3.2.3.1　静力拉伸试验设计

采用 PA-100 电液伺服疲劳试验机(图 3-19(a))对锈蚀后钢丝开展静力拉伸试验,试件两端用平板夹具直接夹持,根据规范《金属材料 拉伸试验 第 1 部分:室温试验方法》(GB/T 228.1—2021),采用应变控制加载速率,加载速率为 0.003/min。用 Y-12.5 引伸计(图 3-19(b))测量钢丝拉伸过程中的变形,通过与试验机相连的计算机记录拉伸过程中的荷载和位移。

(a)疲劳试验机

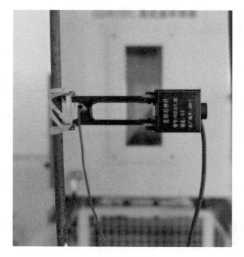

(b)引伸计

图 3-19　试验装置

3.2.3.2　Z 型钢丝力学性能折减规律

1. 应力-应变曲线

通过静力拉伸试验,可获得不同加速腐蚀时长下 Z 型钢丝的应力-应变曲线及荷载-位移曲线,如图 3-20、图 3-21 所示。由图可见,拉索的锈蚀具有一定的随机性,相同腐蚀时长的钢丝的力学性能具有一定的离散性。锈蚀对钢丝的延性影响较大,当腐蚀时长超过 4 个月时,应充分考虑钢丝的延性损失,防止拉索突然断裂。锈蚀对钢丝的极限强度影响相对较小,尤其是腐蚀时长较短时。当腐蚀时长少于 2 个月时,钢丝的极限强度下降不明显。当腐蚀时长达到 3 个月时,钢丝的极限强度开始下降。当腐蚀时长达到 6 个月时,钢丝的极限强度约为 1 400 MPa,约为未腐蚀钢丝的 90%。当腐蚀时长达到 9 个月时,钢丝的强度约为 1 200 MPa,不足原始钢丝的 70%。由钢丝应力-应变曲线的初始阶段可以看出,钢丝的弹性模量对锈蚀不敏感,随腐蚀时长增加略有下降。

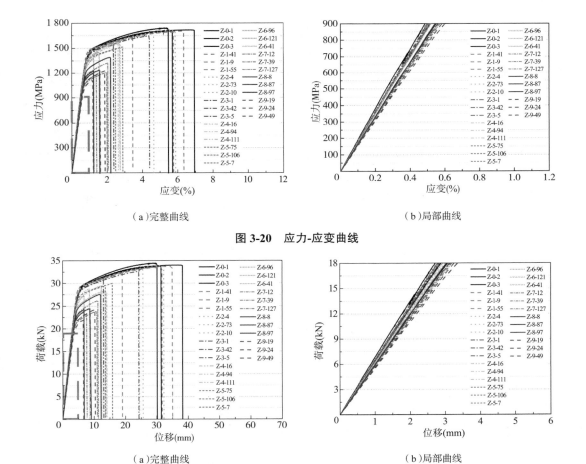

（a）完整曲线　　　　　　　　（b）局部曲线

图 3-20　应力-应变曲线

（a）完整曲线　　　　　　　　（b）局部曲线

图 3-21　荷载-位移曲线

2. 极限应变

钢丝的极限强度对应的应变为极限应变,根据钢丝的应力-应变曲线,可获得不同腐蚀时长钢丝的极限应变,如图 3-22 所示。钢丝的极限应变折减系数 $\eta_{u,\varepsilon}$ 按下式计算:

$$\eta_{u,\varepsilon} = \frac{\varepsilon_{u,N}}{\varepsilon_{u,0}} \tag{3-20}$$

式中,$\varepsilon_{u,0}$ 为未腐蚀 Z 型钢丝的极限应变;$\varepsilon_{u,N}$ 为腐蚀时长为 N 个月的 Z 型钢丝的极限应变。由图可见,极限应变对钢丝的腐蚀比较敏感,尤其是在腐蚀初期。相同腐蚀时长钢丝的延性有一定离散性。在锈蚀 1 个月的时候,钢丝的极限应变开始下降,钢丝的极限应变随腐蚀时长的增加而减小。当腐蚀时长达到 6 个月时,钢丝的极限应变约为 1.5%,约为原始钢丝极限应变的 20%,之后钢丝的极限应变不再下降。因此,对工程中严重腐蚀的钢丝,断裂应变可近似取 1.5%。

3. 断后伸长率

试验开始前,测量试验机上下夹具间的距离,并用记号笔标记夹持位置,在钢丝断裂后,测量两标记间的距离,获得钢丝的断后伸长率,如图 3-23 所示。按下式计算钢丝的断后伸长率折减系数 η_δ:

$$\eta_\delta = \frac{\delta_N}{\delta_0} \tag{3-21}$$

式中,δ_0 为未腐蚀钢丝的断后伸长率;δ_N 为腐蚀时长为 N 个月钢丝的断后伸长率。钢丝的断后伸长率与钢丝的极限应变均属于钢丝的延性指标,由图 3-22 和图 3-23 可见,其变化规律基本一致。钢丝的断后伸长率对腐蚀时长同样比较敏感,在腐蚀初期,钢丝的断后伸长率便开始下降,随着腐蚀时长增加,延性继续下降。当腐蚀时长达到 6 个月以后,钢丝的极限应变不足 2%,仅为未腐蚀钢丝的 20%,此后,钢丝的断后伸长率不再减小。

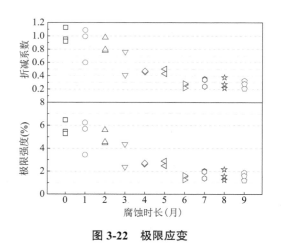

图 3-22　极限应变

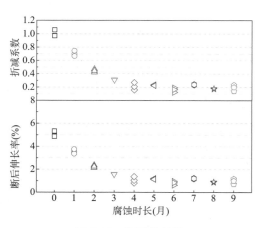

图 3-23　断后伸长率

4. 弹性模量及其预测方法

图 3-24 为 Z 型钢丝腐蚀后弹性模量随腐蚀时长的变化规律,由图可见,未腐蚀钢丝的

弹性模量为 179.3 GPa,钢丝的弹性模量随锈蚀时长的增长略有下降,但总体变化不大。按下式计算钢丝弹性模量的折减系数 η_E:

$$\eta_E = \frac{E_N}{E_0} \qquad (3\text{-}22)$$

式中, E_0 为未腐蚀钢丝的弹性模量; E_N 为腐蚀时长为 N 个月的钢丝的弹性模量。当腐蚀时长少于 6 个月时,钢丝弹性模量的折减系数高于 0.95;当腐蚀时长多于 6 个月时,钢丝弹性模量的折减系数为 0.85~0.95。图 3-25 为钢丝弹性模量折减系数与钢丝腐蚀深度的关系,由图可见,钢丝弹性模量的折减系数与腐蚀深度正相关,通过拟合得到 Z 型钢丝基于腐蚀深度的弹性模量折减系数预测方程:

$$\eta_E = 1.004\,68 - 0.005\,57 d_{\text{cor}} \qquad (3\text{-}23)$$

式中, d_{cor} 为腐蚀深度。由于腐蚀的随机性,钢丝弹性模量的折减系数在 5.33% 幅度内波动。根据 3.2.2 节中钢丝腐蚀深度的拟合方程,此处提出 Z 型钢丝基于腐蚀时长的弹性模量折减系数的预测方程:

$$\eta_E = 1.004\,68 - 0.224(t - 1.733)^{0.803} \qquad (3\text{-}24)$$

式中, t 为加速腐蚀时长(月)。

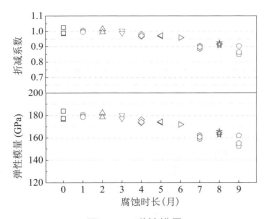

图 3-24　弹性模量

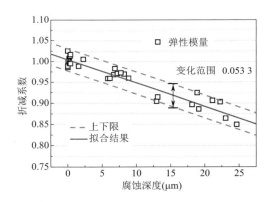

图 3-25　弹性模量折减系数与腐蚀深度的关系

5. 极限强度及其预测方法

根据钢丝的应力-应变曲线可得到不同腐蚀时长下 Z 型钢丝的极限强度,如图 3-26 所示。按下式计算钢丝极限强度折减系数 η_{f_y}:

$$\eta_{f_y} = \frac{f_{y,N}}{f_{y,0}} \qquad (3\text{-}25)$$

式中, $f_{y,0}$ 为未腐蚀 Z 型钢丝的极限强度; $f_{y,N}$ 为腐蚀时长为 N 个月的钢丝的极限强度。由图可见,当腐蚀时长少于 2 个月时,钢丝的腐蚀主要集中在镀层,钢丝基层的失重量基本可以忽略,因此钢丝强度下降不明显。3 个月时,钢丝的极限强度开始下降。当腐蚀时长超过 6 个月后,虽然钢丝的极限强度随腐蚀时长的增加整体呈下降趋势,但是腐蚀的随机性增大,且此时强度低于未腐蚀钢丝的 70%。

极限强度与平均腐蚀深度的关系如图 3-27 所示。由图可见,钢丝的极限强度与钢丝的腐蚀深度正相关,对钢丝的极限强度和平均腐蚀深度进行线性拟合,结果表明极限强度在 9.7% 内波动。通过拟合得到 Z 型钢丝基于腐蚀深度的极限强度预测方程:

$$\eta_{f_y} = 0.973 - 0.013 d_{cor} \qquad (3-26)$$

另外,基于腐蚀试验结果,提出 Z 型钢丝基于腐蚀时长的极限强度预测方程:

$$\eta_{f_y} = 0.973 - 0.052\,3(t - 1.733)^{0.803} \qquad (3-27)$$

式中,t 为加速腐蚀时长(月)。

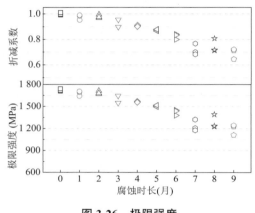

图 3-26　极限强度

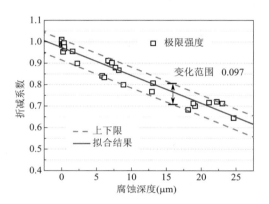

图 3-27　极限强度折减系数与腐蚀深度的关系

3.2.3.3　锈损密闭索残余力学性能评估方法

本章同时对 Z 型钢丝及密闭索开展了相同加速腐蚀环境下的乙酸盐雾加速腐蚀试验。其中,密闭索盐雾加速腐蚀试验的目的是研究密闭索的锈蚀机理,评估锈蚀后密闭索的力学性能折减规律。密闭索是由中心圆钢丝和外层 Z 型钢丝绞捻而成的,各层钢丝间反向绞捻,对于现有密闭索种类,大多数拉索包括 2 层或 3 层反向绞捻的 Z 型钢丝。将密闭索和 Z 型钢丝在相同的环境中进行腐蚀,对腐蚀时长为 9 个月的 22 mm 和 45 mm 直径的密闭索进行拆股,获得各层钢丝的腐蚀情况,如图 3-28 与图 3-29 所示。

由图 3-28(a)可见,密闭索外表面锈蚀严重,但是通过拆股可见,外层 Z 型钢丝构成的密封层可有效隔绝腐蚀介质进入拉索内部,并且拉索内部的防腐油脂也可有效阻隔腐蚀介质。22 mm 直径密闭索次外层 Z 型钢丝靠近最外层 Z 型钢丝层的表面有少量白锈,但内部圆形钢丝完全没有锈蚀痕迹。45 mm 直径密闭索表面腐蚀严重,但是次外层 Z 型钢丝并未表现出腐蚀痕迹,表面被防腐油脂包围。因此,在对密闭索进行锈蚀和疲劳寿命评估过程中,可以只考虑 Z 型钢丝的腐蚀。

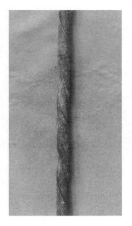

（a）锈蚀后拉索　　　（b）去掉部分最外层　　　（c）去掉部分次外层　　　（d）去掉次外层

图 3-28　22 mm 直径密闭索各层腐蚀形貌

（a）锈蚀后拉索　　　（b）去掉保护层　　　（c）去掉部分最外层　　　（d）去掉全部最外层

图 3-29　45 mm 直径密闭索各层腐蚀形貌

　　因此,对于密闭索的腐蚀,可近似认为只有外层 Z 型钢丝发生腐蚀,且仅最外层 Z 型钢丝与空气直接接触的部分最接近通过 Z 型钢丝腐蚀获得的预测模型,外层钢丝未与空气直接接触的部分腐蚀程度较轻。但为了确保预测结果安全,假定外层 Z 型钢丝内外表面均发生了较为严重的腐蚀。根据 Z 型钢丝腐蚀深度预测模型(式(3-17)),单根钢丝的腐蚀截面面积为

$$S_{\text{cor,Z}} = C_{\text{Z}} d_{\text{cor}} \tag{3-28}$$

式中,C_{Z} 为外层 Z 型钢丝的周长。拉索中所有钢丝的腐蚀面积为

$$S_{\text{cor}} = S_{\text{cor,Z}} N_{\text{cor,Z}} \tag{3-29}$$

式中,$N_{\text{cor,Z}}$ 为发生腐蚀的 Z 型钢丝的数量。锈蚀后拉索的锈损比为

$$\eta_{\text{S}} = \frac{S_{\text{cor}}}{S} \tag{3-30}$$

式中,S 为拉索的截面面积。根据钢丝失重率与极限强度折减系数的关系,可获得拉索的极限强度折减系数:

$$\eta_{f_y,\text{cable}} = \eta_s f_y \qquad (3\text{-}31)$$

式中,f_y 为密闭索的极限强度。对于拉索的延性,由于拉索是由钢丝绞捻而成的,故各根钢丝共同受力。对于拉索而言,中心钢丝受力,应力最大,向外逐渐减小。因此,对于锈蚀的拉索,我们可以保守地认为钢丝内外受力一致。锈蚀拉索的各根钢丝之间的关系类似于并联关系,当一根钢丝发生断裂时,即认为拉索整体失效,因此,拉索的延性可以保守地认为与 Z 型钢丝的预测方法一致。

3.3　钢管腐蚀

本节对锈蚀后的网架钢管杆件进行了试验,目的是研究锈蚀对钢管杆件力学性能的影响。本试验所用的钢管为一批在自然条件下放置一段时间而锈蚀的钢管杆件,可以很好地反映工程中的真实锈蚀情况。

3.3.1　试验方案

本节对钢管杆件展开轴心受压试验,为了全面反映锈蚀对钢管杆件力学性能的影响,选择了六种规格的杆件进行试验,分别为 P60×3.5(外径 60 mm,壁厚 3.5 mm,下同)、P75.5×3.5、P88.5×4、P114×4.5、P140×5、P159×6,每种规格的杆件有 3 根。试验中杆件两端采用铰接支承。杆件的规格、长度、两端支承条件和计算长度见表 3-5。

表 3-5　试验杆件

规格	长度(mm)	数量	两端支承	计算长度(mm)
P60×3.5	2 000	3	铰接	2 000
P75.5×3.5	2 000	3	铰接	2 000
P88.5×4	2 000	3	铰接	2 000
P114×4.5	2 000	3	铰接	2 000
P140×5	2 000	3	铰接	2 000
P159×6	2 000	3	铰接	2 000

对于两端铰接的钢管杆件试件,实现铰接的方法是在杆件两端依次焊接端板和可穿入销轴的加载端,在试验机两端也连接可穿入销轴的加载端,两耳板的间距大于杆件上连接的加载端,如图 3-30 所示。为保证加载端圆内侧和销轴的光滑,试验时将两个加载端对齐,穿入销轴,即可实现杆件两端与试验机的铰接连接,其上端和下端的铰接节点构造如图 3-30 所示。

试验时,在杆件两端对称布置两个位移计,测量杆件轴向变形,取其平均值作为轴向位移。试验中,位移计数据将由与计算机连接的静态应变测试系统自动采集和保存。

试验加载制度:正式加载前进行预加载,以使钢管杆件进入正常工作状态,确认各设备运转正常,预加荷载值为预估极限荷载的20%。试验采用荷载控制,分级加载。正式加载时,每级加载值取为预估极限荷载的10%,每级荷载持荷时间为 2 min。在试件达到预估极限荷载的70%后,每级加载值取为预估极限荷载的5%,持荷时间为 3 min。杆件达到极限荷载后,采用位移控制继续增大轴向位移,得到荷载位移曲线的下降段。当试件荷载下降到极限荷载的85%以下时,为了保证安全,停止加载,结束试验。

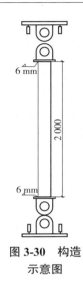

图 3-30　构造示意图

3.3.2　试验现象

试验加载结束后,观察钢管杆件的形状,发现杆件均发生弯曲屈曲的失稳破坏,向约束较弱的方向发生弯曲。此外,杆件弯曲较严重的部位(比如杆件中间部位),钢材出现局部鼓曲、锈层剥落的现象。弯曲形状与锈层剥落如图 3-31 所示。

对位移计和试验机荷载传感器收集到的数据进行初步分析后发现,锈蚀钢管杆件的荷载-位移曲线与具有初始弯曲等初始缺陷的实际轴心受压长杆的荷载-位移曲线形状相似,受荷前期基本为线弹性,刚度较大,快达到极限承载力时刚度减小,荷载-位移曲线逐渐平缓,最终达到杆件的极限承载力,此后位移继续增大,但承载力进入下降阶段,两端固接的杆件承载力下降速度慢于两端铰接的杆件。而在杆件达到极限承载力之前,杆件弯曲方向边缘的钢材已经进入屈服阶段,即杆件边缘钢材屈服后杆件承载力还有继续增长的空间。

（a）杆件弯曲形状

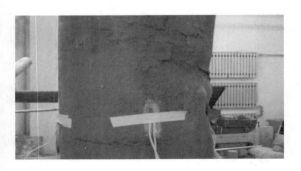

（b）钢管局部鼓曲和锈层剥落

图 3-31　弯曲形状与锈层剥落

3.3.3 试验数据分析

钢管杆件的应力-应变曲线如图 3-32 所示。以往的研究发现,随着钢材锈蚀程度的加重,出现屈服平台变短直至消失的现象,拉伸时表现为钢材的脆断。本节的试验结果显示,钢管杆件的屈服平台已经消失,而且钢材的屈服强度和弹性模量出现了下降,表明钢材锈蚀较为严重。

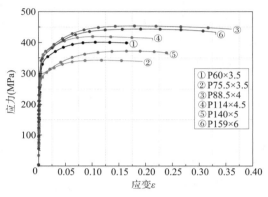

图 3-32　钢管杆件的应力-应变曲线

对锈蚀钢管杆件轴心受压试验的荷载和竖向位移数据进行收集、处理,并绘制出每种规格杆件的荷载-位移曲线,如图 3-33~图 3-38 所示。

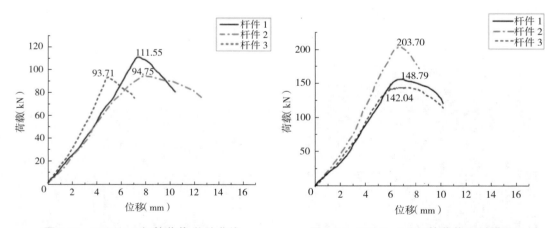

图 3-33　P60×3.5 钢管荷载-位移曲线　　　图 3-34　P75.5×3.5 钢管荷载-位移曲线

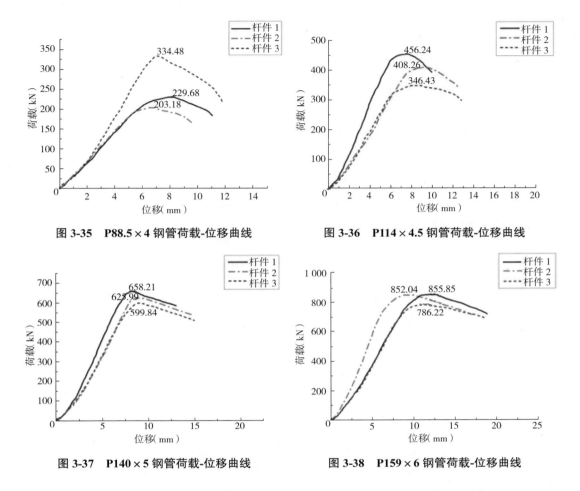

图 3-35　P88.5×4 钢管荷载-位移曲线　　　　图 3-36　P114×4.5 钢管荷载-位移曲线

图 3-37　P140×5 钢管荷载-位移曲线　　　　图 3-38　P159×6 钢管荷载-位移曲线

　　理想的无初始缺陷的杆件的极限受压承载力即欧拉极限承载力,在正则化长细比 λ <1 时,欧拉临界应力大于材料屈服点,表现为材料强度控制承载力;在 λ >1 时,欧拉临界应力下降至低于材料屈服点,表现为提前的失稳破坏。但实际中的杆件存在残余应力、初始弯曲等缺陷,在加载初期即出现侧向挠度且其随着荷载增大而增大,在正则化长细比较小的时候,实际承载力就开始出现下降,最终均呈现出失稳破坏的特点,杆件承载力由杆件稳定性控制。现阶段的《钢结构设计标准》(GB 50017—2017)根据杆件类型给出几条柱子曲线,引入轴心受压稳定系数计算极限承载力。

　　根据本试验得到的实际材性数据,采用《钢结构设计标准》(GB 50017—2017)给出的柱子曲线和计算方法计算极限承载力,结果见表 3-6。

表 3-6　极限承载力

规格	f_y	E(GPa)	N_{u0}(kN)	N_u(kN)
P60×3.5	310	185	192.5	82.9
P75.5×3.5	270	186	213.6	134.8

规格	f_y	E(GPa)	N_{u0}(kN)	N_u(kN)
P88.5×4	300	202	318.4	226.5
P114×4.5	315	171	487.4	378.4
P140×5	305	169	646.4	545.5
P159×6	310	172	893.6	779.2

将计算得到的极限承载力和试验得到的极限承载力进行对比,见表 3-7。其中欧拉极限承载力在正则化长细比小于 1 时即为 N_u,在正则化长细比大于 1 时按照 $N_E=\pi^2 EI$ 计算。柱子曲线承载力即为按照我国《钢结构设计标准》(GB 50017—2017)给出的考虑初始缺陷影响的轴心受压承载力柱子曲线计算的极限承载力。

表 3-7　轴压承载力对比

规格	试验极限承载力(kN)	欧拉极限承载力(kN)	标准中的柱子曲线极限承载力(kN)
P60×3.5	100.00	101.2	82.9
P75.5×3.5	164.84	210.3	134.8
P88.5×4	255.78	318.4	226.5
P114×4.5	403.64	487.4	378.4
P140×5	628.01	646.4	545.5
P159×6	831.37	893.6	779.2

由表 3-7 可以看出,试验极限承载力的均值位于欧拉极限承载力和标准中的柱子曲线极限承载力(标准值,未考虑分项系数)之间。其原因一方面为杆件存在残余应力、初始弯曲等初始缺陷,因此承载力低于欧拉曲线的承载力,而另一方面,标准中的柱子曲线为进行大量计算分析和部分试验后得到的结果且一定程度上偏于安全。

从本次试验结果看,试验得到的极限承载力均高于标准中的极限承载力且相差不大,因此可以推测,如果能确定锈蚀后钢管壁的屈服强度和弹性模量,可以使用现行规范的方法,根据锈蚀钢管杆件的实际屈服强度、弹性模量计算极限承载力。

3.3.4　有限元模型建立

采用大型商用有限元软件 ABAQUS 建立锈蚀后钢管的有限元模型,并将有限元分析的结果与试验的数据进行对比,验证有限元模型的准确性和有效性。

采用 4 节点四边形有限薄膜应变线性减缩积分壳单元(S4R)建模,这种单元性能稳定、适用范围广。建模时建立钢管长度的一半长度(1 000 mm)模型,长度沿 Z 轴方向,将其中的一端设置为关于 Z 轴对称的边界条件($U_3=U_{R1}=U_{R2}=0$),以此模拟整根钢管。为了便于加载和输出反力,在钢管另一端设置一个参考点,将该点与该段钢管端面进行耦合。钢材的本构关系按照试验得到的材性结果输入(图 3-33~图 3-38)。为了保证模型计算的准确,对钢管进行较细的网格划分。模型的加载方式为在端面耦合的参考点上施加轴向荷载,采用位移加载制度。

3.3.5　有限元模拟结果与试验对比

加载完成后的锈蚀钢管破坏形式如图 3-39~图 3-44 所示。建立的模型为一半长度的钢管,在右端采用了对称的边界条件,与试验模型相同,在未加载时锈蚀钢管模型中钢管初始状态为钢管水平放置。通过破坏后的形式可以发现,六种规格的钢管均发生整体失稳破坏,这与试验现象相同。

　　　图 3-39　P60×3.5 钢管破坏形态　　　　　　　图 3-40　P75.5×3.5 钢管破坏形态

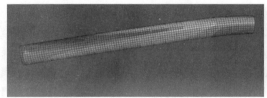 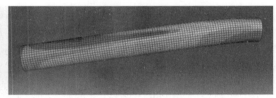

　　　图 3-41　P88.5×4 钢管破坏形态　　　　　　　图 3-42　P114×4.5 钢管破坏形态

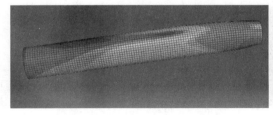 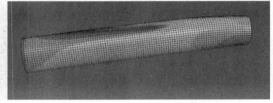

　　　图 3-43　P140×5 钢管破坏形态　　　　　　　图 3-44　P159×6 钢管破坏形态

输出有限元模拟得到的轴向荷载结果,得到 ABAQUS 根据所建立的锈蚀钢管有限元模型计算的竖向轴压承载力,并将其与三根同种规格钢管的轴压试验结果进行对比,结果见表 3-8。

表 3-8　有限元模拟与试验结果对比

锈蚀钢管规格	试验结果(kN)				有限元模拟计算结果(kN)	有限元结果与试验结果偏差
	杆件 1	杆件 2	杆件 3	平均值		
P60×3.5	111.55	94.75	93.71	100.00	110.67	9.6%
P75.5×3.5	148.79	203.70	142.04	164.84	176.60	6.7%
P88.5×4	229.68	203.18	334.48	255.78	268.05	4.6%

锈蚀钢管规格	试验结果（kN）				有限元模拟计算结果（kN）	有限元结果与试验结果偏差
	杆件1	杆件2	杆件3	平均值		
P114×4.5	456.24	408.26	346.43	403.64	416.65	3.1%
P140×5	658.21	625.99	599.84	628.01	615.47	2.0%
P159×6	855.85	852.04	786.22	831.37	857.14	3.0%

从表 3-8 的结果可以看出，用 ABAQUS 软件建立有限元模型计算的轴压极限承载力结果与试验结果接近，有限元模拟计算结果在三根锈蚀钢管杆件轴压试验结果的数值之间，且与平均值接近，相差最大不超过 10%。综上，可以认为，用该方式建立的 ABAQUS 有限元模型是可行的。

3.3.6　参数化分析

前面已经验证了 ABAQUS 有限元模型的有效性，接下来便采用该模型进行参数化模拟，以得到锈蚀对钢管杆件承载力的影响。钢管管壁在锈蚀后，实际上壁厚会减小，而壁厚的减小量取决于锈蚀时间、锈蚀环境等因素。因此，在参数化模拟分析中可以通过改变钢管的壁厚来考虑锈蚀时间、锈蚀环境等因素的影响，不考虑材料强度和模量的变化。同时，采用《钢结构设计标准》（GB 50017—2017）给出的柱子曲线计算相应壁厚的钢管的轴压承载力，并与有限元模拟的结果进行对比分析。在有限元模拟中，钢材的本构关系为理想弹塑性曲线。

表 3-9 列出了 P60×3.5 规格钢管的轴压承载力随壁厚减小的变化情况，并列出了壁厚减小后的承载力与原壁厚时的承载力的比值。

表 3-9　P60×3.5 钢管壁厚变化影响分析结果

壁厚（mm）	3.50	3.45	3.40	3.35	3.30	3.25	3.20	3.15
有限元模拟轴压承载力（kN）	115.61	113.96	112.30	110.65	108.99	107.34	105.68	104.03
FEA 锈蚀后承载力/原承载力（%）	100.00	98.57	97.14	95.71	94.27	92.84	91.41	89.98
规范计算轴压承载力（kN）	92.29	90.77	89.25	87.74	86.24	84.74	83.24	81.76
规范计算锈蚀后承载力/原承载力（%）	100.00	98.35	96.71	95.07	93.44	91.82	90.20	88.59
壁厚（mm）	3.10	3.05	3.00	2.95	2.90	2.85	2.80	
有限元模拟轴压承载力（kN）	102.37	100.72	99.06	97.41	95.75	94.10	92.45	
FEA 锈蚀后承载力/原承载力（%）	88.55	87.12	85.69	84.26	82.82	81.39	79.96	
规范计算轴压承载力（kN）	80.28	78.80	77.34	75.88	74.42	72.97	71.53	
规范计算锈蚀后承载力/原承载力（%）	86.98	85.39	83.80	82.21	80.64	79.07	77.50	

注：FEA—有限元模拟。

根据表 3-9 中的数据，绘制曲线如图 3-45 和图 3-46 所示。

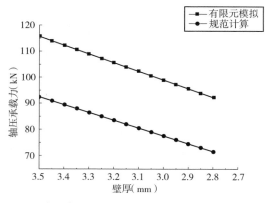

图 3-45　P60×3.5 钢管承载力随壁厚变化图

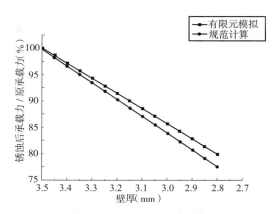

图 3-46　P60×3.5 钢管承载力比值随壁厚变化图

从图 3-45 可以看出,无论是采用有限元模拟还是采用《钢结构设计标准》(GB 50017—2017)计算得到的轴压承载力,均近似随壁厚减小而线性降低;从图 3-46 可以看出,采用规范方法计算的承载力随壁厚减小而降低的速度比采用有限元模拟方法快,但相差很小,尤其是在壁厚削弱较小的情况下,二者降低的程度几乎相等。对于承载力绝对值,采用有限元模拟的承载力比采用规范方法计算的承载力始终大 15%~30%,说明采用规范方法计算是偏于安全的。

同时,考虑到钢管规格的变化,选择了和试验相同的其他五种规格的钢管,进行了相应的对比分析,结果列举如下。

P75.5×3.5 钢管承载力随壁厚减小的变化情况如表 3-10 和图 3-47、图 3-48 所示。

表 3-10　P75.5×3.5 钢管壁厚变化影响分析结果

壁厚(mm)	3.50	3.45	3.40	3.35	3.30	3.25	3.20	3.15
有限元模拟轴压承载力(kN)	211.23	208.22	205.20	202.18	199.16	196.14	193.12	190.10
FEA 锈蚀后承载力/原承载力(%)	100.00	98.57	97.14	95.71	94.28	92.85	91.42	89.99
规范计算轴压承载力(kN)	160.21	157.69	155.17	152.66	150.61	147.67	145.18	142.70
规范计算锈蚀后承载力/原承载力(%)	100.00	98.43	96.85	95.29	94.01	92.17	90.62	89.07
壁厚(mm)	3.10	3.05	3.00	2.95	2.90	2.85	2.80	
有限元模拟轴压承载力(kN)	187.08	184.06	181.04	178.02	175.00	171.98	168.97	
FEA 锈蚀后承载力/原承载力(%)	88.56	87.14	85.71	84.28	82.85	81.42	79.99	
规范计算轴压承载力(kN)	140.23	137.76	135.30	132.85	130.40	127.96	125.53	
规范计算锈蚀后承载力/原承载力(%)	87.53	85.99	84.45	82.92	81.39	79.87	78.35	

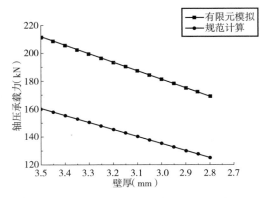
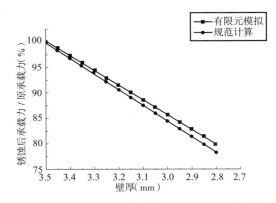

图 3-47　P75.5×3.5 钢管承载力随壁厚变化图　　图 3-48　P75.5×3.5 钢管承载力比值随壁厚变化图

　　P88.5×4 钢管承载力随壁厚减小的变化情况如表 3-11 和图 3-49、图 3-50 所示。

表 3-11　P88.5×4 钢管壁厚变化影响分析结果

壁厚（mm）	4.00	3.95	3.90	3.85	3.80	3.75	3.70	3.65
有限元模拟轴压承载力（kN）	319.31	315.31	311.31	307.31	303.31	299.30	295.30	291.30
FEA 锈蚀后承载力/原承载力（%）	100.00	98.75	97.49	96.24	94.99	93.73	92.48	91.23
规范计算轴压承载力（kN）	249.27	245.89	242.51	239.14	235.78	232.43	229.08	225.74
规范计算锈蚀后承载力/原承载力（%）	100.00	98.64	97.29	95.94	94.59	93.24	91.90	90.56
壁厚（mm）	3.60	3.55	3.50	3.45	3.40	3.35	3.30	
有限元模拟轴压承载力（kN）	287.30	283.30	279.30	275.29	271.29	267.29	263.29	
FEA 锈蚀后承载力/原承载力（%）	89.98	88.72	87.47	86.22	84.96	83.71	82.45	
规范计算轴压承载力（kN）	222.41	219.08	215.76	212.45	209.14	205.84	202.55	
规范计算锈蚀后承载力/原承载力（%）	89.22	87.89	86.56	85.23	83.90	82.58	81.26	

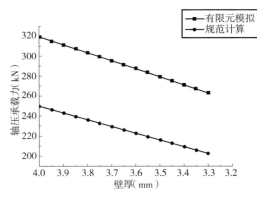
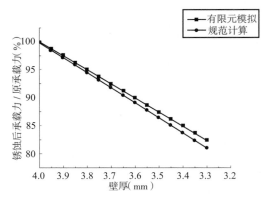

图 3-49　P88.5×4 钢管承载力随壁厚变化图　　图 3-50　P88.5×4 钢管承载力比值随壁厚变化图

　　P114×4.5 钢管承载力随壁厚减小的变化情况如表 3-12 和图 3-51、图 3-52 所示。

表 3-12 P114×4.5 钢管壁厚变化影响分析结果

壁厚（mm）	4.50	4.45	4.40	4.35	4.30	4.25	4.20	4.15
有限元模拟轴压承载力（kN）	497.70	492.17	486.64	481.11	475.57	470.04	464.51	458.98
FEA 锈蚀后承载力/原承载力（%）	100.00	98.89	97.78	96.67	95.55	94.44	93.33	92.22
规范计算轴压承载力（kN）	423.56	418.57	413.59	408.62	403.66	398.70	393.75	388.80
规范计算锈蚀后承载力/原承载力（%）	100.00	98.82	97.65	96.47	95.30	94.13	92.96	91.79
壁厚（mm）	4.10	4.05	4.00	3.95	3.90	3.85	3.80	
有限元模拟轴压承载力（kN）	453.44	447.91	442.38	436.85	431.31	425.78	420.25	
FEA 锈蚀后承载力/原承载力（%）	91.11	90.00	88.88	87.77	86.66	85.55	84.44	
规范计算轴压承载力（kN）	383.86	378.93	374.00	369.08	364.16	359.26	354.35	
规范计算锈蚀后承载力/原承载力（%）	90.63	89.46	88.30	87.14	85.98	84.82	83.66	

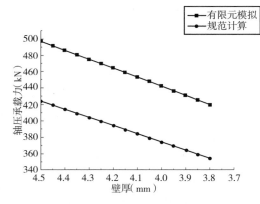

图 3-51 P114×4.5 钢管承载力随壁厚变化图

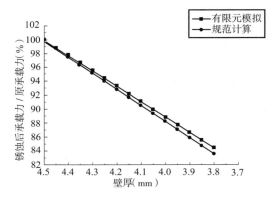

图 3-52 P114×4.5 钢管承载力比值随壁厚变化图

P140×5 钢管承载力随壁厚减小的变化情况如表 3-13 和图 3-53、图 3-54 所示。

表 3-13 P140×5 钢管壁厚变化影响分析结果

壁厚（mm）	5.00	4.95	4.90	4.85	4.80	4.75	4.70	4.65
有限元模拟轴压承载力（kN）	714.05	706.89	699.74	692.59	685.44	678.29	671.13	663.98
FEA 锈蚀后承载力/原承载力（%）	100.00	99.00	98.00	97.00	95.99	94.99	93.99	92.99
规范计算轴压承载力（kN）	623.62	617.09	610.57	604.05	597.54	591.03	584.53	578.04
规范计算锈蚀后承载力/原承载力（%）	100.00	98.95	97.91	96.86	95.82	94.77	93.73	92.69
壁厚（mm）	4.60	4.55	4.50	4.45	4.40	4.35	4.30	
有限元模拟轴压承载力（kN）	656.83	649.67	642.52	635.37	628.21	621.06	613.90	
FEA 锈蚀后承载力/原承载力（%）	91.99	90.98	89.98	88.98	87.98	86.98	85.98	
规范计算轴压承载力（kN）	571.55	565.07	558.59	552.12	545.66	539.20	532.74	
规范计算锈蚀后承载力/原承载力（%）	91.65	90.61	89.57	88.53	87.50	86.46	85.43	

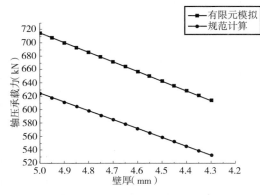 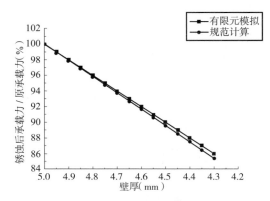

图 3-53　P140×5 钢管承载力随壁厚变化图　　　图 3-54　P140×5 钢管承载力比值随壁厚变化图

P159×6 钢管承载力随壁厚减小的变化情况如表 3-14 和图 3-55、图 3-56 所示。

表 3-14　P159×6 钢管壁厚变化影响分析结果

壁厚（mm）	6.00	5.95	5.90	5.85	5.80	5.75	5.70	5.65
有限元模拟轴压承载力（kN）	982.95	974.74	966.54	958.34	950.13	941.93	933.72	925.51
FEA 锈蚀后承载力/原承载力（%）	100.00	99.17	98.33	97.50	96.66	95.83	94.99	94.16
规范计算轴压承载力（kN）	874.28	866.65	859.02	851.40	843.79	836.18	828.58	820.98
规范计算锈蚀后承载力/原承载力（%）	100.00	99.13	98.25	97.38	96.51	95.64	94.77	93.90
壁厚（mm）	5.60	5.55	5.50	5.45	5.40	5.35	5.30	
有限元模拟轴压承载力（kN）	917.31	909.10	900.90	892.69	884.48	876.28	868.07	
FEA 锈蚀后承载力/原承载力（%）	93.32	92.49	91.65	90.82	89.98	89.15	88.31	
规范计算轴压承载力（kN）	813.39	805.80	798.22	790.65	783.08	775.52	767.96	
规范计算锈蚀后承载力/原承载力（%）	93.03	92.17	91.30	90.43	89.57	88.70	87.84	

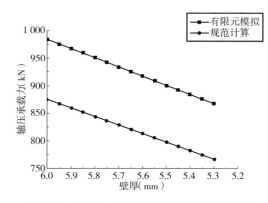 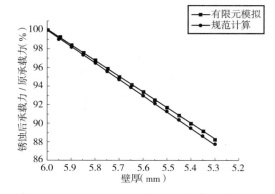

图 3-55　P159×6 钢管承载力随壁厚变化图　　　图 3-56　P159×6 钢管承载力比值随壁厚变化图

通过以上图表可以发现,后面五种不同规格的钢管,其承载能力随壁厚的变化规律与

P60×3.5 规格的钢管基本相同,有限元模拟结果与规范计算结果之间的关系也同样符合上文所述的规律。

考虑钢管材料的影响,对模型中的材料本构进行了修改,将屈服强度为 345 MPa 的钢材改为屈服强度为 235 MPa 的钢材,重新对一种规格的钢管进行了模拟,将两种材料的模拟结果进行对比,结果表 3-15。

表 3-15　不同材料钢管锈蚀影响对比

壁厚(mm)	3.5	3.45	3.40	3.35	3.30	3.25	3.20	3.15
Q235 轴压承载力(kN)	106.58	105.06	103.53	102.01	100.49	98.96	97.44	95.91
Q235 锈蚀后承载力/原承载力(%)	100.00	98.57	97.14	95.71	94.28	92.85	91.42	89.99
Q345 计算轴压承载力(kN)	115.61	113.96	112.30	110.65	108.99	107.34	105.68	104.03
Q345 计算锈蚀后承载力/原承载力(%)	100.00	98.57	97.14	95.71	94.27	92.84	91.41	89.98
壁厚(mm)	3.10	3.05	3.00	2.95	2.90	2.85	2.80	
Q235 轴压承载力(kN)	94.39	92.87	91.34	89.82	88.29	86.77	85.25	
Q235 锈蚀后承载力/原承载力(%)	88.56	87.13	85.70	84.27	82.84	81.41	79.98	
Q345 计算轴压承载力(kN)	102.37	100.72	99.06	97.41	95.75	94.10	92.45	
Q345 计算锈蚀后承载力/原承载力(%)	88.55	87.12	85.69	84.26	82.82	81.39	79.96	

从表 3-15 可以看出,根据有限元模拟结果,屈服强度不同的钢材,随着壁厚减小,其轴压承载力降低的比例是相同的。

3.4　本章小结

本章对密闭索及密闭索中的 Z 型钢丝进行了乙酸盐雾加速腐蚀试验,提出了异型钢丝表面形貌的表征方法,获得了 Z 型钢丝的腐蚀动力学模型,研究了 Z 型钢丝的腐蚀规律及腐蚀机理,提出了 Z 型钢丝锈蚀力学性能的折减规律;最后,基于密闭索的腐蚀规律,提出了密闭索的性能折减规律。同时,本章也对锈蚀后钢管的承载能力进行了研究,包括试验和数值模拟两个方面。得到的主要结论如下。

(1)本章基于环境等效的方式,采用幂函数模型对铸钢材料进行标定试验,提出拉索构件乙酸盐雾加速试验及实际大气腐蚀环境的等效转换计算方法;针对 Z 型钢丝和密闭索开展腐蚀周期为 1~9 个月的乙酸盐雾加速腐蚀试验,腐蚀周期级差为 1 个月,最长加速腐蚀周期约为 46.2 年,加速倍率约为 60 倍。

(2)本章研究了 Z 型钢丝的锈蚀机理,并基于三维扫描及 Z 型钢丝的腐蚀动力学模型,提出锈蚀后异型钢丝腐蚀形貌的表征方法。结果表明,钢丝的腐蚀具有一定的随机性,钢丝表面以均匀腐蚀为主,伴随点蚀。在使用初期,高钒镀层可以有效延缓钢丝的锈蚀。在镀层失效后,钢丝的腐蚀速率随腐蚀时间的增长而缓慢下降。对于腐蚀时间较短的钢丝,建议采用 Gaussian 分布对钢丝表面腐蚀形貌进行拟合;对于腐蚀时间较长的钢丝,建议采用

Gumbel 极值分布对钢丝表面腐蚀形貌进行拟合。

（3）通过对 Z 型钢丝开展静力拉伸试验，获得锈蚀后钢丝的力学性能。由结果可知，钢丝的腐蚀具有一定的随机性。钢丝的锈蚀对钢丝的延性影响较大，对钢丝强度影响较小，尤其是在腐蚀初期，腐蚀时长超过 3 个月，钢丝的强度开始下降。当腐蚀时长达到 9 个月时，此时约对应青岛环境 46 年，钢丝的失重率为 20%~25%，此时强度下降为原始钢丝强度的70%。钢丝的弹性模量对腐蚀不敏感。钢丝的极限强度与失重率、腐蚀深度正相关。此外，本章还提出了基于钢丝失重率和腐蚀深度的钢丝极限强度预测方法。

（4）通过对锈蚀钢管的轴压试验发现，试验得到的极限承载力高于按照规范方法计算的极限承载力，但低于欧拉极限承载力。原因是欧拉极限承载力未考虑初始弯曲、初始偏心等初始缺陷影响，而规范是偏于安全的。

（5）用 ABAQUS 对钢管建立有限元模型，与试验结果进行对比，验证了有限元模型的有效性，然后进行了参数化模拟。考虑锈蚀对钢管壁厚的削弱，研究了壁厚削弱、钢管规格、材料等因素对钢管锈蚀后承载力的影响，并采用规范给出的方法计算，将二者对比分析。研究发现，无论是采用有限元模拟还是采用《钢结构设计标准》（GB 50017—2017）计算得到的轴压承载力，均近似随壁厚减小而线性降低，二者降低的程度相差很小。在承载力绝对值方面，采用有限元模拟的承载力比采用规范方法计算的承载力始终大 15%~35%，说明采用规范方法计算是偏于安全的。因此，仍然可以采用规范给出的柱子曲线，根据锈蚀后钢管的实际截面、材料等参数，计算其极限承载力。

第4章 关键节点腐蚀后力学性能评估方法

4.1 引言

　　焊接空心球节点和螺栓球节点是空间网格结构的两种典型节点,被广泛应用。作为结构的关键部位,焊接空心球节点和螺栓球节点的腐蚀损伤会削弱节点的承载能力,甚至造成节点断裂,威胁结构安全。因此,对焊接空心球节点和螺栓球节点腐蚀后的剩余力学性能进行综合全面的研究十分必要。

　　鉴于空间网格结构关键节点腐蚀后性能研究的重要性和现有研究的不足,本章拟开展腐蚀后焊接空心球节点和螺栓球节点的力学性能试验研究,以期得到并分析腐蚀过程中节点的破坏模式、荷载-位移曲线、屈服荷载、极限荷载和应变分布等相关力学性能的变化规律。此外,本章在试验的基础上对两种节点的腐蚀后性能进行了数值模拟分析,并提出了节点腐蚀后的极限承载力计算方法。

4.2 焊接空心球节点腐蚀

4.2.1 试验概况

1. 试验设计

　　对焊接空心球节点试件进行试验研究,主要考虑的参数是加速腐蚀时间、荷载施加方式、试件尺寸、钢材强度以及表面处理方式。参照焊接空心球节点的相关规范对试件进行设计,设计尺寸如图 4-1~图 4-3 所示。节点试件的对接焊缝处采用小电流多道焊的方式进行焊接(二氧化碳气体保护焊),焊丝牌号为 JQ.MG70S-6,焊丝直径为 1.2 mm,分 3~4 道焊接而成,V 形坡口熔透焊,焊机型号为 NB-500IGBT。为了得到空心球的破坏模式,确保钢管不先于空心球失效,采用了直径较大和壁厚较厚的钢管。对于轴心受压试件,在两侧钢管端部分别焊接端板和加劲肋,便于施加荷载。对于偏心受压试件,需在端板外表面再焊接两条钢条(钢垫块),用于安置自制刀铰支座(图 4-4),以实现偏压试件两端的铰接连接。对于轴心受拉试件,还需在端板外焊接耳板,用于受拉试件和卧拉试验机之间的连接。

　　小尺寸且钢材牌号为 Q235 的焊接空心球节点出现时间早并且应用广泛,腐蚀问题突出,因此选择设计直径为 200 mm、名义厚度为 6 mm 的焊接空心球节点作为本章研究的主体。所有试件的详细信息见表 4-1。其中,D 和 t_s 分别代表空心球节点的外径和壁厚;W_p 和 W_{sh} 分别代表球管连接的焊缝外周长和斜高;d、L 和 t_t 分别代表圆钢管的外径、长度和厚度;T_1 代表实验室的腐蚀时间;L、Y 和 PY 分别代表轴拉荷载、轴压荷载和偏压荷载(偏压荷载的初始偏心距 e_0 为 40 mm);N 表示对腐蚀后的节点试件表面不进行除锈。以 J2006-100-

L-N-235 为例解释试件的命名方法,其中 J 代表焊接空心球节点;数字 2006 代表空心球的产品标记为 WS2006;数字 100 代表加速腐蚀时间为 100 天;字母 L 表示该试件受力方式为轴拉;字母 N 表示试件腐蚀后表面未做其余处理而直接加载;数字 235 代表加工试件的钢材牌号为 Q235B。注意,J2006-283-Y-N-235 试件由于加工误差超过了规范要求,在后续分析中将该组数据舍去。

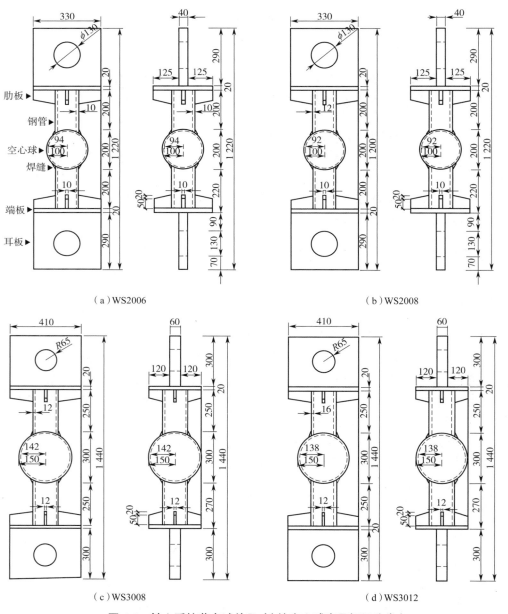

（a）WS2006　　　　　　　　　　　　　　　（b）WS2008

（c）WS3008　　　　　　　　　　　　　　　（d）WS3012

图 4-1　轴心受拉节点试件尺寸（按空心球产品标记分类）

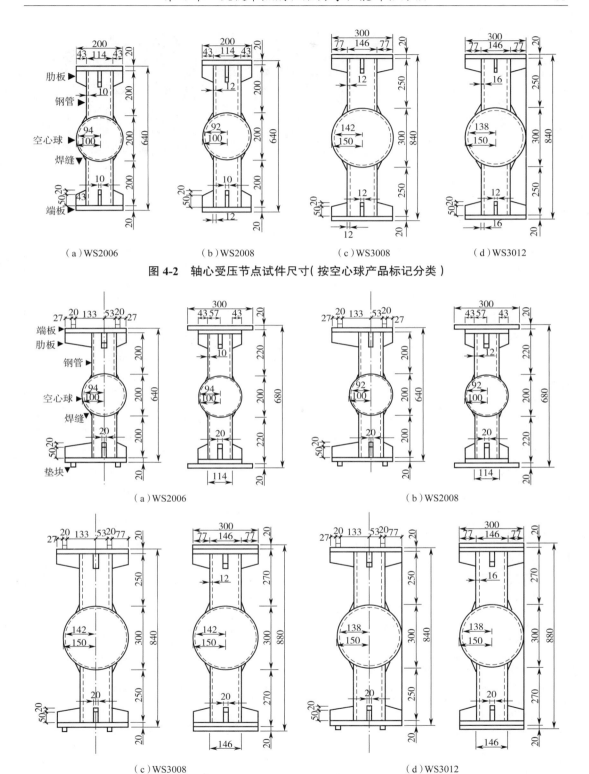

（a）WS2006　　　　（b）WS2008　　　　（c）WS3008　　　　（d）WS3012

图 4-2 轴心受压节点试件尺寸（按空心球产品标记分类）

（a）WS2006　　　　　　　　　　　　　　　（b）WS2008

（c）WS3008　　　　　　　　　　　　　　　（d）WS3012

图 4-3 偏心受压节点试件尺寸（按空心球产品标记分类）

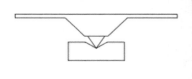

（a）刀口铰支座示意图

（b）顶部构造

（c）底部构造

图 4-4　自制刀铰支座

表 4-1　试件详细信息

试件编号	$D \times t_s$（mm×mm）	W_p（mm）	W_{sh}（mm）	$d \times t_t$（mm×mm）	L（mm）	T_1（天）
J2006-0-L-N-235	200×5.52	395	15.94	114×10	200	0
J2006-100-L-N-235	200×5.63	398	14.51	114×10	200	100
J2006-131-L-N-235	200×5.38	396	13.21	114×10	200	131
J2006-157-L-N-235	200×5.50	394	14.59	114×10	200	157
J2006-182-L-N-235	200×5.54	400	13.19	114×10	200	182
J2006-232-L-N-235	200×5.62	398	16.19	114×10	200	232
J2006-283-L-N-235	200×5.63	394	14.87	114×10	200	283
J2008-0-L-N-235	200×7.24	386	14.9	114×12	200	0
J3008-0-L-N-235	200×7.59	491	15.81	146×12	250	0
J3012-0-L-N-235	200×11.09	491	17.9	146×16	250	0
J2006-0-L-N-345	200×5.25	400	20.25	114×10	200	0
J2008-283-L-N-235	200×7.35	401	18.26	114×12	200	283
J3008-283-L-N-235	200×7.73	500	15.84	146×12	250	283
J3012-283-L-N-235	200×11.62	505	15.82	146×16	250	283
J2006-283-L-N-345	200×6.02	398	14.67	114×10	200	283
J2006-0-Y-N-235	200×5.54	392	17.62	114×10	200	0
J2006-100-Y-N-235	200×5.68	401	16.58	114×10	200	100
J2006-131-Y-N-235	200×5.51	402	16.21	114×10	200	131
J2006-157-Y-N-235	200×5.60	393	13.66	114×10	200	157
J2006-182-Y-N-235	200×5.51	398	14.62	114×10	200	182
J2006-232-Y-N-235	200×5.49	395	18.52	114×10	200	232
J2006-283-Y-N-235	200×7.62	402	13.03	114×10	200	283
J2008-0-Y-N-235	200×7.20	392	14.95	114×12	200	0
J3008-0-Y-N-235	200×7.45	503	18.25	146×12	250	0

试件编号	$D \times t_{s}$ （mm × mm）	W_{p}（mm）	W_{sh}（mm）	$d \times t_{t}$ （mm × mm）	L（mm）	T_{l}（天）
J3012-0-Y-N-235	200 × 11.79	500	16.23	146 × 16	250	0
J2006-0-Y-N-345	200 × 5.96	401.5	15.38	114 × 10	200	0
J2008-283-Y-N-235	200 × 7.66	398	13.47	114 × 12	200	283
J3008-283-Y-N-235	200 × 7.81	498	16.33	146 × 12	250	283
J3012-283-Y-N-235	200 × 11.9	498	13.38	146 × 16	250	283
J2006-283-Y-N-345	200 × 5.88	401	13.8	114 × 10	200	283
J2006-0-PY-N-235	200 × 5.55	392	18.27	114 × 10	200	0
J2006-100-PY-N-235	200 × 5.06	405	15.36	114 × 10	200	100
J2006-131-PY-N-235	200 × 5.58	396	15.35	114 × 10	200	131
J2006-157-PY-N-235	200 × 5.57	401	18.76	114 × 10	200	157
J2006-182-PY-N-235	200 × 5.62	403	15.34	114 × 10	200	182
J2006-232-PY-N-235	200 × 5.66	399	13.8	114 × 10	200	232
J2006-283-PY-N-235	200 × 5.49	394	13.36	114 × 10	200	283
J2008-0-PY-N-235	200 × 7.21	403	14.6	114 × 12	200	0
J3008-0-PY-N-235	200 × 7.51	516	18.02	146 × 12	250	0
J3012-0-PY-N-235	200 × 11.86	493	14.94	146 × 16	250	0
J2006-0-PY-N-345	200 × 5.73	400	15.72	114 × 10	200	0
J2008-283-PY-N-235	200 × 7.44	406	14.69	114 × 12	200	283
J3008-283-PY-N-235	200 × 7.83	497	14.2	146 × 12	250	283
J3012-283-PY-N-235	200 × 11.92	503	16.15	146 × 16	250	283
J2006-283-PY-N-345	200 × 5.87	398	14.66	114 × 10	200	283

　　注意,为更准确地研究腐蚀对焊接空心球节点壁厚削弱的影响,此处的空心球壁厚参数由名义壁厚替换成超声波测厚仪测量的实际壁厚。该实测壁厚的获取方式为:在空心球八分之一对称面上选取均布的 9 个测点(图 4-5)进行壁厚测量并取均值。此外,为进一步研究焊缝在节点过程中所起的作用,表 4-1 中的焊缝尺寸参数 W_{p} 和 W_{sh} 也是实测值,测量方法和参数示意图如图 4-6 所示。

图 4-5　空心球实际壁厚的测量

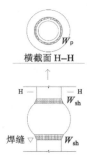

（a）W_p测量过程　　　　（b）W_{sh}测量过程　　　　（c）示意图

图 4-6　焊缝尺寸参数的测量过程和示意图

2. 人工加速腐蚀试验

将计划腐蚀的焊接空心球节点试件与第 2 章的试件一同放入型号为 AB-120B 的步入式盐雾试验箱,按规范进行人工加速乙酸盐雾试验（AASS）,以模拟工业海洋环境的腐蚀作用。焊接空心球节点在盐雾箱中的布置情况如图 4-7 所示。注意,为了防止加载端部腐蚀变形产生的荷载偏心等不可控误差,对这 34 个节点试件,采用先腐蚀后焊端板再加载的方法进行试验。图 4-7 中的试件均采用 200 mm × 200 mm × 20 mm 的 PVC 塑料板预封钢管两端,以防止腐蚀因子进入钢管内部产生与实际工程不符的内部腐蚀,钢管和 PVC 板材间的胶黏密封剂为丙烯酸结构 AB 胶。

基于第 2 章的标定试验和对加工本批焊接空心球节点试件所用的 Q235B 牌号同批钢板材料的腐蚀动力学的分析,拟定腐蚀周期为 100、131、157、182、232、283 天。基于等效腐蚀深度的转换原则,以青岛为例,拟定的六个腐蚀周期分别约相当于青岛的 15、20、25、30、40、50 年。在本试验范围内,腐蚀试验环境相对于青岛大气环境的加速倍率为 55~65 倍。

（a）腐蚀前　　　　　　　　　　　　（b）腐蚀后

图 4-7　焊接空心球节点的布置

不同腐蚀周期下节点试件的表面形貌如图 4-8 所示。观察发现,腐蚀前后节点表面形貌和颜色均发生了巨大的变化。腐蚀后的节点表面附着有一层红棕色多孔蓬松锈层和少量白色氯化钠结晶产物。红棕色锈层下隐约透出黑色锈层,在对节点进行表面处理的过程中发现这一部分锈层附着紧密,较难除净。这一现象与 2.3.2 节中 Q235B 和 Q345B 材料 A 类标准件的腐蚀后现象一致,在表面形貌方面初步验证了将材料腐蚀行为等效到焊接空心球节点构件上去的可能性。因此,基于第 2 章加工节点同批钢材的试验结果,可认为焊接空心球节点的腐蚀形貌主要为均匀腐蚀,伴有轻微点蚀。此外,对腐蚀后六个周期的节点表面形貌进一步分析,发现锈层厚度逐步累积,锈层表面粗糙度逐渐加大,但从整体特征来说,在 100~283 天乙酸盐雾加速腐蚀过程中,焊接空心球节点表面腐蚀形貌从肉眼上看并无明显区分。这也从侧面说明了工程中单纯依据表面形貌的照片对结构或构件的剩余承载力进行预测和评估的方法是不准确的,具有很大的主观性。

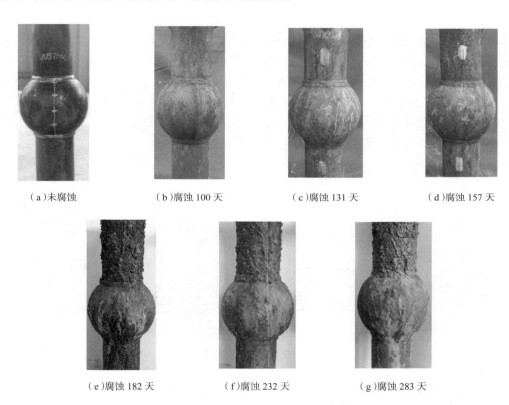

（a）未腐蚀　　　　　　（b）腐蚀 100 天　　　　　（c）腐蚀 131 天　　　　　（d）腐蚀 157 天

（e）腐蚀 182 天　　　　　　（f）腐蚀 232 天　　　　　　（g）腐蚀 283 天

图 4-8　不同腐蚀周期下节点试件的表面形貌

3. 力学性能试验

由表 4-1 可知,本试验选择了两种材料的钢板(《空间网格结构技术规程》(JGJ 7—2010)推荐的 Q235 和 Q345 结构钢)进行节点试件的加工。其中,牌号为 Q235B 的钢材为主要材料,试验中使用了三种厚度的 Q235B 热轧钢板。这四种热轧钢板产自天津天铁冶金集团有限公司,其产品质量证明书中的拉伸试验结果简要列入表 4-2 中。其中,f_y 为屈服强度,f_u 为极限强度,δ_u 为断后伸长率。注意,表中数据未考虑金属材料在拉伸过程中横截面缩小造成的应力增大部分,考虑截面变化的 6 mm 厚的 Q235B 和 Q345B 热轧钢板的真实静力拉伸试验结果的详细分析见第 2 章。

表 4-2　结构钢的静力拉伸试验结果

结构钢牌号	钢板厚度（mm）	f_y（MPa）	f_u（MPa）	δ_u（%）
Q235B	6	330	440	31.5
Q235B	8	319	446	33.7
Q235B	12	273	437	32.2
Q345B	6	370	510	26.5

　　将腐蚀后的节点按照图 4-1~图 4-3 的设计尺寸分别焊接端板、肋板、耳板和垫块，与已经焊好的未腐蚀节点一同进行轴拉、轴压和偏压的力学性能试验。其中，轴拉试验使用3 000 kN 电液伺服测试系统进行，如图 4-9 所示；轴压试验也使用 3 000 kN 电液伺服测试系统进行，如图 4-10 所示；偏压试验使用两端装有刀铰支座的 5 000 kN 电液伺服测试系统进行，如图 4-11 所示。为更准确地观察腐蚀对焊接空心球节点力学性能的影响，加载全程采用较缓慢的位移控制，所有试件的加载速率均控制在 0.2 mm/min 左右，直至试件破坏。本书对轴拉试件的破坏判别标准为试件断裂无法继续承载；对轴压和偏压试件的破坏判别标准为节点试件的承载力下降至峰值荷载的 80% 左右。

（a）试件细部　　　　　　　　　　　　　　　（b）试验系统全貌

图 4-9　轴拉试验设备

（a）试件细部　　　　　　　　　　　　　　　（b）试验系统全貌

图 4-10　轴压试验设备

（a）试件细部　　　　　　　　　　　　（b）试验系统全貌

图 4-11　偏压试验设备

　　加载过程中的轴拉力（或轴压力）由试验机的荷载传感器自动追踪测量并记录；轴向位移由试验机的位移传感器自动追踪测量并记录。对于轴心受拉和轴心受压节点试件，基于节点的对称性，采用 8 个电阻应变片和 6 个电阻应变花测量和换算轴心受力试件的应变分布。测点的安排如图 4-12 所示。基于轴心受力试件的对称性，6 个应变花均匀分布在每个试件的 1/8 空心球表面，在 3 条纬线和 2 条经线的相交处。2 条经线用 A、B 表示，3 条纬线用 1、2、3 表示。

　　对于偏心受压节点试件，采用 4 个线性变化位移传感器（LVDT）、8 个电阻应变片和 9 个电阻应变花分别测量和换算偏压试件的转角和应变分布。测点的安排如图 4-13 所示。基于偏心受力试件的对称性，9 个应变花均匀分布在每个试件的 1/4 空心球表面，在 3 条纬线和 3 条经线的相交处。3 条经线用 A、B、C 表示，3 条纬线用 1、2、3 表示。其中经线 A 和经线 C 与两个半球对接焊缝的位置重合。

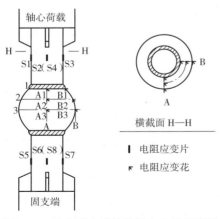

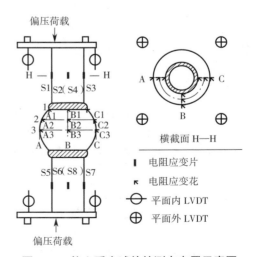

图 4-12　轴心受力试件的测点布置示意图　　　**图 4-13　偏心受力试件的测点布置示意图**

4.2.2　轴心受拉试验结果和分析

1. 破坏模式

在轴向拉力作用下,所有试件总体上表现出相似的试验现象,即空心球被逐渐拉成椭球状,随后位于球管连接附近的球面某点因率先达到极限应变而发生突然断裂,产生裂痕,裂缝沿球管连接的环状路径发展,承载力急剧锐减至零。因此,可以认为本试验条件下,试件尺寸以及材料并未引起焊接空心球节点失效模式的转变,轴心拉力下节点的破坏模式均可被定义为强度破坏。此外,当尺寸、材料和腐蚀时间不同时,焊接空心球节点在达到极限承载力后均表现出较差的延性水平,强度破坏兼具脆性破坏特性。

2. 荷载-轴向位移曲线

六个不同腐蚀周期的产品标记为 WS2006 的节点试件的荷载-轴向位移曲线对比如图4-14 所示。五种不同尺寸和材料的轴心受拉焊接空心球节点试件腐蚀 0 天和 283 天的荷载-轴向位移曲线对比如图 4-15 所示。整体上,所有试件在加载初期均表现为线性弹性荷载-轴向位移响应,接着节点的轴向刚度开始减小直至达到极限荷载,随后伴随着"嘭"的声响,节点突然出现裂纹并且裂纹快速扩展,荷载骤降,节点发生强度破坏而失去承载能力。

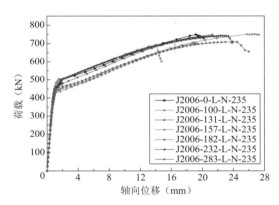

图 4-14　不同腐蚀时间的节点试件的荷载-轴向位移曲线

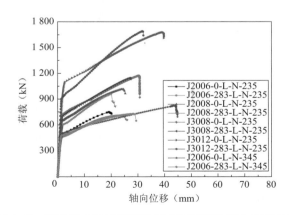

图 4-15　不同尺寸和材料的节点试件的荷载-轴向位移曲线

　　分析图 4-14 可知,在本试验条件下,腐蚀对轴拉试件的荷载-轴向位移曲线形式和初始轴拉刚度无明显影响;腐蚀对轴拉试件的屈服荷载和极限荷载大体存在削弱作用,有待进一步分析;腐蚀时间对试件延性水平的影响无明显规律,可能与加工误差和初始缺陷的作用占比较大有关。从图 4-15 可知,轴拉试件的荷载-轴向位移曲线形式与节点的尺寸和材料紧密相关,同一尺寸和材料的试件曲线形式基本一致,且腐蚀对节点强度和延性水平大体呈削弱趋势。不论腐蚀前还是腐蚀后,对五种规格的节点进行横向比较,均能得出下述结论:空心球的壁厚越大,试件的承载力越大且延性越大;同一壁厚条件下,圆钢管直径平方与空心球直径的比值越大,承载力越大;同一尺寸下,Q345B 试件的承载力和延性水平远大于Q235B 试件。这些结论均与规范给出的焊接空心球节点受拉和受压承载力设计公式(式(4-1))的形式一致,进一步说明腐蚀并不会改变焊接空心球节点受拉承载力 N_R 计算公式的主体部分。

$$N_R = \eta_0 \left(0.29 + 0.54 \frac{d}{D} \right) \pi t d f \tag{4-1}$$

式中,η_0 表示大直径空心球节点的承载力调整系数;d 表示钢管外径;D 表示空心球外径;f 表示钢材的抗拉强度设计值(N/mm²),等效于后续参数 f_u;t 表示空心球的壁厚,等效于后续参数 t_s。

　　3. 初始轴向刚度

　　轴拉焊接空心球节点的初始轴向刚度(K_N)定义为空心球与一侧钢管相交处的轴向荷载与空心球的垂直变形的初始比值。因此,用两侧钢管的 8 个应变片的平均值计算得到钢管总变形,用测试系统获取试件总变形,两者之差的一半为空心球的垂直变形。为描述焊接空心球节点腐蚀后力学性能的劣化,定义腐蚀后刚度剩余因子(α_K)为腐蚀后节点的初始轴向刚度与未腐蚀节点的初始轴向刚度的比值。试验得到的 K_N 和 α_K 列于表 4-3 中,初始轴拉刚度随腐蚀时间和试件尺寸的变化规律如图 4-16 所示。注意,因为表 4-3 中试件编号过长,图中以空心球的产品标记对不同尺寸的节点试件进行区分。

表 4-3　轴心受拉节点试件试验结果汇总

试件编号	K_N(kN/mm)	α_K	N_y(kN)	α_y	N_u(kN)	α_u
J2006-0-L-N-235	1 792	1.000	502	1.000	748	1.000
J2006-100-L-N-235	1 667	0.930	500	0.996	693	0.926
J2006-131-L-N-235	1 651	0.921	458	0.912	748	1.000
J2006-157-L-N-235	1 663	0.928	422	0.841	750	1.003
J2006-182-L-N-235	1 529	0.853	431	0.859	700	0.936
J2006-232-L-N-235	1 678	0.936	502	1.000	742	0.992
J2006-283-L-N-235	1 387	0.774	449	0.894	709	0.948
J2008-0-L-N-235	1 420	1.000	650	1.000	1 015	1.000
J3008-0-L-N-235	1 531	1.000	708	1.000	1 173	1.000
J3012-0-L-N-235	1 446	1.000	1 099	1.000	1 678	1.000
J2006-0-L-N-345	1 196	1.000	500	1.000	822	1.000

试件编号	K_N（kN/mm）	α_K	N_y（kN）	α_y	N_u（kN）	α_u
J2008-283-L-N-235	1 391	0.980	598	0.920	960	0.946
J3008-283-L-N-235	1 455	0.951	690	0.975	1 147	0.978
J3012-283-L-N-235	1 376	0.951	904	0.823	1 689	1.007
J2006-283-L-N-345	1 163	0.973	472	0.944	726	0.883

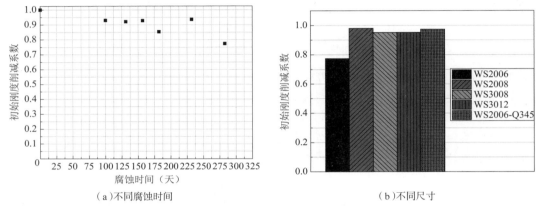

（a）不同腐蚀时间　　　　　（b）不同尺寸

图4-16　腐蚀后轴拉节点的初始轴向刚度削减系数

观察发现,对于 Q235B 钢材加工的产品标记为 WS2006 的受拉空心球节点试件,其初始轴拉刚度随腐蚀时间增加呈现减少的趋势,在 283 天时初始轴拉刚度降低至开始的77.4%。由本书第 2 章材料试验结果可知, 283 天材料的真弹性模量（ E ）并未发生明显下降, E 是通过测量腐蚀后的试件截面面积计算得到的,因此推断此处引起节点试件初始刚度骤降的原因主要是腐蚀造成的截面削弱和冲压成型造成的节点壁厚不均匀的不利效应叠加。而初始刚度随腐蚀时间下降过程中的波动现象也与这种壁厚和焊缝的随机统计分布有关,这在相关文献中也有说明。对于 Q235B 加工的产品标记为 WS2008、WS3008 和WS3012 的节点试件,其初始轴拉刚度剩余因子随空心球壁厚的增大而增大,随 d/D 的减小而减小。对于 Q235B 和 Q345B 钢材分别加工的产品标记为 WS2006 的节点试件,其初始轴拉刚度的下降程度随钢材牌号的增加而减小。

4. 屈服荷载和极限荷载

"最远点法"被用来确定荷载位移曲线的屈服点。腐蚀前后节点的屈服荷载（ N_y ）和极限荷载（ N_u ）如表 4-3 和图 4-17、图 4-18 所示。屈服荷载削减系数（ α_y ）和极限荷载削减系数（ α_u ）被定义为腐蚀后的屈服荷载和极限荷载分别除以腐蚀前的屈服荷载和极限荷载的值,如表 4-3 和图 4-19 所示。

分析发现,对于 Q235B 钢材加工的产品标记为 WS2006 的受拉空心球节点试件,其屈服荷载和极限荷载随腐蚀时间的变化未见明显规律性,其中屈服荷载波动幅度为 15.9%,极限荷载波动幅度为 7.6%。也就是说,承受轴心受拉荷载的腐蚀焊接空心球节点,其屈服荷载会因为受到腐蚀和加工缺陷综合作用的影响而产生更明显的波动。此外,本书第 2 章对

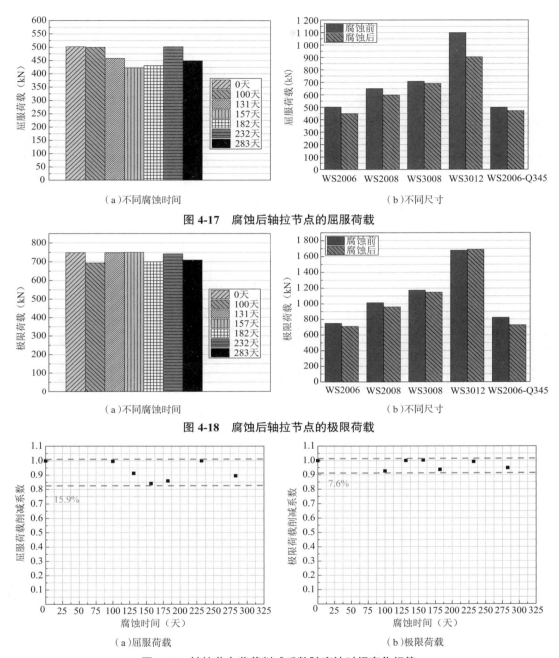

图 4-17　腐蚀后轴拉节点的屈服荷载

图 4-18　腐蚀后轴拉节点的极限荷载

图 4-19　轴拉节点荷载削减系数随腐蚀时间变化规律

Q235B 钢进行腐蚀后材性分析时发现,材料工程屈服强度和工程极限强度随腐蚀时间是递减的,这与轴拉节点屈服荷载和极限荷载随腐蚀时间呈多拐点波动的试验现象相悖。这也从侧面说明,在本书的腐蚀条件下,轴拉焊接空心球节点试件的各项加工误差对屈服和极限荷载的影响可能将盖过腐蚀对屈服和极限荷载的影响,具体的误差分析见 4.2.5 节。对于用 Q235B 和 Q345B 钢材分别加工的产品标记为 WS2006 的受拉焊接空心球节点试件,不论腐蚀前还是腐蚀后,屈服荷载和极限荷载随钢材牌号的增加而增加。Q345B 节点试件腐蚀283 天后的屈服荷载削减程度低于 Q235B 试件,极限荷载削减程度高于 Q235B 试件。结合图 4-16 对初始轴向刚度削减系数的分析,本书认为腐蚀对 Q235B 试件轴拉初期的受力性能影响较大(对应第 2 章 Q235B A 类标准件均匀腐蚀深度更大,这会使得节点试件球管连接处的薄弱位置截面削弱更明显,而使得加载初期刚度和强度下降),腐蚀对 Q345B 试件轴拉后期的受力性能影响较大(对应第 2 章 Q345B B 类标准件点蚀损失分布的粗糙度更大,真极限应变更小,这会使得腐蚀后的节点试件在加载后期由于更大的应力集中和更差的变形能力而对极限荷载的削弱起促进作用)。而用相同材料加工的节点试件,不论腐蚀前后,同一直径下壁厚越大,N_y 和 N_u 越大;同一壁厚条件下,圆钢管直径平方与空心球直径的比值(或者空心球直径)越大,N_y 和 N_u 越大。

4.2.3 轴心受压试验结果和分析

1. 破坏模式

在轴向压力作用下,焊接空心球节点在达到极限承载力后均表现出较好的塑性变形能力。所有试件总体上表现出相似的试验现象,即空心球在球管连接附近区域发生局部凹陷屈曲,表面红棕色锈层呈片状脱落,这一现象与试件尺寸、试件材料以及腐蚀时间没有明显的相关性。综上所述,腐蚀后焊接空心球节点的破坏模式可以统称为弹塑性失稳破坏。此外,观察到腐蚀后试件局部凹陷的位置在球管连接附近区域的分布也具有极大的随机性,单侧均匀凹陷、单侧非均匀凹陷、双侧均匀凹陷和双侧非均匀凹陷均有可能出现。而未腐蚀试件的屈曲凹陷分布更显均匀。分析认为,节点表面随机分布的点蚀坑以及焊缝尺寸和球面厚度的随机概率统计分布是造成这一现象的原因。

2. 荷载-轴向位移曲线

五个不同腐蚀周期的产品标记为 WS2006 的节点试件的荷载-轴向位移曲线对比如图 4-20 所示。五种不同尺寸和材料的轴心受压焊接空心球节点试件腐蚀 0 天和 283 天的荷载-轴向位移曲线对比如图 4-21 所示。整体上,所有试件在加载初期均表现为线性弹性荷载-轴向位移响应,接着节点的轴向刚度开始减小直至达到峰值荷载,随后荷载开始逐渐下降,节点发生失稳破坏。

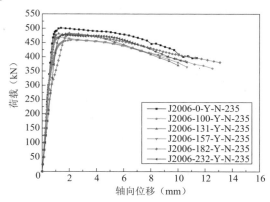

图 4-20　不同腐蚀时间的节点试件的荷载-轴向位移曲线

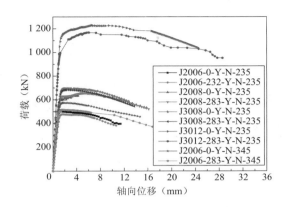

图 4-21　不同尺寸和材料的节点试件的荷载-轴向位移曲线

从图 4-20 可知,本试验条件下,腐蚀时间对轴压试件的荷载-轴向位移曲线形式影响不大,对轴压试件的初始轴压刚度、屈服荷载以及极限荷载大体存在削弱作用,有待进一步分析。从图 4-21 可知,轴压试件的荷载-轴向位移曲线与节点的尺寸和材料紧密相关,同一尺寸和材料的试件曲线形式基本一致。与轴拉试件类似,不论腐蚀前还是腐蚀后,对五种规格的节点进行横向比较,均能得出下述结论:空心球的壁厚越大,试件的承载力越大;同一壁厚条件下,圆钢管直径平方与空心球直径的比值(或者空心球直径)越大,承载力越大;同一尺寸下,钢材牌号越大,试件的承载力越大。这同样说明,规范给出的焊接空心球节点受拉和受压承载力设计公式(式(4-1))可以作为腐蚀后节点受压承载力计算公式的主要组成部分,为后续建立腐蚀后轴压承载力计算公式奠定了基础。

3. 初始轴向刚度

与轴拉试件类似,轴压焊接空心球节点的初始轴向刚度(K_N)定义为空心球与一侧钢管相交处的轴向荷载与垂直变形的初始比值,腐蚀后刚度剩余因子(α_K)定义为腐蚀后节点的初始轴向刚度与未腐蚀节点的初始轴向刚度的比值。试验得到的 K_N 和 α_K 列于表 4-4 中,初始轴向刚度随腐蚀时间和试件尺寸的变化规律如图 4-22 所示。注意,因为表 4-4 中的试件编号过长,图中以空心球的产品标记对不同尺寸的节点试件进行区分。

表 4-4　轴心受压节点试件试验结果汇总

试件编号	K_N(kN/mm)	α_K	N_y(kN)	α_y	N_u(kN)	α_u
J2006-0-Y-N-235	2 336	1.000	447	1.000	502	1.000
J2006-100-Y-N-235	2 030	0.869	372	0.832	460	0.916
J2006-131-Y-N-235	1 825	0.781	460	1.029	483	0.962
J2006-157-Y-N-235	1 702	0.728	423	0.946	469	0.934
J2006-182-Y-N-235	1 430	0.612	232	0.631	480	0.956
J2006-232-Y-N-235	1 099	0.471	449	1.004	479	0.954
J2008-0-Y-N-235	1 976	1.000	610	1.000	654	1.000
J3008-0-Y-N-235	1 713	1.000	604	1.000	698	1.000

试件编号	K_N（kN/mm）	α_K	N_y（kN）	α_y	N_u（kN）	α_u
J3012-0-Y-N-235	3 157	1.000	1 119	1.000	1 231	1.000
J2006-0-Y-N-345	1 748	1.000	518	1.000	574	1.000
J2008-283-Y-N-235	1 586	0.803	614	1.007	655	1.002
J3008-283-Y-N-235	1 614	0.942	579	0.959	684	0.981
J3012-283-Y-N-235	3 020	0.991	996	0.890	1 169	0.950
J2006-283-Y-N-345	1 653	0.946	480	0.928	515	0.897

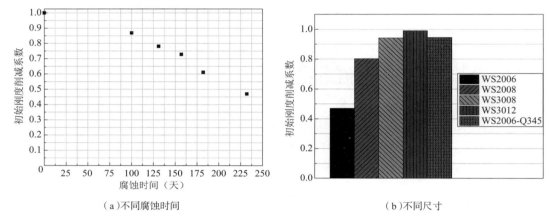

（a）不同腐蚀时间　　　　　　　　　（b）不同尺寸

图 4-22　腐蚀后轴压节点的初始轴向刚度削减系数

观察发现,相较于轴拉试件,Q235B 钢材加工的产品标记为 WS2006 的轴压试件的初始轴压刚度呈现更明显的随腐蚀时间增加而减小的规律。推测这是因为轴压的过程是试件逐渐失稳的过程,相对于轴拉过程而言,轴压试件的初始刚度对腐蚀造成的截面面积削弱和表面点蚀缺陷更为敏感。腐蚀对刚度的不利作用在轴压加载条件下更为突出,并且将覆盖掉壁厚不均匀和焊缝的随机统计分布等加工误差,使得初始刚度在随腐蚀时间下降过程中并未产生明显波动。232 天时产品标记为 WS2006 的节点的初始轴压刚度下降至腐蚀前的47.1%。分析腐蚀 0 天和 283 天的 Q235B 钢材加工的产品标记为 WS2008、WS3008 和WS3012 的节点试件可知,空心球尺寸越小,腐蚀对其初始轴压刚度的削弱程度越大。此外,分析 Q235B 和 Q345B 钢材加工的产品标记为 WS2006 的节点试件可知,钢材牌号越大,腐蚀对初始轴压刚度的削弱程度越小。综上所述,相较于轴拉试件,腐蚀时间、节点尺寸和材料属性对腐蚀焊接空心球节点的轴压初始刚度的影响均较大。

4. 屈服荷载和极限荷载

轴压试件屈服荷载的确定方法也是"最远点法"。轴压试件极限荷载的取值为荷载-轴向位移曲线的最高点。腐蚀前后节点的屈服荷载（N_y）和极限荷载（N_u）如表 4-4 和图 4-23、图 4-24 所示。屈服荷载削减系数（α_y）被定义为腐蚀后屈服荷载与腐蚀前屈服荷载的比值,极限荷载削减系数（α_u）被定义为腐蚀后极限荷载与腐蚀前极限荷载的比值,如表 4-4 和图

4-25 所示。

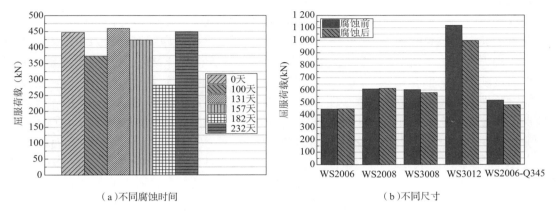

（a）不同腐蚀时间　　　　　　　　（b）不同尺寸

图 4-23　腐蚀后轴压节点的屈服荷载

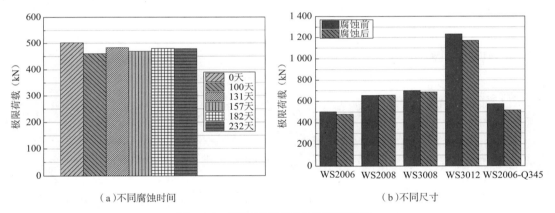

（a）不同腐蚀时间　　　　　　　　（b）不同尺寸

图 4-24　腐蚀后轴压节点的极限荷载

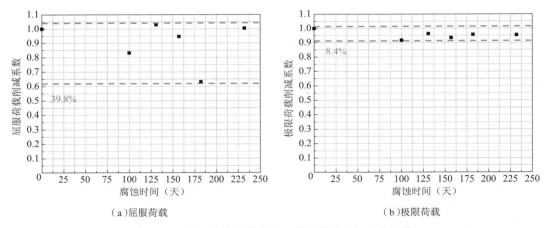

（a）屈服荷载　　　　　　　　　（b）极限荷载

图 4-25　轴压节点荷载削减系数随腐蚀时间变化规律

分析发现,对于 Q235B 钢材加工的产品标记为 WS2006 的受压空心球节点试件,其屈服荷载和极限荷载对腐蚀时间并不敏感,随腐蚀时间增加而上下波动,未见明显规律。其中,屈服荷载波动幅度为 39.8%,极限荷载波动幅度为 8.4%。相对于轴拉试件,荷载波动幅度更大,尤其是屈服荷载。因此推测,轴压荷载下,屈服荷载对局部腐蚀缺陷和加工缺陷的综合作用更为敏感。此外,本书之前对腐蚀钢材的材性分析发现,材料工程屈服强度和工程极限强度随腐蚀时间是递减的,这与轴压节点屈服荷载和极限荷载随腐蚀时间呈多拐点波动的试验现象相悖。这也从侧面说明,在本书的腐蚀条件下,轴压焊接空心球节点试件的各项加工误差对屈服和极限荷载的影响可能将盖过腐蚀对屈服和极限荷载的影响,具体的误差分析可见 4.2.5 节。对于 Q235B 和 Q345B 钢材分别加工的产品标记为 WS2006 的受压空心球节点试件,其腐蚀前的屈服荷载和极限荷载随钢材牌号的增加而增加。J2006-283-Y-N-235 由于加工误差超过了规范要求而被舍去,所以腐蚀后的两种节点试件由于腐蚀周期不相同而不再具备可比性。对于 Q235B 加工的产品标记为 WS2008、WS3008 和 WS3012 的节点试件,在腐蚀前后,同一直径下壁厚越大,N_y 和 N_u 越大;同一壁厚条件下,圆钢管直径平方与空心球直径的比值(或者空心球直径)越大,N_u 越大;圆钢管直径与空心球直径的比值越大,N_y 越大。

4.2.4 偏心受压试验结果和分析

1. 破坏模式

在偏心压力作用下,焊接空心球节点试件均在球管连接附近区域发生局部凹陷,表面锈层脱落,且这一现象与节点的尺寸、材料和腐蚀时间无关。与轴心受压的焊接空心球节点试件相比,偏压试件局部凹陷的位置更为固定,基本位于弯矩作用平面内钢管受压的一侧。这进一步说明偏心这一变量对腐蚀节点试件的破坏模式起重要作用。表面随机分布的点蚀坑、焊缝尺寸以及球面厚度等变量在本试验条件下不再改变局部屈曲的位置。此外,同轴心受压试件一样,无论试件尺寸、材料和腐蚀程度如何,所有试件在最终破坏前都表现出良好的塑性变形能力,这对在本试验研究的最大腐蚀程度内的焊接空心球节点的腐蚀后再使用是有利的。综上所述,腐蚀和偏心荷载耦合作用下的焊接空心球节点的破坏模式可表述为弹塑性失稳破坏。

2. 荷载-轴向位移和荷载-钢管转角曲线

六个不同腐蚀周期的产品标记为 WS2006 的偏压节点试件的荷载-轴向位移曲线和荷载-钢管转角曲线分别如图 4-26 和图 4-27 所示。五种不同尺寸和材料的偏压节点试件腐蚀 0 天和 283 天的荷载-轴向位移曲线和荷载-钢管转角曲线分别如图 4-28 和图 4-29 所示。钢管的转角通过分别计算上下端板在弯矩平面内的纵向位移差值、基于几何关系换算并求平均值而获得。纵向位移是由位移传感器测量的,如图 4-13 所示。所有试件在加载初期均表现为线弹性荷载-轴向位移响应,接着节点的刚度开始逐渐减小直至荷载达到峰值,随后荷载开始逐渐下降,节点发生失稳破坏。

从图 4-26 和图 4-27 可知,对于同一尺寸、材料但不同腐蚀周期的偏压试件,腐蚀后试件的纵向承载能力、抗弯能力和初始综合刚度随着腐蚀程度(腐蚀时间)的增加逐渐减小,曲线随着腐蚀时间的变化而分离。这与节点在轴拉和轴压承载时的现象是不一致的,说明腐蚀和偏心荷载将发生耦合作用,进一步强化腐蚀对节点承载能力的削弱作用。此外,偏压试件在相同荷载下的转角随腐蚀程度的增加逐渐增加,即试件在破坏前会发生更大的变形。从图 4-28 和图 4-29 可知,腐蚀和节点的尺寸(材料)同样存在相互作用,在腐蚀时间一致时,偏压试件的荷载-轴向位移曲线以及荷载-钢管转角曲线均与节点的尺寸和材料紧密相关,并表现出相似的变化规律。空心球的壁厚或圆钢管的直径越大,试件的纵向承载力越大;同一壁厚条件下,圆钢管直径平方与空心球直径的比值越大,承载力越大;材料强度越高承载力越大。这同样说明规范给出的焊接空心球节点压弯或拉弯承载力设计公式(式(4-2))可以作为腐蚀后节点偏压承载力计算公式的主要组成部分,为后续建立腐蚀后偏压承载力计算公式奠定基础。

$$N_m = \eta_m N_R = \eta_m \eta_0 \left(0.29 + 0.54 \frac{d}{D} \right) \pi t d f \qquad (4\text{-}2)$$

式中,η_m 表示焊接空心球节点受压弯和拉弯作用的影响系数;N_m 表示焊接空心球节点压弯或拉弯承载力设计值(N);N_R 表示空心球节点受压或受拉承载力设计值(N)。

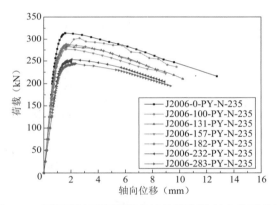

图 4-26　不同腐蚀时间的节点试件的荷载-轴向位移曲线

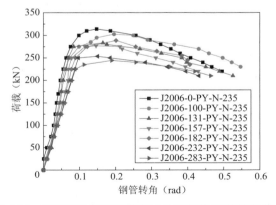

图 4-27　不同腐蚀时间的节点试件的荷载-钢管转角曲线

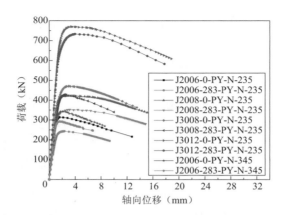

图 4-28 不同尺寸和材料的节点试件的荷载-轴向位移曲线

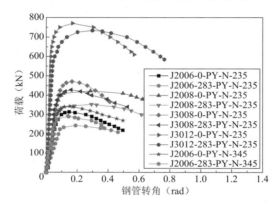

图 4-29 不同尺寸和材料的节点试件的荷载-钢管转角曲线

3. 初始综合刚度

为描述偏心受压焊接空心球节点的初始刚度,定义初始综合刚度($K_{N,M}$)为节点荷载-轴向位移曲线的初始斜率。注意,此处定义的初始综合刚度($K_{N,M}$)与轴拉和轴压试验中的初始轴向刚度(K_N)具有不同的意义。$K_{N,M}$是为了描述偏心受压焊接空心球节点在轴向荷载和弯矩共同作用下的整体刚度性能而定义的指标。同样定义腐蚀后综合刚度剩余因子($\alpha_{K,M}$)为腐蚀后节点的初始综合刚度与未腐蚀节点的初始综合刚度的比值。试验得到的$K_{N,M}$和$\alpha_{K,M}$列于表 4-5 中,初始综合刚度随腐蚀时间和试件尺寸的变化规律如图 4-30 所示。注意,因为表 4-5 中试件编号过长,图中以空心球的产品标记对不同尺寸的节点试件进行区分。

表 4-5 偏心受压节点试件试验结果汇总

试件编号	$K_{N,M}$（kN/mm）	$\alpha_{K,M}$	N_y（kN）	α_y	N_u（kN）	α_u
J2006-0-PY-N-235	322	1.000	244	1.000	314	1.000
J2006-100-PY-N-235	319	0.991	238	0.975	302	0.962
J2006-131-PY-N-235	277	0.860	235	0.963	283	0.901
J2006-157-PY-N-235	264	0.820	222	0.910	277	0.882
J2006-182-PY-N-235	270	0.839	235	0.963	288	0.917

续表

试件编号	$K_{N,M}$（kN/mm）	$\alpha_{K,M}$	N_y（kN）	α_y	N_u（kN）	α_u
J2006-232-PY-N-235	215	0.668	221	0.906	254	0.809
J2006-283-PY-N-235	212	0.658	218	0.893	244	0.777
J2008-0-PY-N-235	337	1.000	387	1.000	422	1.000
J3008-0-PY-N-235	307	1.000	382	1.000	471	1.000
J3012-0-PY-N-235	488	1.000	657	1.000	770	1.000
J2006-0-PY-N-345	283	1.000	278	1.000	343	1.000
J2008-283-PY-N-235	303	0.899	293	0.757	353	0.836
J3008-283-PY-N-235	268	0.873	373	0.976	428.5	0.910
J3012-283-PY-N-235	483	0.990	619	0.942	733	0.952
J2006-283-PY-N-345	279	0.986	251	0.903	292	0.851

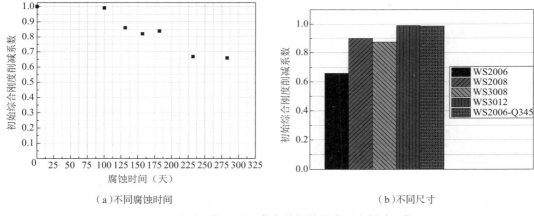

（a）不同腐蚀时间　　　　　　　　　（b）不同尺寸

图 4-30　腐蚀后偏心受压节点的初始综合刚度削减系数

在偏压荷载下，节点的初始综合刚度随着腐蚀时间的增加总体呈下降趋势。283 天时产品标记为 WS2006 的节点的初始综合刚度下降至腐蚀前的 65.8%。分析腐蚀 0 天和 283 天 Q235B 钢材加工的产品标记为 WS2008 和 WS3008 的节点试件可知，初始综合刚度及其腐蚀后剩余因子随 d/D 的减小而减小；分析腐蚀 0 天和 283 天 Q235B 钢材加工的产品标记为 WS2006 和 WS2008（或者 WS3008 和 WS3012）的节点试件可知，初始综合刚度及其腐蚀后剩余因子随空心球壁厚的增大而增大；分析 Q235B 和 Q345B 钢材加工的产品标记为 WS2006 的节点试件可知，初始综合刚度及其腐蚀后剩余因子随钢材牌号的增大而增大。综上所述，本试验结果证明了腐蚀时间、d/D、t_s 以及钢材材性均对偏压焊接空心球节点的初始综合刚度产生一定影响。此外，因偏压试件的初始综合刚度与轴心受拉和受压试件的初始轴向刚度定义不同，此处不再进行进一步比较分析。

4. 屈服荷载和极限荷载

偏压试件的屈服荷载和极限荷载的确定方法同轴压试件。试验得到的腐蚀前后节点的屈服荷载（N_y）和极限荷载（N_u）如表 4-5 和图 4-31、图 4-32 所示。屈服荷载削减系数（α_y）

被定义为腐蚀后屈服荷载与腐蚀前屈服荷载的比值,极限荷载削减系数(α_u)被定义为腐蚀后极限荷载与腐蚀前极限荷载的比值,如表 4-5 和图 4-33 所示。

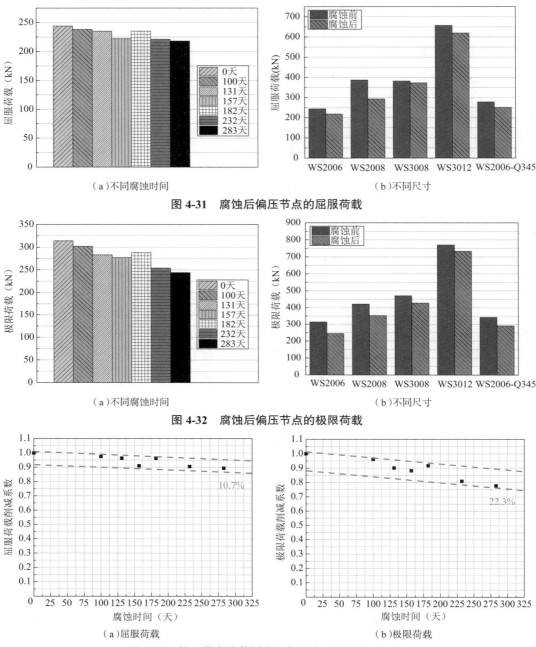

图 4-31　腐蚀后偏压节点的屈服荷载

图 4-32　腐蚀后偏压节点的极限荷载

图 4-33　偏压节点荷载削减系数随腐蚀时间变化规律

　　分析发现,相较于轴心受压试件,偏心荷载作用下的焊接空心球节点的屈服荷载和极限荷载对腐蚀时间更敏感,随腐蚀时间增加而呈现总体下降趋势。其中,屈服荷载最大下降幅度为 10.7%,极限荷载最大下降幅度为 22.3%。推测这是因为偏心的作用使得球节点的失稳问题更加突出,而其他加工误差对承载力所造成的影响被削弱。或者可以描述为,偏压受荷方式降低了节点屈服荷载和极限荷载对加工误差的敏感性,使得腐蚀对节点承载力的削弱作用更为明显。对于 Q235B 和 Q345B 钢材分别加工的产品标记为 WS2006 的受压空心球节点试件,其腐蚀前的屈服荷载和极限荷载及其对应的削减系数随钢材牌号的增加而增加。对于 Q235B 钢材加工的产品标记为 WS2008 和 WS3008 的节点试件,腐蚀前后,屈服荷载和极限荷载及其对应的削减系数随着 d/D 的增大而增大。对于相同 d、D 条件下的节点试件,其腐蚀前后的屈服荷载和极限荷载及其对应的削减系数基本随着空心球壁厚的增大而增大。

此外,比较表 4-4 和表 4-5 还发现,不论节点尺寸、钢材强度或者腐蚀时间的取值如何,在本试验条件范围内,荷载偏心导致的节点承载力的降低幅度基本在 32%~47%,这表明荷载偏心的影响与腐蚀程度无明显相关性且对焊接空心球节点承载力变化的影响不可忽视。在对承受压弯或拉弯作用的连接在役结构的锈损焊接空心球节点进行力学性能分析时,需要格外注意。

4.2.5　腐蚀后极限承载力试验结果汇总分析

对既有锈损空间网格结构进行安全性评估时主要关注的是构件的极限承载力退化情况,且相对于偏压试件,轴拉和轴压试件的承载力随着腐蚀时间增加在一定范围内上下波动,与承载力随腐蚀时间递减的理想试验结果不符。因此本节对腐蚀后节点极限承载力试验结果的可靠性进行论证,并基于此汇总出锈损对不同材料、尺寸、受荷形式、腐蚀时间的焊接空心球节点极限承载力的影响。

1. 腐蚀深度的预测值与实测值

基于第 2 章的腐蚀后部分材性测试结果和部分结论,可以得到加工本章测试用焊接空心球节点的 Q235B 钢材的腐蚀动力学方程(式(2-9)),进而可以对本章测试的主体试件,Q235B 钢材加工的产品标记为 WS2006 的焊接空心球节点,在不同腐蚀周期(100、131、157、182、232、283 天)下的等效均匀腐蚀深度(d_c)进行假定和预测。基于 Q235B 钢材在我国万宁、琼海、青岛、广州四处典型的工业海洋大气环境中暴露 16 年所得的腐蚀动力学方程(式(2-2)~式(2-5)),对不同腐蚀周期下实验室环境的加速性进行计算。上述预测值和加速性计算结果见表 4-6。

表 4-6　节点试件等效均匀腐蚀深度的预测值和加速性

腐蚀周期(天)	预测结果(mm)	万宁(年)	琼海(年)	青岛(年)	广州(年)
100	0.288	4.8	12	15	27.5
131	0.352	5.5	14	20	45
157	0.403	6.1	16	25	62.5
182	0.450	6.6	18	30	82
232	0.539	7.5	21	40	127
283	0.625	8.4	24	50	182.5

　　基于 4.2.1 节描述的空心球壁厚的实测方式,对表 4-1 中罗列的所有测试试件进行腐蚀前后的空心球壁厚的超声波测量并取腐蚀前后实测壁厚的差值为该编号试件的等效腐蚀深度实测值。因为某一固定腐蚀周期和节点尺寸(或材料)下有三个不同编号的节点分别用于轴拉、轴压和偏压试验,所以将三个试件的等效腐蚀深度实测值的均值作为该腐蚀周期和节点尺寸(或材料)对应试件的腐蚀深度实测值,见表 4-7。注意,4.2.1 节提到 J2006-283-Y-N-235 的加工误差超过了规范要求,故 283 天的腐蚀深度实测值仅为轴拉和偏压两个试件实测值的均值。此外,此处的实测值均是基于表面未进行防锈处理的试件而进行测量和计算的,并且不同尺寸的节点用空心球产品标记区分。

表 4-7　不同腐蚀周期和尺寸(材料)的节点试件等效均匀腐蚀深度的实测值

腐蚀周期(天)	WS2006 实测结果(mm)	尺寸(材料)	283 天实测结果(mm)
100	0.57	WS2006	0.50
131	0.32	WS2008	0.60
157	0.47	WS3008	0.78
182	0.50	WS3012	0.86
232	0.66	WS2006-Q345	0.50
283	0.50	—	—

　　对比腐蚀深度的预测结果和实测结果(图 4-34),发现实测值在预测值连接的折线上下浮动且两者随腐蚀时间的发展趋势一致。这从侧面证实了第 2 章提出的钢材腐蚀动力学方程的计算结果能用于预测节点的等效均匀腐蚀深度。且前文指出,Q235B 和 Q345B 的材性主要受均匀腐蚀部分影响,试验条件下 d_c 仍可视为造成 Q235B 和 Q345B 剩余性能退化的主要原因。这也进一步说明,用腐蚀动力学方程预测的节点等效均匀腐蚀深度对腐蚀后节点的腐蚀行为和剩余性能进行初步研究有一定合理性。

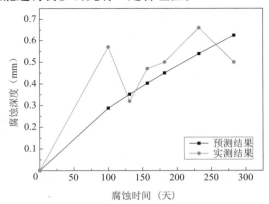

图 4-34　等效均匀腐蚀深度预测值和实测值的对比

　　2. 壁厚的实测值与承载力波动

　　首先将不同腐蚀周期和不同尺寸(或材料)的每个节点的实测平均壁厚与其对应的承载力一一进行比较,初步发现试件的承载力与其对应的加载前九点测厚后的平均壁厚呈现出并不完全一致的变化规律。以产品标记为 WS2006 的试件为例,其在不同腐蚀周期下的承载力波动如图 4-35 所示。推测这是因为试件承载力不仅与平均壁厚实测值相关,还与壁厚的不均匀分布、焊缝尺寸甚至许多其他加工误差有关,即将单个试件九点测厚算得的平均壁厚作为后续研究过程中的直接应用数据并不合适。而统计学的方法可以很大程度上削弱上述单个研究样本中所叠加的各种误差和偏差对试验最终结果的影响。因此认为后续分析中可以对本书研究的所有试件的尺寸参数进行概率统计,用得到的"统计尺寸"进行腐蚀前后节点试件的力学性能分析。综上所述,本书认为用"统计尺寸"结合"腐蚀动力学预测方程"的简化思路对焊接空心球节点进行腐蚀模拟和剩余性能分析是高效且可行的。也可以将用这个思路建立的简化腐蚀模型与腐蚀节点的真实轴向试验结果对比,从而验证试验结果的可靠性。

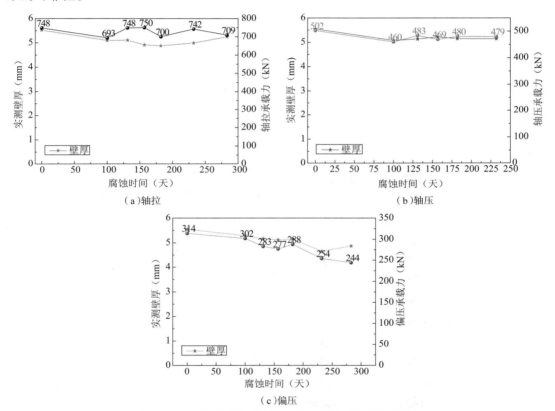

图 4-35 不同受力条件下承载力波动与实测平均壁厚

此外,从图 4-35 还可知,相对于轴拉试件,偏压和轴压节点的实测壁厚和承载力变化趋势较为一致。因此可认为相较于承受拉伸荷载的节点试件,承受压缩荷载的节点试件的承载力对实测平均壁厚的变化更为敏感。壁厚的实测值实际也可视为腐蚀和节点加工误差的综合作用的部分直观表达的结果,考虑到同一条件下焊接空心球节点受压承载力远小于受拉承载力,故在后续对受轴向荷载的腐蚀焊接空心球节点的有限元分析中,认为取受压节点分析为宜。

3. 考虑尺寸统计分布的节点建模

基于"统计尺寸"结合"腐蚀动力学预测方程"的有限元建模思路,采用 ABAQUS 有限元模拟软件,拟对承受轴向荷载的腐蚀焊接空心球节点进行简化数值模拟。上述建模思路的具体实现过程如图 4-36 所示。其中,节点各项尺寸参数(或几何参数)可以通过概率统计(或者查找设计书)获得,腐蚀参数可通过引入腐蚀动力学方程(或现场实测)获得。需注意,图 4-36 的考虑腐蚀的有限元建模的基本方法目前只考虑到工业海洋大气环境下等效均匀腐蚀深度小于或等于 0.625 mm 的情况(如近似等效于青岛 50 年)。

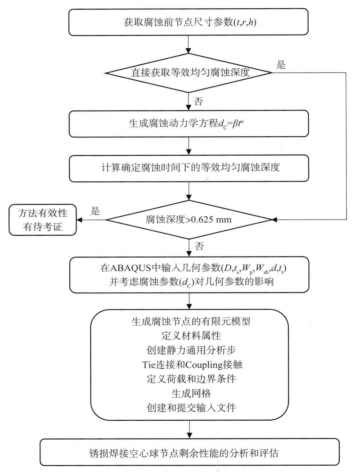

图 4-36 "统计尺寸"结合"腐蚀动力学预测方程"的有限元建模过程

研究发现,许多老旧空间结构所用的焊接空心球节点均为小直径和小壁厚节点;并且许多工程中现场焊接空心球和圆钢管的方法多为二氧化碳气体保护焊,焊缝质量高且尺寸稳定。这再次证明用概率统计的方法得到焊缝尺寸和节点壁厚的建议值是比较准确且实用的。对已经进行试验的总计 26 个设计壁厚同为 6 mm、直径同为 200 mm 的节点的空心球壁厚以及本书所涉及的所有节点试件(51 个)的焊缝尺寸(r、h),分别通过 MATLAB 进行分布函数的拟合。其中,焊缝尺寸参数(r、h)依据实测参数 W_{sh} 和 W_p 经过几何运算得到,其实测示意图如图 4-6 所示,其在有限元中的示意图如图 4-37 所示。分布函数类型比选和比选后的较优概率密度函数分别如图 4-38 和图 4-39 所示,其中参数 r 更符合正态分布,参数 h 更符合对数正态分布,参数 t_s 更符合广义极值分布。在 MATLAB 中分别提取三个参数最适合的分布函数的均值(5.54,6.45,14.07)作为产品标记为 WS2006 的焊接空心球节点有限元方法中三个参数(t_s, r, h)的初始值。需注意,由于其他四种节点数量较少,可采用直接求算术平均值的办法获取其他四种节点的 t_s,而(r, h)仍取上述统计值。即 WS2008、WS3008、WS3012 以及 Q345B 的 WS2006 的平均壁厚分别为 7.35 mm、7.65 mm、11.70 mm 和 5.79 mm。而从适用性和长远的角度来看,对规范包含以及工程使用的所有类型的焊接空心球节点,都有待进一步的统计分析,建立焊接空心球节点的尺寸数据库。

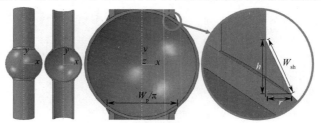

图 4-37　焊缝尺寸随机性造成的承载力波动

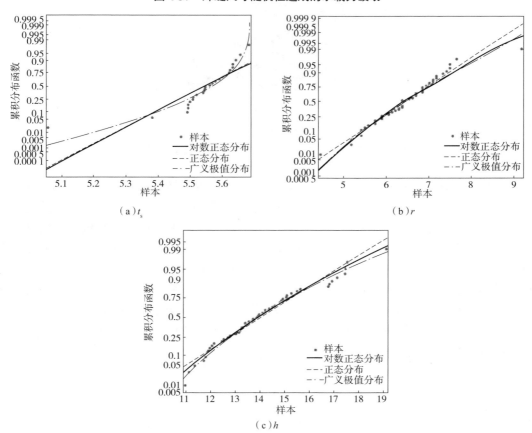

图 4-38　实测数据的概率图与拟合的不同类型分布的比较

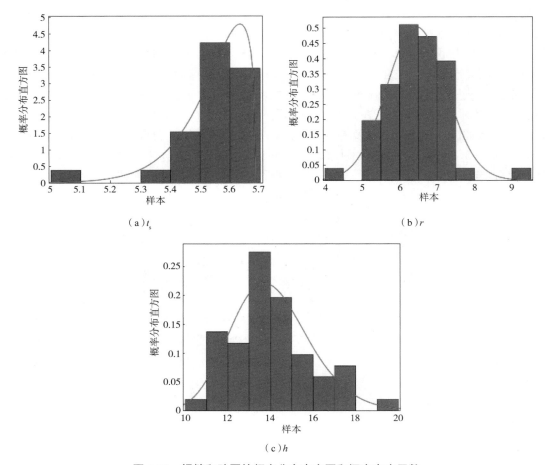

（a）t_s　　　　（b）r

（c）h

图 4-39　焊缝和壁厚的频率分布直方图和概率密度函数

其后,在 ABAQUS 中建立包含空心球、圆钢管和焊缝并考虑等效腐蚀深度削减的三维实体有限元模型,采用 C3D8R 单元。采用 Tie 连接将空心球与钢管以及空心球与焊缝分别绑定。为了保证网格质量且主要研究对象为空心球上的作用力,因此将焊缝和钢管进行合并。试件一端采用固接边界条件,另一端设立参考点与受力面之间的耦合接触条件,对参考点施加位移进行加载。沿着壁厚方向划分四层网格,并在球管连接区域进行网格的加密处理,如图 4-40 所示。基于表 4-2,采用四线性应力-应变关系(图 4-41)和冯·米塞斯(von Mises)屈服准则,进行静力分析时考虑几何非线性效应。破坏判断准则:在轴心压力作用下,取荷载-位移曲线的峰值荷载为破坏荷载;在轴心拉力作用下,取节点最大等效应变达到极限应变时对应的荷载为破坏荷载。

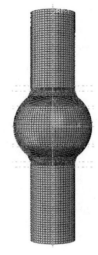

图 4-40　数值模型的网格划分

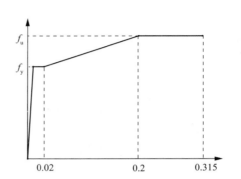

图 4-41　材料的四线性应力-应变关系

4.误差分析和可靠性论证

焊接空心球节点腐蚀后出现和理想情况不一致的承载力波动结果,排除人为操作失误情况后,最大的原因是节点在加工过程中的各种误差。焊接空心球的加工过程可以被概述为:钢板切割下料—钢板高温软化—冲压成型—两半球焊接—球管焊接。高温冲压造成的壁厚分布不均匀、焊接造成的焊缝尺寸随机变化、空心球拼接以及球管拼接的不平整和不对中等加工误差具有很强的随机性,可能对承载能力有利,也可能不利。当这些加工误差与腐蚀结果随机组合时,就出现了试验过程中腐蚀后承载力上下波动的现象。因此,需要对这些加工误差进行分析,判断它们的合理性,以证明腐蚀焊接空心球节点试验结果的可靠性。

1)基于数值模拟的误差分析

前述数值模拟结果相当于理想情况下只有等效均匀腐蚀导致的承载力削弱,试验结果相当于腐蚀与其他误差耦合后导致的承载力变化。因此,通过对比数值模拟结果和试验结果,可以直观地得出用统计学方法削弱单个样本测量偏差后,其他加工误差和点蚀可能造成的承载力的变化。产品标记为 WS2006 的试件在不同腐蚀周期下的对比结果如图 4-42 所示。当只考虑其他误差的最终绝对影响总和而不考虑其各自对剩余承载力的影响时,对于同一种节点,不同腐蚀周期,轴压荷载下其他误差可造成 2.05%~7.14% 的承载力变化,轴拉荷载下其他误差可造成 0.32%~6.78% 的承载力变化。其他误差最终可造成 WS2006 节点的承载力在 7.14% 范围内波动,且基本是有利的。这也从侧面说明,点蚀对节点承载力削弱的不利影响占比不大,点蚀与其他误差的综合效果并不会随腐蚀时间增加而逐渐加强对轴向承载力的削弱作用,反而除等效均匀腐蚀外的其他误差对承载力的综合效果甚至可能是有利的。第 2 章中的“点蚀深度均值随腐蚀时间波动”也从侧面印证了上述推论。腐蚀 283 天后五种节点试件的对比结果如图 4-43 所示。当假定条件同上时,轴压荷载下其他误差可造成 0.24%~10.81% 的承载力变化;轴拉荷载下其他误差可造成 1.3%~8.03% 的承载力变化。即其他误差在这五种节点中最终可造成承载力在 10.81% 范围内波动,最大的影响效果(波动为 10.81% 时）是，在 WS2008 节点承受轴压荷载时且对节点承载有利。

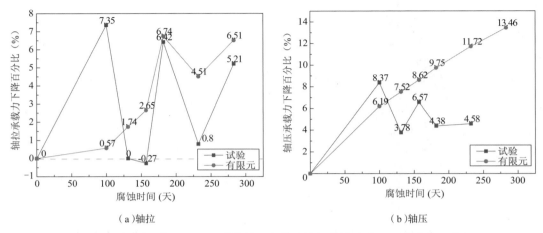

（a）轴拉　　　　　　　　　　　（b）轴压

图 4-42　不同周期 WS2006 试件轴向承载力的数值模拟结果和试验结果对比

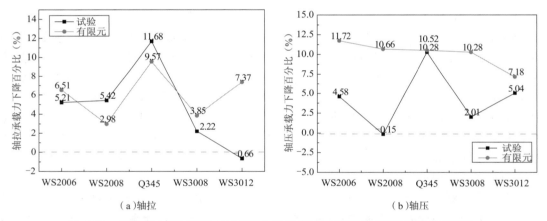

（a）轴拉　　　　　　　　　　　（b）轴压

图 4-43　腐蚀 283 天不同尺寸试件轴向承载力的数值模拟结果和试验结果对比

2）工程允许的误差分析

对于未腐蚀的焊接空心球节点，《钢网架焊接空心球节点》（JG/T 11—2009）对其壁厚减薄量做出如下规定：当设计壁厚 $t_s \leq 10$ mm 时，允许偏差在 $18\% t_s$ 且不大于 1.5 mm 的范围内；当 10 mm $< t_s \leq 16$ mm 时，允许偏差在 $15\% t_s$ 且不大于 2.0 mm 的范围内。本书采用的五种尺寸的节点试件共有三种壁厚设计值（6、8、12 mm），可得规范允许的最小实测壁厚分别为 4.92、6.56、10.2 mm。分析已进行试验的 50 个试件的九点壁厚实测值（已舍去超出规范范围的 J2006-283-Y-N-235），发现所有试件的腐蚀前壁厚实测值均在规范允许偏差范围内。

接着对比腐蚀的影响，按照腐蚀动力学预测方程对节点腐蚀深度的预测方法，可知在本书试验条件下，腐蚀造成的节点最大壁厚削弱程度为 0.625 mm（$10.4\% t_s$）。这说明，当节点试件壁厚为绝对理想的设计壁厚时，青岛环境 50 年腐蚀造成的壁厚减薄量仍在规范允许范围内。

综上可知,腐蚀前的壁厚在规范范围内的减薄对承载力的影响可能将超越腐蚀本身对承载力的影响。为进一步研究工程中允许的壁厚偏差对承载力的影响,对 50 个试件进行壁厚和焊缝尺寸的统计。取壁厚的极大值和极小值分别建立腐蚀前的数值模型(模型的其他部分仍采用"统计尺寸"建模方法),对节点的轴压承载力进行模拟。五种尺寸的节点试件的模拟结果如图 4-44 所示。其中,实线为壁厚极大值与壁厚统计尺寸对应的承载力变化的百分比,用正数表示;虚线为壁厚极小值与壁厚统计尺寸对应的承载力变化的百分比,用负数表示。由图可知,壁厚偏差造成的轴压承载力最大波动为 15.57%。

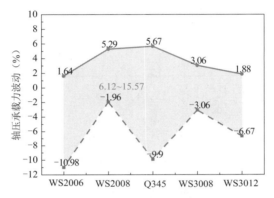

图 4-44　壁厚随机性造成的承载力波动

同理,取焊缝尺寸的极大值和极小值分别建立腐蚀前的数值模型对轴压节点进行模拟,五种尺寸的节点试件的模拟结果如图 4-45 所示。其中,实线为焊缝尺寸极大值与焊缝统计尺寸对应的承载力变化的百分比,用正数表示;虚线为焊缝尺寸极小值与焊缝统计尺寸对应的承载力变化的百分比,用负数表示。由图可知,焊缝尺寸偏差造成的轴压承载力最大波动为 15.57%。

壁厚和焊缝尺寸偏差对节点轴压承载力的综合影响如图 4-46 所示。由图可知,壁厚和焊缝随机性造成的轴压承载力最大综合波动为 16.6%。以产品标记为 WS2006 的节点为例进行进一步分析。因为除了壁厚和焊缝尺寸的随机性偏差对承载力可能有利外,其余的加工误差对承载力都是不利的,所以对于 WS2006 节点,在本试验条件下,其他加工误差对轴压承载力最大的有利影响可视为 15.66%。由图 4-42 可知,283 天 WS2006 节点的轴压承载力仅受等效均匀腐蚀的不利影响为 13.46%,且依据 4.2.3 节的分析,轴拉试件相对轴压试件对壁厚减薄更不敏感且承载力更大,故可推断出等效均匀腐蚀对焊接空心球节点极限承载力的影响完全有可能被其他加工误差的影响覆盖。因此可认为在 283 天腐蚀周期内和本试验环境下,焊接空心球节点的极限承载力随腐蚀周期增加而在一定范围内波动的试验结果是合理的。出现这种结果时节点的各项参数也是符合规范要求的。

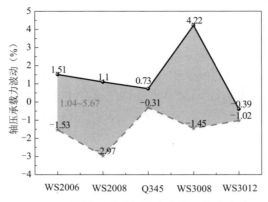

图 4-45　焊缝尺寸随机性造成的承载力波动

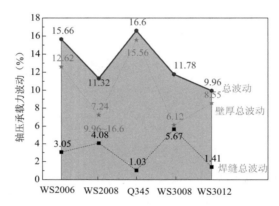

图 4-46　壁厚和焊缝随机性的综合效应

5. 腐蚀对节点极限承载力的影响分析

　　虽然上述误差分析结果论证了等效均匀腐蚀对焊接空心球节点极限承载力的影响完全有可能被其他加工误差的影响覆盖,但进一步对比轴拉、轴压和偏压试件的极限承载力变化规律(图 4-19、图 4-25 和图 4-33)发现,不同受荷形式下节点极限承载力随腐蚀时间呈现不同变化规律。对于轴向受力试件,虽然均发生极限承载力与腐蚀时间呈无关波动的现象(加工误差影响),但轴压荷载下腐蚀后的节点承载力均低于腐蚀前。对于偏压试件,还发现腐蚀和偏心耦合后的影响会超过其他加工误差的综合影响,使得偏压极限承载力随腐蚀时间增加呈现逐渐减小的趋势。根据第 2 章的材料试验结果可知,点蚀深度的均值是随着腐蚀时间波动的,点蚀深度分布函数的方差呈现递增趋势。因此推测,对于轴压和偏压试件,即使在等效均匀腐蚀影响会被加工误差覆盖的前提下,其极限承载力也会因受到传力形式和点蚀分布规律共同作用的影响而呈现细微不同的变化规律。具体来说,轴拉作用下的焊接空心球节点发生的是强度破坏,决定其极限承载力的为球管连接外边界那一圈的截面面积。当构件截面尺寸相对腐蚀程度足够大时,点蚀对其截面削弱的影响其实微乎其微,因此其极限承载力主要受到均匀腐蚀和加工误差的综合影响而呈现与腐蚀时间无关的波动规律。轴压状态下的焊接空心球节点发生的是失稳破坏,决定其极限承载力的除了节点整体尺寸均值,还有球管连接附近区域的壁厚不均匀程度。因此,蚀坑深度造成的球表面形貌的凹凸不平对轴压试件的影响会远大于轴拉试件,但点蚀深度的均值是随着腐蚀时间波动的,所以对于轴压试件极限承载力来说综合表现为随腐蚀时间波动但普遍稍低于腐蚀前的值。而偏压状态下的焊接空心球节点发生的是弯矩作用平面内的失稳破坏,决定极限承载力的除了节点整体尺寸均值外还有球管连接处在弯矩作用平面附近区域的壁厚不均匀程度。所以相对于轴压试件,偏压下的传力形式还放大了点蚀不均匀分布的影响,结合点蚀分布函数的方差随腐蚀时间呈现递增趋势这一结论,极有可能造成偏压试件的极限承载力随腐蚀时间呈现减小趋势。综上,基于本书的试验研究结果和分析讨论结果,本节拟对点蚀对焊接空心球节点极限承载力的影响进行定量化的简化定义,拟在轴压和偏压状态下的焊接空心球节点腐蚀后极限承载力计算中分别偏于安全地引入一个稳定的点蚀系数和一个随腐蚀时间变化的点蚀系数,即在节点极限承载力折减系数随腐蚀时间变化的散点图上取包络线,从而更准确地评估锈损节点的极限承载力。点蚀系数的求取方法如图 4-47 所示。轴压节点点蚀系数取 0.916,偏压节点点蚀系数与腐蚀时间的关系为

$$\alpha_P = 1 - 8.23 \times 10^{-4} T_l \tag{4-3}$$

式中, α_P 为点蚀系数; T_l 为实验室腐蚀时间,按照本书第 2 章的方法可以与不同大气环境下的服役时间建立等效转换关系。

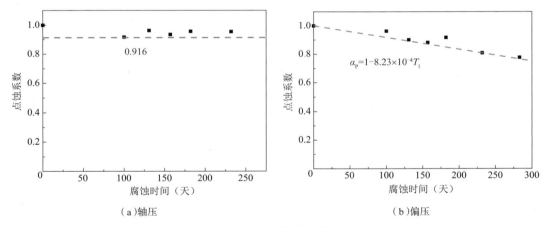

（a）轴压　　　　　　　　　　　　　（b）偏压

图 4-47　点蚀系数求取

　　综合本章分析结果,可认为在青岛环境 50 年内（类似于 ISO 12944 规定的 C4 环境）或者相似腐蚀程度下,对于无明显局部腐蚀的焊接空心球节点,可以将腐蚀产生的等效均匀壁厚损失作为节点加工误差中壁厚减薄量的一个附加部分进行分析,而对腐蚀产生的点蚀部分按照点蚀影响系数的方法添加。其中,等效均匀壁厚损失可用材料的腐蚀动力学预测方程进行估算,点蚀影响系数对受轴向力节点可取定值（0.916）,对受轴向力加弯矩的节点可取随腐蚀时间线性递减的变化值（式（4-3））。此外需注意,本章仅进行了同一偏心距下不同腐蚀时间的偏压试验,点蚀影响系数与弯矩值或者偏心距的关系还有待后续进一步的大量试验考证。

后续章节对承受轴向荷载的腐蚀焊接空心球节点进行有限元分析时,可以考虑从更大的腐蚀深度和某种原因(比如防腐涂层局部失效)导致的节点表面严重的局部腐蚀两个角度出发,以轴压腐蚀节点的剩余性能为切入点,进行更深入的研究。

6. 试验结果小结

本节对经历不同加速腐蚀时间的未做防腐保护的焊接空心球节点试件的力学性能进行了试验研究,分析了腐蚀周期、受荷方式、节点尺寸、钢材强度等关键因素对节点力学性能的影响,获得并分析了腐蚀过程中节点相关力学性能的变化规律。在本试验条件下,得到的主要结论如下。

(1)腐蚀后轴心受拉焊接空心球节点的破坏模式为强度破坏,腐蚀后轴心受压和偏心受压焊接空心球节点的破坏模式均可被统称为弹塑性失稳破坏。腐蚀程度、试件尺寸和材料不会影响节点失效模式,但腐蚀会造成轴压试件局部凹陷的位置分布更随机。

(2)初始轴拉刚度随腐蚀时间增加呈现减小的趋势但波动较大;初始轴拉刚度剩余因子随空心球壁厚的增大而增大,随钢管与空心球直径比值的减小而减小,随钢材牌号的增加而增大。相较于轴拉结果,初始轴压刚度呈现更明显的随腐蚀时间增加而减小的规律,轴压初始刚度受腐蚀时间、节点尺寸和材料属性的影响均较大;初始轴压刚度剩余因子随空心球尺寸和钢材牌号的增大而增大。偏压节点的初始综合刚度随着腐蚀时间的增加总体呈下降趋势;初始综合刚度剩余因子随空心球尺寸和钢材牌号的增大而增大。

(3)承受轴向力的节点试件的屈服荷载和极限荷载随腐蚀时间没有明显的递减规律,而是在一个范围内上下波动,各项加工误差对屈服和极限荷载的影响可能将超过腐蚀对屈服和极限荷载的影响。其中,对加工误差综合效果的敏感程度,屈服荷载大于极限荷载,轴压试件大于轴拉试件。对于轴拉和轴压试件,其屈服荷载和极限荷载随着空心球壁厚、圆钢管直径平方与空心球直径的比值(或者空心球直径)增加而增加。腐蚀并不会改变规范规定的焊接空心球节点的拉压承载力计算公式的主体部分。

(4)承受偏心压力的节点试件的屈服荷载和极限荷载随腐蚀时间增加而呈现更明显的下降规律,偏心的作用使得腐蚀的综合影响超过其他加工误差的影响。屈服荷载和极限荷载的削减系数随钢材牌号、空心球壁厚和圆钢管直径平方与空心球直径的比值(或者空心球直径)增加而增加。此外,随着腐蚀程度的增加,偏压试件在相同荷载下的转角逐渐增大,抗弯能力逐渐减小。腐蚀并不会改变规范规定的焊接空心球节点的压弯承载力计算公式的主体部分。

(5)焊接空心球节点的腐蚀形貌为均匀腐蚀为主,伴有轻微点蚀。用钢材的腐蚀动力学方程预测的焊接空心球节点等效均匀腐蚀深度,对节点进行腐蚀模拟和剩余性能分析是可行的。相较于受拉试件,承受压缩荷载的节点试件的承载力对实测平均壁厚的变化更敏感。一种考虑"统计尺寸"和"腐蚀动力学预测方程"的焊接空心球节点腐蚀后的简化模拟方法被提出和验证。

(6)等效均匀腐蚀对焊接空心球节点极限承载力的影响可能被其他加工误差的影响覆盖。点蚀对节点轴拉极限承载力削弱的不利影响并不明显,点蚀影响系数对受轴向力节点可以取定值,对受轴向力加弯矩的节点可取随腐蚀时间线性递减的变化值。在青岛环境50年内(类似 ISO 12944 规定的 C4 环境)或者相似腐蚀程度下,对于无明显局部腐蚀的焊接空心球节点,可以将腐蚀产生的等效均匀壁厚损失作为节点加工误差中壁厚减薄量的一个附加部分进行分析,而对腐蚀产生的点蚀部分按照点蚀影响系数的方法添加。

4.2.6　焊接空心球节点锈蚀模拟方法总结

焊接空心球节点的锈蚀模拟方法可以分为考虑表面锈蚀形貌的精细化数模方法和不考虑表面锈蚀形貌的简化数模方法。对于不考虑表面锈蚀形貌的简化数模方法,基于本书的试验分析结果和其他文献的结论,可以从基于等效均匀腐蚀深度的均匀腐蚀削弱和基于材料本构退化两个方向考虑,分别建立两种简化锈蚀模拟方法。

1. 仿真锈蚀表面形貌的精细化数模方法

假定点蚀缺陷随机分布在焊接空心球表面和焊缝表面。同时假定节点表面的点蚀深度可以用概率分布函数表示,比如本书第 2 章拟合的对数正态分布和广义极值分布函数。结合文献中的自然腐蚀下结构钢的点蚀径深比(蚀坑直径与点蚀深度的比值)和本书观察到的腐蚀特性,假定点蚀径深比可以被定义为 0.5~4 范围内的随机分布,且蚀坑可被定义为椭球形。基于以上假定和第 3 章中的节点焊缝尺寸的概率统计数据,采用一个用户自定义的Python 程序建立同时考虑点蚀统计特性和均匀腐蚀特性的节点有限元模型。Python 程序的模型技术流程如图 4-48 所示。其中,d_{ave} 为计算等效均匀腐蚀深度(mm,详见第 2 章);ρ_{pit} 为蚀坑的密度(个/cm^2);μ_{pit} 为点蚀深度分布函数的均值;σ_{pit} 为点蚀深度分布函数的方差;RL 和 RU 为点蚀径深比的范围边界;N_{pit} 为蚀坑数量;d_{pit} 为点蚀深度;r_{pit} 为椭球蚀坑的半径。按照图 4-48 的方法,通过后期对焊接空心球节点腐蚀数据的不断积累,实时修改和完善大量腐蚀特征统计参数,便可建立锈损焊接空心球节点的精细化数值模型,实现实时预测不同腐蚀状态下的焊接空心球节点的力学特性。

2. 基于截面削弱的简化锈蚀模拟方法

基于截面削弱的简化锈蚀模拟方法,与 4.2.5 节中考虑尺寸统计分布的节点简化建模方法类似,其本质是按照本书所得的等效均匀腐蚀规律对节点的截面进行削弱。与 4.2.5 节第1 部分相比,该方法简化了在节点表面建立带随机蚀坑的腐蚀形貌的循环过程。该方法的实施步骤包括:

(1)首先确定等效均匀腐蚀深度(比如通过第 2 章阐述的等效转换思路和腐蚀动力学方程形式);

(2)然后基于焊接球节点的设计尺寸和焊缝尺寸的概率统计数据(比如 4.2.5 节)在ABAQUS 中建立节点的三维实体模型,连接方式为 Tie;

(3)接着通过 Boolen Operation 实现对空心球和焊缝截面的削弱;

(4)然后赋予模型材料属性和对模型进行网格划分;

(5)最后对节点模型一端建立参考点并采用位移加载来模拟受力过程,考虑几何非线性效应。

取荷载-位移曲线的峰值荷载为受压节点的极限荷载,取最大应变等于极限应变时刻的荷载为受拉节点的极限荷载。

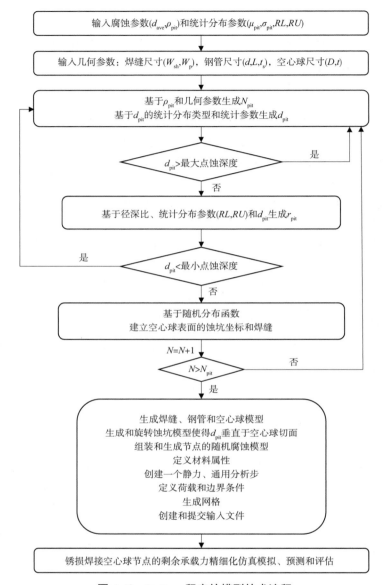

图 4-48　Python 程序的模型技术流程

3. 基于材料退化的简化锈蚀模拟方法

　　基于材料退化的简化锈蚀模拟方法,其本质是对腐蚀过程的简化,将"腐蚀—截面削弱—承载力退化"的过程等效为"腐蚀—材料特性退化—承载力退化"的过程。因为空心球节点为单面腐蚀,而第 2 章中的 B 类标准件为四面腐蚀,所以首先需要将材料在不同腐蚀程度下的工程屈服强度(f_{yet})和工程极限强度(f_{uet})换算成节点试件的工程屈服强度(f_{yjt})和工程极限强度(f_{ujt}),换算过程如式(4-4)~式(4-7)所示。

$$f_{yjt} \times A_0 - f_{yet} \times A_0 = \frac{1}{2} \Delta F = \frac{1}{2} \left(f_{ye0} - f_{yet} \right) \times A_0 \qquad (4-4)$$

$$f_{yjt} = \frac{1}{2}f_{ye0} + \frac{1}{2}f_{yet} \qquad (4\text{-}5)$$

$$f_{ujt} \times A_0 - f_{uet} \times A_0 = \frac{1}{2}\Delta F = \frac{1}{2}(f_{ue0} - f_{uet}) \times A_0 \qquad (4\text{-}6)$$

$$f_{ujt} = \frac{1}{2}f_{ue0} + \frac{1}{2}f_{uet} \qquad (4\text{-}7)$$

式中,下标 t 为材料的人造气氛腐蚀试验的腐蚀时间(天),t=100、131、157、182、232、283;f_{ye0},f_{ue0} 分别为材性件腐蚀前的工程屈服强度和工程极限强度;f_{yj0},f_{uj0} 分别为节点试件锈蚀前的工程屈服强度和工程极限强度;A_0 为 B 类标准件腐蚀前的截面面积(mm²);ΔF 为截面损失(腐蚀造成的均匀和非均匀损失)造成的 B 类标准件承载力的损失(N)。

然后将换算后的材性输入 ABAQUS 中。最后按照与"基于截面削弱的简化锈蚀模拟方法"相同的流程在 ABAQUS 中建立腐蚀前的节点模型并进行加载。因该方法的本质是改变材性,故它不再用 Boolen Operation 对节点模型的截面进行削弱。

4. 锈蚀模拟方法的比选

对于仿真锈蚀表面形貌的精细化数模方法,需注意点蚀的部分参数是通过假定的方式定义的,后续需要通过不断积累焊接空心球节点以及相应材料腐蚀数据来完善大量腐蚀特征统计参数。基于材料退化的简化锈蚀模拟方法需要已知相关材料的退化规律,这也需要对数据进行大量积累。而基于截面削弱的简化锈蚀模拟方法相较于这两种方法,模型中的锈蚀参数更加直观,模型运算效率与模型建立难度的综合评价更优,因此本书采用基于截面削弱的简化锈蚀模拟方法对锈损焊接空心球节点的力学性能进行参数化分析,以期建立在役锈损焊接空心球节点的实用计算方法。

4.2.7 锈损圆钢管焊接空心球节点力学性能退化分析

4.2.7.1 有限元模型

1. 未腐蚀圆钢管焊接空心球节点的有限元模型和验证

未腐蚀圆钢管焊接空心球节点的有限元模型通过 ABAQUS 数值模拟方法建立(图 4-49),用于研究腐蚀对节点轴压极限承载能力的影响。为便于后续研究不同腐蚀模式的影响和进行参数化分析,该模型的建模方法与腐蚀深度为零的模型的建模方法近似。有限元模拟发现焊缝尺寸对承载力是有利的,但实际工程中焊缝尺寸的离散性较大,数据难以统一,加入焊缝尺寸的参数化分析的意义不大。因此,本节进行轴压节点参数化分析时采用忽略焊缝尺寸的有限元模型。主要的建模技术阐述如下:忽略焊接残余应力的影响,焊接球和钢管直接采用 Tie 连接进行绑定;沿壁厚方向划分四层及以上网格后,节点承载力模拟结果精度差别不大,且单元尺寸不是本节研究的重点,故采用厚度方向四层的网格划分方式;采用八节点六面体减缩积分单元(C3D8R)进行网格划分并在球-管连接处进行网格加密;采用双线性强化模型和 von Mises 屈服准则,选用 Q345 钢材,钢材的密度为 7 850 kg/m³,弹性模量为 206.5 GPa,泊松比为 0.3,极限强度对应的塑性应变为 0.25。进行静力分析时考虑几何非线性效应。破坏准则:在轴心压力作用下,取荷载-位移曲线的峰值荷载为破坏荷载。

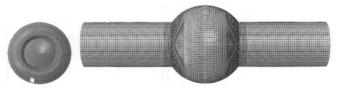

图 4-49　焊接空心球节点的有限元模型

本书按规范设计了一个圆钢管 WHSJ（外径 200 mm；壁厚 6 mm；Q345B 钢材）的轴压试验,对节点有限元模型进行验证。为保证管不先于球破坏,选用外径 114 mm、壁厚 10 mm 的圆钢管焊于空心球两端,管长与球外径相等,采用 300 t 伺服压力机进行加载,如图 4-50 所示。试验和有限元模拟得到的荷载-位移曲线如图 4-51 所示,有限元模拟的结果与试验结果十分接近;试验结果稍高,这是由于实际加工该节点的钢板屈服强度略大于 345 MPa;同时比较实际失效模型和有限元失效模型（图 4-52）发现,本书提出的节点数值模型可有效且偏安全地预测节点在轴向力下的力学行为,为下文建立节点的腐蚀模型奠定了基础。

图 4-50　轴压试验

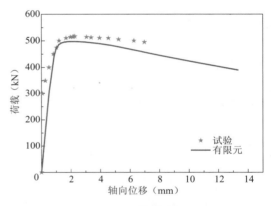

图 4-51　模型验证

2. 焊接空心球节点腐蚀发展机制分析

实际工程中发现,球管连接处腐蚀现象最为严重。实际工程中,节点腐蚀发展机制可以从环境条件和节点本身的复杂性两方面考虑。从局部腐蚀环境出发,焊缝处和杆件聚集、相交处更容易积聚电解质水膜或者形成氧浓差腐蚀条件,从而在局部形成相对整体大气环境更恶劣的腐蚀空间,更容易形成严重的局部腐蚀。从节点自身分析,在钢板的冲压成型和球管焊接过程中,球表面易形成热影响区,产生残余应力,诱发应力腐蚀,造成焊缝周边均匀腐蚀深度较大、离焊缝位置远,在局部强腐蚀环境的耦合作用下甚至可能会在靠近焊缝的母材表面形成沟槽状腐蚀,如图 4-53 所示。此外,在节点制作和施工中观察发现,现代化的抛丸或喷砂除锈处理很难避免节点与多杆件连接区域的除锈死角,这些不充分的除锈都将影响焊缝附近的防锈效果;尤其是工厂预制节点在现场焊接时,焊缝附近的除锈基本都是人工打磨再刷防锈漆,表面缺陷使得防锈漆黏结力下降,加上腐蚀因子穿透防锈漆在漆材与金属基体接触面缺陷处聚集,更易造成焊缝附近后补防锈漆的整体脱落,形成焊缝附近更为严重的腐蚀。

（a）有限元

（b）试验

图 4-52　有限元失效模型和试验失效模型比较

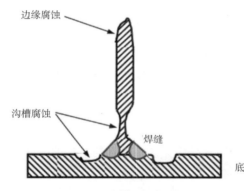

图 4-53　沟槽腐蚀示意图

　　归纳、总结未腐蚀圆钢管焊接空心球节点的试验和数值模拟结果后发现,球管连接附近的球表面是应力集中的危险区域和破坏开始出现的大概率位置。因此,需要基于腐蚀机理和工程实况建立腐蚀后圆钢管焊接空心球节点数值模型并分析其力学性能。

　　3. 腐蚀后焊接空心球节点的有限元模型

　　此处基于前文对实际工程锈蚀后检测情况和腐蚀发展机制的分析,以均匀腐蚀和局部腐蚀两大腐蚀类型为前提,提出了全表面均匀腐蚀、球管连接处沟槽腐蚀、复合腐蚀和双向动态腐蚀四种腐蚀分布模式,如图 4-54 所示。所有腐蚀模型均与未腐蚀圆钢管焊接空心球节点的有限元模型采用相同的材料、截面属性、接触方式和加载方式。注意,图 4-54 中并未展示圆钢管的腐蚀,这是因为实际案例中发现腐蚀破坏基本发生在球管连接的球表面,而且钢管也不是本书研究的重点。此外,需说明:本书并未考虑点蚀及含点蚀的更复杂的复合腐蚀模型。一方面,因为结构钢的大气腐蚀更趋于均匀腐蚀,点蚀不是结构钢节点承载力削弱的关键因素;另一方面,因为诸多研究点蚀的文献表明,最终影响构件屈服、极限强度的关键因素是点蚀造成的构件体积损失和截面损失,并非点蚀本身的形貌。同时,本书综合考虑到计算成本和所建模型的普适性,最终选择图 4-54 中的四种简化模型。其中,G_c 代表沟槽高度，d 代表钢管外径。因为模式 A 和模式 B 只有一种腐蚀深度，故用 T_c 统一表示；对于模式 A，T_c 代表均匀腐蚀深度；对于模式 B，T_c 代表沟槽腐蚀深度。对于模式 C，T_{1c} 代表局部腐蚀深度（最大腐蚀深度），T_{c2} 代表均匀腐蚀深度（仅次于最大腐蚀深度的腐蚀深度）。类似地，对于模式 D，T_{1c} 代表最大腐蚀深度，T_{c2} 代表仅次于最大腐蚀深度的腐蚀深度，T_{c3} 代表更小的腐蚀深度，依次类推。

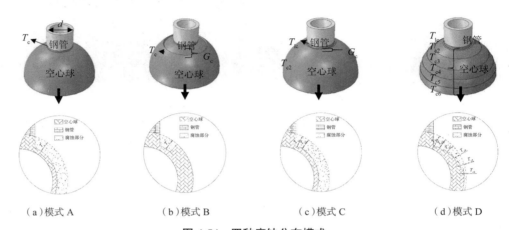

（a）模式 A　　　　（b）模式 B　　　　（c）模式 C　　　　（d）模式 D

图 4-54　四种腐蚀分布模式

4.2.7.2　不同简化腐蚀模式的影响

1. 全表面均匀腐蚀模式的影响

目前，我国对长期服役状态下焊接空心球节点连接的空间网格结构的质检方法多为抽样检测，即随机在球表面上选择测点测量壁厚，与节点设计壁厚比较得出名义腐蚀深度，再导入 MIDAS 等分析软件进行整体结构的受力分析。这种腐蚀模型是通过均匀削弱整个焊接空心球的壁厚实现的（模式 SE）。但实际分析发现，即使在某一条件下节点发生全表面均匀腐蚀，被圆钢管覆盖的那部分球体表面由于无法接触环境中的腐蚀气体和液体，并不会被腐蚀削弱。因此，本书首先选取腐蚀深度 T_c 这一变量对焊接空心球节点进行实际全表面均匀腐蚀情况的精细化分析（模式 A）。按照规范取外径为 500 mm、壁厚为 20 mm 的焊接空心球建立有限元模型，圆钢管管径按规范取 168 mm，管壁厚 22 mm；T_c 分别取 0、2、4、6、8、10、12、14、16 mm，并依据节点的对称性取二分之一节点进行建模。不同腐蚀深度下节点的荷载-轴向位移曲线如图 4-55 所示。同时建立工程检测中常用的简化模型（后文称为模式 SE），在上述腐蚀深度梯度下获得不同的荷载-位移曲线，取峰值荷载作为受压极限承载力并与模式 A 进行比较，如图 4-56 所示。其中 *D-value* 指两种模型在同一腐蚀深度下的极限承载力差值。注意，最大腐蚀深度已达到 16 mm（占总壁厚的 80%），这是以目前已知腐蚀最严重的实际工程数据的 79% 定义的，且更广泛的腐蚀深度梯度也意味着数值结果更广阔的应用范围。

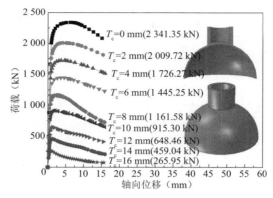

图 4-55　实际均匀腐蚀模型(模式 A)的荷载-轴向位移曲线

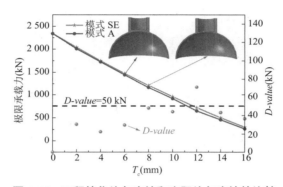

图 4-56　工程简化均匀腐蚀和实际均匀腐蚀的比较

从图 4-55 和图 4-56 可见,节点的受压极限承载力随着腐蚀深度增加迅速下降,腐蚀最严重的节点的承载能力不足设计时的 10%,腐蚀对服役结构的安全已构成严重威胁。进一步比较模式 SE 和模式 A 发现,在相同腐蚀程度下,工程上球节点全截面削弱模型的承载力略高于本书建立的实际均匀腐蚀模型。两个模型之间的极限承载力差值(D-value)在 50 kN 左右浮动,但若从差值与对应腐蚀深度下节点剩余承载力的比值的角度出发,两种模型的差距无疑是随着腐蚀时间逐渐拉大的。从节点受力过程分析,由于实际腐蚀过程中被管包围的部分节点表面与其余表面的厚度差将逐渐增大,其相对刚度也逐渐增大,使得在节点受压变形产生局部高应力区时,被管包围的球节点部分不能有效分担应力,从而导致节点更快失稳破坏。这一结论与之前所认为的"全截面削弱计算结果更安全"相悖,这意味着,用本书提出的模式 A 进行均匀腐蚀条件下服役过程中的节点承载力预测更合理和安全,尤其在高腐蚀环境中,使用工程简化全截面削弱模型更应慎重。

2. 沟槽腐蚀的影响

观察服役中的节点发现,完全均匀腐蚀较少,一般球管连接处的腐蚀会更严重,因此本书选取沟槽高度 G_c 和腐蚀深度 T_c 两个变量,按照图 4-54 中的模式 B 对节点进行分析。腐蚀前模型参数和腐蚀深度梯度与全表面均匀腐蚀模式相同,沟槽高度 G_c 分别取 20、50、100、150、200 mm,不同 G_c 和 T_c 下节点的荷载-轴向位移曲线如图 4-57 所示。

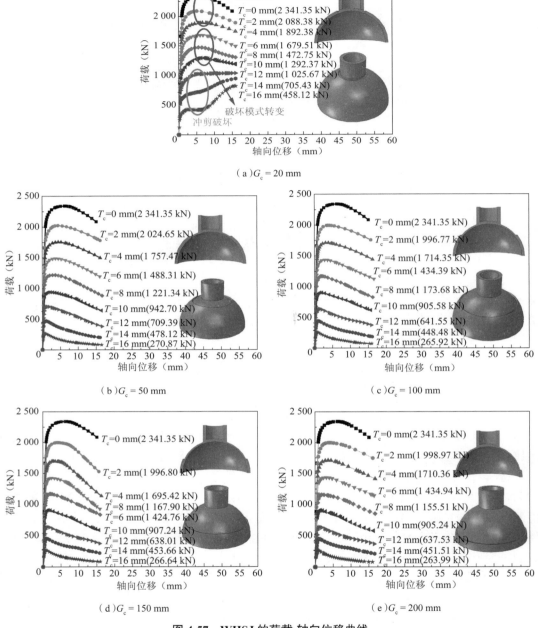

图 4-57　WHSJ 的荷载-轴向位移曲线

从图 4-57 可见,节点的受压极限承载力随着腐蚀深度增加迅速下降。注意到当 G_c/D=0.1 而 T_c/t_s = 30%~50%(图 4-57(a)中破坏模式转变的标记处)时,节点的强度破坏和失稳破坏几乎同时出现;当 T_c 更大时,节点的荷载-轴向位移曲线将不会出现失稳拐点(图 4-57(a)中屈曲破坏的标记处),节点的破坏模式从失稳破坏完全转变为冲剪破坏。此时以节点峰值应变超过预设的材料极限应变为破坏准则,以对应的荷载为极限荷载。观察发现,节点达到极限荷载后,荷载-轴向位移曲线仍不断上升,这是因为预设的材料本构模型为研究节点常用的双折线模型,并未包含材料断裂部分的本构曲线;对于实际节点,达到极限应变后将迅速开裂失效,后续荷载-轴向位移曲线的上升段是不存在的。为进一步分析失效模式转变的条件,对 $G_c/(D/2) = 6\% \sim 10\%$ 和 $T_c/t_s = 10\% \sim 80\%$ 的 72 个沟槽腐蚀模型进行分析(若 $G_c/(D/2)$ 太小,则由于规范对钢管直径 d 的限制将使得沟槽腐蚀不存在,$G_c/(D/2)$ 太大将使得即使 $T_c/t_s = 80\%$ 的失效模式也不会转变),发现当 $G_c/(D/2) \leqslant 8.4\%$ 且 $T_c/t_s \geqslant 60\%$ 时,受轴压的节点将发生冲剪破坏。

取部分不同 G_c 和 T_c 的腐蚀后失效模型比较,如图 4-58~图 4-60 所示。观察可知,破坏时所有模型的球管连接处应力集中明显;当 $G_c = 20$ mm 时应力峰值仅出现在球管连接处外表面(图 4-58);当 G_c/D 逐渐增大时,沟槽底部截面上将出现两个应力峰值,球管连接处内凹,稍远处外凸(图 4-59 和图 4-60)。进一步分析认为,沟槽腐蚀的几何尺寸将影响受压过程中节点的应力重分布和应力峰值转移,从而造成破坏模式的转变。

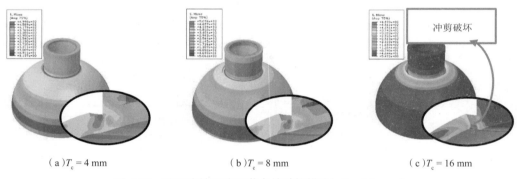

（a）$T_c = 4$ mm   （b）$T_c = 8$ mm   （c）$T_c = 16$ mm

图 4-58 不同腐蚀深度下节点的破坏模式（$G_c = 20$ mm）

（a）$T_c = 4$ mm   （b）$T_c = 8$ mm   （c）$T_c = 16$ mm

图 4-59 不同腐蚀深度下节点的破坏模式（$G_c = 50$ mm）

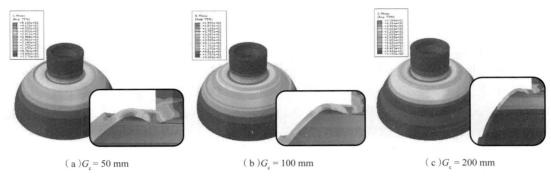

（a）$G_c = 50$ mm　　　　（b）$G_c = 100$ mm　　　　（c）$G_c = 200$ mm

图 4-60　不同沟槽高度下节点的破坏模式（$T_c = 10$ mm）

定义一个轴压承载力削减系数 α_c，用于表示圆钢管焊接空心球节点腐蚀后的极限轴压承载力与腐蚀前的极限轴压承载力的比值，并研究其随 T_c 和 G_c 的变化规律。如图 4-61 所示，α_c 随 T_c 增加呈线性减小，且当 $G_c/(D/2)>20\%$（$0.1D$ 为"沟槽临界纬度"）时，α_c 与 G_c 几乎无关；当 G_c 小于沟槽临界纬度时，α_c 随 G_c 减小而增大，分析认为这与节点破坏模式转变有关。因此可偏安全地认为沟槽临界纬度以外，G_c 对节点的极限受压承载力影响相较于 T_c 而言可以忽略不计。

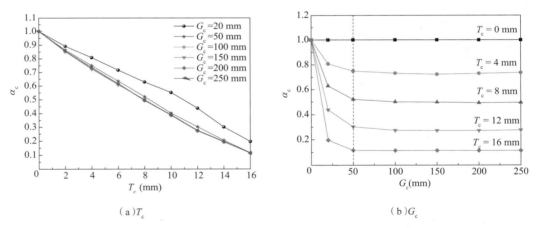

（a）T_c　　　　　　　　（b）G_c

图 4-61　轴压承载力削减系数 α_c 随 T_c 和 G_c 的变化规律

3. 复合腐蚀的影响

依据节点表面局部腐蚀环境和节点内部材料微观结构的变化，WHSJ 的腐蚀也可视为全表面较轻微的均匀腐蚀和球管连接处较严重的局部腐蚀相结合的复合腐蚀（模式 C）。为了方便与其他腐蚀模式比较，本书选取 2、4、6、8、10、12、14 mm 作为局部腐蚀与均匀腐蚀的腐蚀深度差值，假定局部腐蚀深度为 16 mm，其余的模型参数与上文相同。注意，前文研究发现当沟槽高度 $G_c>50$ mm 时，局部腐蚀范围不再是控制节点剩余承载力的关键因素；同时考虑到实际局部腐蚀环境和材料劣化范围的限制，本节中仅取 $G_c=20$ 和 50 mm 来研究不同腐蚀深度差值下复合腐蚀的影响。定义 $\beta_c = \dfrac{T_{lc}}{T_{c2}}$ 为复合腐蚀模式的腐蚀倍率，不同 β_c 和

G_c 下节点的荷载-轴向位移曲线如图 4-62 所示。

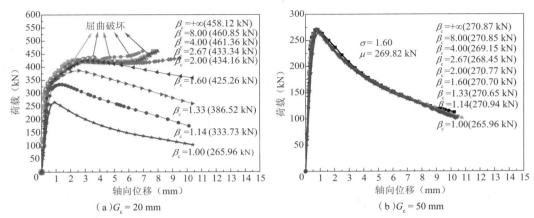

图 4-62　不同腐蚀倍率下 WHSJ 的荷载-轴向位移曲线

其中，$\beta_c = +\infty$ 表示同一局部腐蚀程度对应的沟槽腐蚀模型，$\beta_c = 1$ 表示全表面均匀腐蚀模型。分析图 4-62（a），当腐蚀倍率 $\beta_c < 2$ 时，处于冲剪破坏条件（$G_c/(D/2) \leqslant 8.4\%$ 且 $T_c/t_s > 60\%$）的节点，其破坏模式将变回失稳破坏，同时极限承载力与外部均匀腐蚀程度相关，随 β_c 的增大而增大；当 $2 \leqslant \beta_c < 4$ 时，节点仍然保持冲剪破坏模式，但极限承载力与 β_c 无关，稍小于对应的沟槽腐蚀模型；当 $\beta_c \geqslant 4$ 时，节点荷载-轴向位移曲线与对应的沟槽腐蚀模型相近，与外部均匀腐蚀程度几乎无关。分析图 4-62（b）发现，处于失稳破坏条件的节点在复合腐蚀情况下，无论 β_c 取值多少，极限承载力均可视为与外部均匀腐蚀无关，仅与局部沟槽腐蚀程度相关。

4. 双向动态腐蚀的影响

实际过程中节点的腐蚀是从腐蚀萌生的沟槽处开始，沿节点厚度方向和节点表面经线方向双向外扩的（图 4-63）。双向腐蚀速率比例会随着节点表面状态、节点形式、加工工艺、环境条件等因素变化而改变，不确定性较大，需要根据后续试验的测量结果确定。但本书旨在研究不同腐蚀简化模型和对应参数对圆钢管焊接空心球节点的轴压极限承载力的影响，从而提出一种兼顾精确性和可操作性的承载力预测方法，因此对精细化模拟要求不高。本书所提出的双向动态腐蚀模型为同时考虑双向腐蚀发展的简化腐蚀模型，为了方便与其他腐蚀模型比较，本书选取 $G_c = 20$、50、100、150、200、250 mm 作为腐蚀梯度分界线，以 $T_c/T = 10\%$ 为梯度，按照模式 D 对节点进行分析。不同腐蚀程度下节点的荷载-轴向位移曲线如图 4-64 所示，参数 T_{lc} 为沟槽处最大腐蚀深度。

将沟槽处最大深度为 16 mm 的双向动态腐蚀模型与复合腐蚀模型比较，发现双向动态腐蚀模型的极限承载力接近 $\beta = 1.14$ 时的极限承载力，这说明当腐蚀范围扩散到 $G_c/(D/2) = 20\%$ 的沟槽临界纬度以外时，其造成的体积损失基本不再影响节点的极限承载力。进一步比较四种腐蚀模型的 α_c 与不同腐蚀程度的关系，如图 4-65 所示。结合前文结论，分析得出：同一最大腐蚀深度下，双向动态腐蚀模型的承载力削弱程度近似等于腐蚀深度差值为 2（$\beta = 1.14$）的复合腐蚀模型；双向动态腐蚀模型的剩余承载力稍高于均匀腐蚀模型，两者 α_c

的差值在 0.027~0.057 之间,且与最大腐蚀深度无关;沟槽腐蚀模型的剩余承载力最大且 α_c 差值无明显规律,推测这是因为图 4-65 中的模型沟槽高度小于沟槽临界纬度,发生了破坏模式的转变。取四梯度界线(G_c=50、100、150、200、250 mm)建立双向动态腐蚀模型,发现当 G_c 大于沟槽临界纬度后,同一最大腐蚀深度下四种腐蚀模型对应的剩余极限承载力和 α_c 几乎一致,这进一步证明了沟槽临界纬度以外的节点体积损失和沟槽高度 G_c 对受压极限承载力的影响可以忽略不计;而沟槽临界纬度以内的 T_c 和 G_c 变化均影响极限承载力,使之稍高于同一最大腐蚀深度的均匀腐蚀模型(图 4-65)。这一结论对服役中的焊接空心球节点连接的钢结构建筑安全评估有一定指导意义,即以无损检测所得球管连接处腐蚀深度作为球面均匀腐蚀深度建立模型(模式 A),能安全和准确地预测节点剩余承载力。

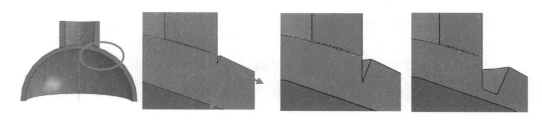

图 4-63　WHSJ 的双向腐蚀扩散示意图

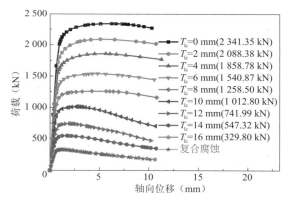

图 4-64　双向腐蚀下节点的荷载-轴向位移曲线

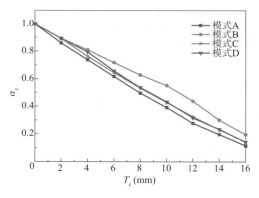

图 4-65　四种腐蚀模式下承载力削减系数随最大腐蚀深度的变化规律

4.2.7.3　不同节点尺寸和材料的影响

1. 空心球直径对焊接空心球节点的影响

基于 4.2.7.2 节结论建立节点的均匀腐蚀模型。为研究直径对腐蚀节点的影响,基于规范选取壁厚同为 18 mm,直径分别为 400 mm、500 mm、600 mm 的三种空心球,球上焊接厚度均为 20 mm 的圆钢管,管径按规范建议值选取。观察图 4-66(a)发现, α_c 均随 T_c 增加线性递减,承载力变化趋势相同;但相同壁厚和 T_c 下, α_c 与 D 之间无明显递增或递减规律。进一步分析这三种节点的管径与球径之比 d/D ,依次是 0.365、0.336 和 0.408(图 4-67)。从图 4-66(a)可以看出, d/D 越大, α_c 随 T_c 发展的削弱趋势越慢。结合图 4-66 中 T_c = 12 mm 时

WHSJ 失稳时刻的等效应力云图和应力集中区域的真应变云图发现：d/D 越大，失稳时峰值应力越大，应力分布越趋于均匀；d/D 越大，失稳时应力集中区域的峰值真应变也越大，且应变峰值点越靠近球管连接处外表面。综上所述，d/D 不仅影响未腐蚀节点的受压极限承载力，还将影响腐蚀发展过程中的承载力削弱速度，从这一角度考虑，d/D 较大的球在强腐蚀性环境中服役更为安全。为排除 d/D 的影响，选择规范中给出的 d/D 同为 0.380，壁厚为 8 mm，直径分别为 200 mm、300 mm 的两种节点分析。如图 4-66（b）所示，α_c 均随 T_c 增加线性递减；d/D 相同时，D 对节点腐蚀后承载力削弱情况没有影响。

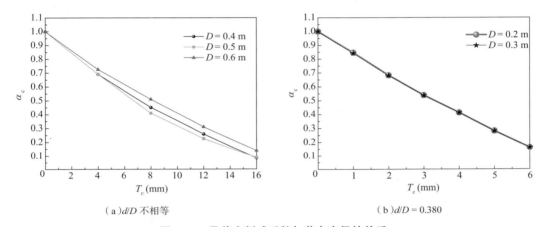

（a）d/D 不相等　　　　　　　　　　（b）$d/D=0.380$

图 4-66　承载力削减系数与节点直径的关系

2. 空心球壁厚对焊接空心球节点的影响

　　为研究空心球壁厚对腐蚀节点的影响，取外径 D 为 500 mm，壁厚 t_s 分别为 16 mm、18 mm、20 mm、22 mm 的四种节点建立模型，d/D 为 0.336，管壁厚度较 t_s 加厚 2 mm。比较图 4-68 可知，在相同腐蚀程度下节点的承载力削减系数随壁厚的增加而增大；同种壁厚下，承载力削减系数随腐蚀深度增加几乎呈线性减小。但若从腐蚀深度占总厚度的百分比角度考虑，则可认为节点壁厚 t_s 几乎对节点的腐蚀后承载力削弱情况没有影响。

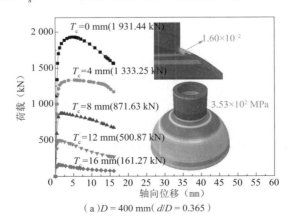

（a）$D=400$ mm（$d/D=0.365$）

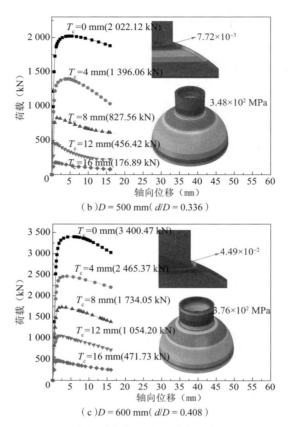

（b）$D = 500$ mm（$d/D = 0.336$）

（c）$D = 600$ mm（$d/D = 0.408$）

图 4-67　直径对节点腐蚀后剩余承载力的影响

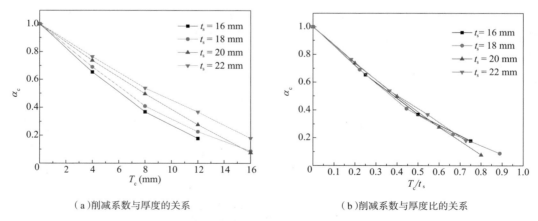

（a）削减系数与厚度的关系　　　　　　（b）削减系数与厚度比的关系

图 4-68　空心球壁厚对腐蚀后剩余承载力的影响

3. 材料对焊接空心球节点的影响

　　为研究不同钢材料对腐蚀后节点轴压极限承载力的影响,根据 Q345B 钢的设定方法建立 Q235 钢的本构模型。其他条件同上。

沟槽宽度为最不利情况时,不同腐蚀深度下钢材料性能对节点抗压承载力的影响如图 4-69 所示。结果表明:抗压承载力随腐蚀程度的增加而减小;在腐蚀程度相同的情况下,钢的材料性能将直接影响节点的承载能力,即屈服强度和极限强度越小,承载能力越小;但节点轴压极限承载力的削减系数与材料性能无关。因此,在建立锈损圆钢管焊接空心球节点轴压极限承载力折减系数(α_c)时,无须考虑钢材料性能的影响。

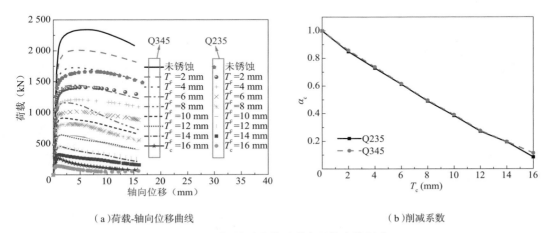

（a）荷载-轴向位移曲线　　　　　　　　　（b）削减系数

图 4-69　材料对腐蚀后剩余承载力的影响

4.2.7.4　锈损圆钢管焊接空心球节点的剩余受压承载性能削减系数

研究发现,不同的圆钢管焊接空心球节点腐蚀后的承载力削减趋势是有一定规律的。因此可通过求解承载力削减系数 α_c 的方法,建立腐蚀后圆钢管焊接空心球节点剩余受压极限承载能力的计算公式。

根据参数化分析的结论,α_c 主要受腐蚀深度与节点壁厚比(T_c/t_s)、圆钢管直径与节点外径比(d/D)的影响:

$$\alpha_c = f\left(\frac{T_c}{t_s}, \frac{d}{D}\right) \tag{4-8}$$

规程指出,空间网格结构中空心球直径与主管外径之比 D/d 宜取 2.4~3.0。对标准中直径 800 mm 以内所有不加肋的焊接空心球节点尺寸进行统计,满足 D/d 范围(2.4~3.0)的节点一共 53 种,其中 D/d 最大值为 2.98,最小值为 2.45(对应的 d/D 范围 0.336~0.408)。依据前人对焊接空心球节点抗弯性能的预测方法以及未腐蚀焊接空心球节点受压承载力计算公式的形式,提出式(4-8)的两种具体表现形式:

$$\alpha_c = A + \left(\frac{T_c}{t_s}\right)\left[B + C\left(\frac{d}{D}\right)\right] \tag{4-9}$$

$$\alpha_c = A + \left(\frac{T_c}{t_s}\right)\left[B + C\left(\frac{d}{D}\right) + E\left(\frac{d}{D}\right)^2\right] + \left(\frac{T_c}{t_s}\right)^2\left[F + G\left(\frac{d}{D}\right) + H\left(\frac{d}{D}\right)^2\right] \tag{4-10}$$

利用最小二乘法对数值模拟结果进行回归,得到所有可用资料之间的最佳相关性,从而对未知参数进行求解,得到 α_c 对应的计算式(4-10)和(4-9)。计算式的相关系数分别为 0.989 和 0.999,从计算效率和精度综合考虑,最终选取式(4-11)作为 α_c 的预测公式。

$$\alpha_c = 0.966\,5 - 1.73\frac{T_c}{t_s} + 1.82\frac{T_c}{t_s} \times \frac{d}{D} \quad (T_c/t_s<80\%, 0.336 \leq d/D \leq 0.408) \tag{4-11}$$

$$\alpha_c = 1 + \left(\frac{T_c}{t_s}\right)\left[6.698 - 45.764\left(\frac{d}{D}\right) + 64.349\left(\frac{d}{D}\right)^2\right] + \left(\frac{T_c}{t_s}\right)^2\left[-7.993 + 46.056\left(\frac{d}{D}\right) - \right.$$

$$\left. 62.897\left(\frac{d}{D}\right)^2\right] \quad (T_c/t_s<80\%; 0.336 \leq d/D \leq 0.408) \tag{4-12}$$

图 4-70 展示了 $T_c/t_s<80\%$,$0.336 \leq d/D \leq 0.408$ 范围内有限元模拟结果和预测公式(4-11)计算结果的比较,相关性较好。

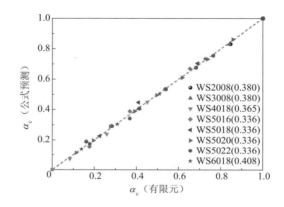

图 4-70　焊接空心球节点承载力削减系数公式验证

4.2.8　锈损焊接空心球节点实用计算方法

1. 锈蚀后轴拉承载力实用计算方法

基于焊接空心球节点冲剪破坏理论分析,对圆钢管连接的锈损焊接空心球节点的轴拉承载力实用计算公式为

$$N_{\text{CL-C}} = \pi(d - 2d_C)(t_s - d_C)f_u \tag{4-13}$$

式中,$N_{\text{CL-C}}$ 为圆钢管连接的腐蚀后轴拉承载力;d 为圆钢管直径;t_s 为空心球壁厚;d_C 为等效均匀腐蚀深度;f_u 为材料的极限强度。

2. 锈蚀后轴压承载力实用计算方法

锈损焊接空心球节点薄壳理论的分析中提到,空心球壳的部分被钢管(钢梁)紧紧包裹而未受到腐蚀侵害。在 4.2.7 节对锈损焊接空心球节点的有限元分析中发现,不考虑被钢管包裹部分的空心球壳的腐蚀,节点整体的腐蚀后剩余承载性能相较于全球壳腐蚀模型反而被削弱了,且这种削弱程度随腐蚀程度增加而逐渐增加。基于以上两点,本书认为以 4.2.7 节有限元拟合得出的剩余受压承载性能削减系数 α_c 来考虑腐蚀对焊接空心球节点的轴压承载力计算公式中的球壳外径 D 和球壳壁厚 t 的影响比直接削减空心球壳外径和壁厚更安全。注意,由于实际案例中发现腐蚀破坏多发生在球管连接的球表面且钢管也不是本书研究的重点,所以 4.2.7 节并未对钢管外径进行腐蚀后的详细参数化分析。此处拟提出一种更具普适性的锈蚀后焊接空心球节点轴压承载力实用计算公式,所以偏安全地对公式中的钢管外径 d 按等效均匀腐蚀深度进行折减,并考虑 4.2.5 节提出的点蚀影响系数 α_p(拟取 0.916)。

综上,圆钢管连接的锈损焊接空心球节点的轴压承载力实用计算公式如式(4-14)所示。

$$N_{\text{CY-C}} = \pi \alpha_c \alpha_P \left(0.29 + 0.54 \frac{d - 2d_C}{D} \right)(d - 2d_C) t_s f_y \tag{4-14}$$

式中, $N_{\text{CY-C}}$ 为圆钢管连接的焊接空心球节点的腐蚀后轴压承载力; α_c 为同时考虑钢管包裹作用不利影响和等效均匀腐蚀对球壳削弱不利影响的剩余轴压承载力削减系数; α_p 为点蚀对轴压剩余承载力影响系数(拟取 0.916); d 为圆钢管直径; t_s 为空心球壁厚; d_C 为等效均匀腐蚀深度; f_y 为材料屈服强度。

3. 锈蚀后轴力和弯矩共同作用下承载力实用计算方法

因为前文已经详细阐明了轴向剩余极限承载力计算方法,所以当锈损焊接空心球节点同时受到轴力 N 与弯矩 M 作用时,建议进行以轴力设计为基础的弯矩影响系数 η_m 的求解,从而得出圆钢管连接的锈损焊接空心球节点在轴力和弯矩共同作用下承载力的实用计算方法。本书参考前人对非锈蚀条件下圆钢管连接焊接空心球节点弯矩影响系数的简化理论解,对这类节点锈蚀后的弯矩影响系数 η_{mC} 的计算方法进行推导:

$$\eta_{mC} = \begin{cases} \dfrac{1}{1+c} & (0 \leqslant c < 0.3) \\ \dfrac{2}{\pi}\sqrt{3 + 0.6c + 2c^2} - \dfrac{2}{\pi}(1 + \sqrt{2}c) + 0.5 & (0.3 \leqslant c < 2.0) \\ \dfrac{2}{\pi}\sqrt{c^2 + 2} - c^2 & (c \geqslant 2.0) \end{cases} \tag{4-15}$$

综上所述,圆钢管连接的锈损焊接空心球节点在轴力和弯矩共同作用下的承载力实用计算公式为

$$N_{\text{CM-C}} = \eta_{mC} N_{\text{CY-C}} \tag{4-16}$$

式中, $N_{\text{CM-C}}$ 为圆钢管连接的焊接空心球节点腐蚀后压弯或拉弯极限承载力; η_{mC} 可按式(4-15)取值; $N_{\text{CY-C}}$ 可按式(4-14)取值。但需要注意,一方面式(4-16)基于局部非均匀腐蚀对偏心作用下承载力的影响与轴力作用下相同的假定;另一方面式(4-16)并未考虑点蚀对节点附加偏心距的影响,而考虑点蚀影响的弯矩影响系数的计算公式还有待大量的试验研究和论证。

4.3　螺栓球节点腐蚀

螺栓球节点由德国米罗公司创始人研发,也是目前使用最普遍的节点形式之一。在构造上比较接近于铰接计算模型。螺栓球节点主要包括钢球、封板(或锥头)、高强螺栓、套筒、紧固螺钉等部件,如图 4-71 所示,主要传递拉力和压力。构件中的拉力一般通过封板

（或锥头）传递给高强螺栓，再由高强螺栓传递给钢球，其抗拉承载力一般由封板或锥头与钢管之间的焊缝承载力、高强螺栓栓杆的抗拉承载力和高强螺栓螺纹的抗剪承载力控制；构件中的压力一般通过封板（或锥头）传递给套筒，再由套筒端壁承压传递给钢球，其抗压承载力一般由套筒的抗压承载力控制。

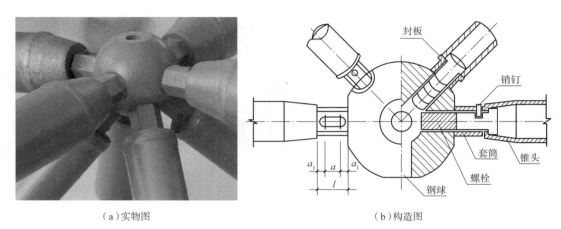

（a）实物图　　　　　　　　　　　　　　（b）构造图

图 4-71　螺栓球节点

由于套筒壁厚较厚且长度较短，其抗压承载力一般高于构件的抗压承载力。因此，工程中螺栓球节点规格选用一般由其抗拉承载力确定，本章对锈蚀后螺栓球节点力学性能的研究也主要集中在抗拉性能方面。

4.3.1　锈蚀螺栓球节点抗拉试验方案

《空间网格结构技术规程》（JGJ 7—2010）规定螺栓拧入球体的深度应为螺栓直径的1.1 倍，以确保高强螺栓连接的螺纹抗剪承载力大于栓杆抗拉承载力。对于 M12~M36 的高强螺栓，其强度等级应按 10.9 级选用；对于 M39~M64 的高强螺栓，其强度等级应按 9.8 级选用。螺栓强度应满足国家标准《钢网架螺栓球节点用高强度螺栓》（GB/T 16939—2016）的要求，见表 4-8。

结合规范和工程情况，对锈蚀后的螺栓球进行两个方面的检测。

（1）锈蚀后外观和尺寸检测。确定螺纹的螺距、纹深等相对于标准尺寸的变化情况，一般采用肉眼观测。

（2）锈蚀高强螺栓球中高强螺栓拧入 1.1 倍直径深度后的抗拉承载力检测，评估其力学性能是否满足《钢网架螺栓球节点用高强度螺栓》（GB/T 16939—2016）的要求，通过抗拉试验检测。

M16~M27 螺栓抗拉试验在 100 t 液压拉力试验机上进行，M30~M60 螺栓抗拉试验在400 t 液压拉力试验机上进行。试验全程采用 5 mm/min 位移加载，直到试件破坏或达到试验机量程。

表 4-8　螺栓球用高强螺栓机械性能

螺纹规格	M12	M14	M16	M20	M24
性能等级	10.9S				
截面面积(mm²)	84.3	115	157	245	353
承载力(kN)	88~105	120~143	163~195	255~304	367~438
螺纹规格	M27	M30	M36	M39	M42
性能等级	10.9S			9.8S	
截面面积(mm²)	459	561	817	976	1 120
承载力(kN)	477~569	583~696	850~1 013	878~1 074	1 008~1 232
螺纹规格	M45	M48	M56×4	M60×4	M64×4
性能等级	9.8S				
截面面积(mm²)	1 310	1 470	2 144	2 485	2 851
承载力(kN)	1 179~1 441	1 323~1 617	1 930~2 358	2 237~2 734	2 566~3 136
螺纹规格	M68×4	M72×4	M76×4	M80×4	M85×4
性能等级	9.8S				
截面面积(mm²)	3 242	3 658	4 100	4 566	5 184
承载力(kN)	2 918~3 566	3 292~4 022	3 690~4 510	4 109~5 023	4 633~5 702

4.3.2　锈蚀螺栓球节点抗拉试验现象

所有试件破坏前的变形均较小,试件达到极限承载力时发出较大的声响,螺栓突然拉断或者拔出(M56 和 M60 的试件除外),这种破坏属于脆性破坏。M56 与 M60 的试件因焊缝处未能完全焊透,致使试件在焊缝处被拉裂,如图 4-72~图 4-74 所示。

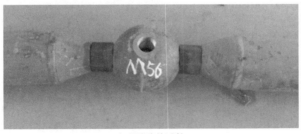

(a)试验前试件

(b)破坏后试件

图 4-72　M56 高强螺栓抗拉破坏现象

（a）试验前试件

（b）破坏后试件

图 4-73　M60 高强螺栓抗拉破坏现象

图 4-74　M56 试件杆件焊缝剖切详图

4.3.3　锈蚀螺栓球节点抗拉试验数据分析

将试件所得的承载力列于表 4-9 中,其中,承载力设计值按照《空间网格结构技术规程》(JGJ 7—2010)取值,拉力荷载范围按照《钢网架螺栓球节点用高强度螺栓》(GB/T 16939—2016)取值。

表 4-9　拉力荷载范围

螺栓规格	试验承载力（kN）	承载力设计值（kN）	拉力荷载范围（kN）	强度储备系数	破坏方式
M16	182	67.5	163~195	2.7	螺栓拉断
M20	278	105.3	255~304	2.64	螺栓拉断
M22	330	130.5	315~376	2.53	螺栓拉断
M24	397	151.5	367~438	2.62	螺栓拉断

续表

螺栓规格	试验承载力(kN)	承载力设计值(kN)	拉力荷载范围(kN)	强度储备系数	破坏方式
M27	533	197.5	477~569	2.7	螺栓拉断
M30	613.8	241.2	583~696	2.54	滑丝脱扣
M33	641.8	298.4	722~861	2.15	滑丝脱扣
M36	945	351.3	850~1 013	2.69	螺栓拉断
M39	994	375.6	878~1 074	2.65	螺栓拉断
M42	1 112.8	431.5	1 008~1 232	2.58	螺栓拉断
M45	1 180	502.8	1 179~1 441	2.35	未破坏
M48	1 206.5	467.1	1 323~1 617	2.58	未破坏
M52	1 405.2	676.7	1 584~1 936	2.08	未破坏
M56	1 362	825.4	1 930~2 358	1.65	焊缝拉裂
M60	1 815.6	956.6	2 237~2 734	1.9	焊缝拉裂

注:强度储备系数为试验承载力与承载力设计值的比值。

　　由表 4-9 可知:

　　(1)所有螺栓的试验承载力均远大于承载力设计值;

　　(2)M16~M45 的螺栓规格中,除了 M33 因螺栓未能拧入到 1.1d,试件发生滑丝,其余螺栓的试验承载力均在拉力荷载范围内,但均明显低于最高承载力;

　　(3)M48 与 M52 的螺栓因试验机量程不够,螺栓未能拉断,承载力未在规范荷载范围内;

　　(4)M56 与 M60 的螺栓试件在杆件焊缝处被拉断,承载力未在规范荷载范围内。

4.3.4　锈蚀后螺栓球节点力学性能数值分析模型

　　1. 模型基本外形及尺寸

　　螺栓中的螺纹是螺旋上升的,但由于在普通螺栓、高强螺栓中此螺旋线的角度均很小,这里可以近似地以平面类比,即由于模型整体可以由一个平面模型绕对称轴旋转而得到,在建模中通过 Part 中的 Axisymmetric 进行各个部件的建模分析,模型基本样式如图 4-75 所示。

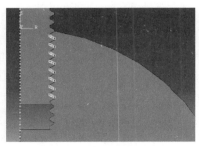

　　(a)整体模型　　　　　　　　　(b)接触设置　　　　　　　　(c)网格划分

图 4-75　高强螺栓抗拔试验数值模型

2. 材料属性设置

模型中，M16~M27 的螺栓采用 10.9 级高强螺栓，螺栓球采用 45 号圆钢，锻造成型，材料属性分别参照《钢网架螺栓球节点用高强度螺栓》（GB/T 16939—2016）与《优质碳素结构钢》（GB/T 699—2015），见表 4-10，本构关系选用双折线强化模型。

表 4-10 材料本构模型参数

材料	弹性模量（GPa）	屈服强度（MPa）	极限强度（MPa）	塑性应变	泊松比
高强螺栓	210	940	1150	0.1	0.3
螺栓球	210	355	600	0.16	0.3

3. 分析步与接触设置

在 Step（分析步）模块中设置了两个静态（Static，General）分析步。在 Interaction（相互作用）模块中设置面面接触，拉力作用下，螺栓与螺栓球螺纹之间始终只有一个面接触受力，将强度更大的螺栓螺纹面设为主面，螺栓球螺纹面设为从面。

摩擦的属性设置为切向的库伦摩擦与法向的"硬接触"（Hard Contact），其中"硬接触"的意思为：接触面之间能够传递的接触压力的大小不受限制；当接触压力变为零或负值时，两个接触面分离，并且去掉相应节点上的约束。对于切向的库伦摩擦设置其摩擦系数为0.2，对于法向的"硬接触"算法采用增强型拉格朗日算法。

分别在轴线的螺栓头上部与螺栓球下部设置两个参考点 RP-1、RP-2，将两个参考点分别与螺栓头上表面与螺栓球下表面耦合在一起。

4. 边界条件与单元类型

在 Initial 分析步中，对 RP-2 施加 Y 向对称边界条件，对 RP-1 限制 X 向位移（U_1）和绕 Z 轴的转动（U_{R3}）；在 Step-1、Step-2 分析步中保持 RP-2 边界条件不变，对 RP-1 在 Y 向施加到 10 mm 的位移。

选用四节点双线性轴对称四边形减缩积分单元 CAX4R（壳单元），通过赋予单元实体属性，并在接触位置通过设置局部种子进行网格加密。

5. 模型验证

M16~M27 规格的螺栓球试件均为螺栓拧入 $1.1d$（d 为螺栓公称直径），螺栓破坏应力云图如图 4-76 所示。

由应力云图可知，M16~M27 螺栓试件均在根部发生拉断，与试验现象吻合较好，荷载-位移曲线如图 4-77 所示。

由图 4-77 发现，不同规格螺栓的抗拔过程承载力变化基本一致，前期刚度基本相同，直到螺栓达到极限塑性应变开始颈缩，试件达到极限承载力进而被拉断，结果见表 4-11。

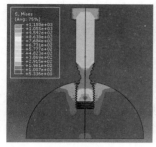

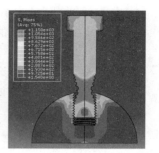

（a）M16 螺栓　　　　　　　　　（b）M20 螺栓　　　　　　　　　（c）M22 螺栓

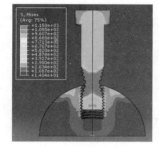

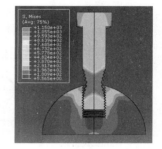

（d）M24 螺栓　　　　　　　　　　　　　（e）M27 螺栓

图 4-76　高强螺栓抗拔应力云图

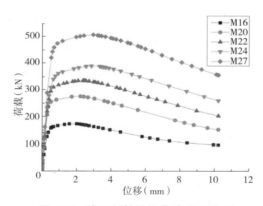

图 4-77　高强螺栓抗拔荷载-位移曲线

表 4-11　高强螺栓抗拔承载力结果

螺栓规格	试验承载力（kN）	有限元承载力（kN）	误差（%）
M16	182	173.58	-4.6
M20	278	275.58	-0.87
M22	330	334.62	1.4
M24	397	389.69	-1.84
M27	533	506.14	-5.0

由表 4-11 可知,试验承载力与有限元承载力之间的误差较小,最大误差为 5.0%,平均误差为 2.74%,此有限元数值模拟方法可有效模拟螺栓球节点螺栓的抗拔承载力。

4.3.5 锈蚀后螺栓球节点力学性能参数化分析

下面以 M16 的螺栓为例分析锈蚀后螺栓球节点的力学性能。

根据《钢网架螺栓球节点用高强度螺栓》(GB/T 16939—2016), M16 的螺栓标准规格如图 4-78 所示,其中 d_k=24 mm, K=10 mm, l=62 mm,有螺纹的部分 b=24 mm,公称直径 d=16 mm,忽略转角和放置紧固螺钉的孔洞。

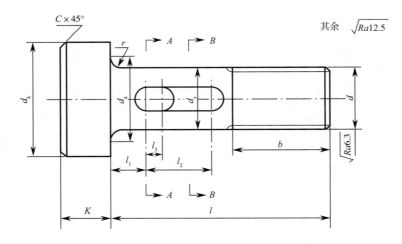

图 4-78　螺栓的形式与尺寸

对于 M16 规格的螺栓,根据《普通螺纹　基本尺寸》(GB/T 196—2003),螺距 P=2 mm, D_2=14.7 mm, D_1=13.8 mm, $H = \dfrac{\sqrt{3}}{2} P = \sqrt{3}$ mm ,如图 4-79 所示。

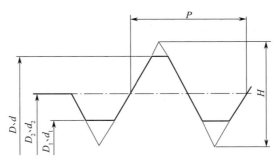

图 4-79　螺栓螺纹基本尺寸

若不考虑螺纹对螺栓表面积的影响,则一个螺距的螺栓暴露的表面积为

$$S = 2\pi rh \tag{4-17}$$

式中, r 为螺栓的公称半径; h 为螺距。

将 r=16/2=8 mm, h=2 mm 代入得

$$S = 32\pi \tag{4-18}$$

下面考虑因螺纹的存在而导致的螺栓表面积增大系数 λ，示意图如图 4-80 所示。

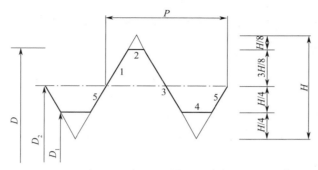

图 4-80　螺栓螺纹分段标示图

图 4-80 中，分别计算螺距中 1~5 小段的表面积。

由几何关系（《普通螺纹　基本尺寸》（ GB/T 196—2003 ）第 2 页 ）得，这五小段的长度分别为：l_1=0.75 mm，l_2=0.25 mm，l_3=1.25 mm，l_4=0.5 mm，l_5=0.5 mm，则表面积

$$S_1 = \pi\left(\frac{D_2}{2} + \frac{D}{2}\right) \times l_1 = 11.512\,5\pi$$

$$S_2 = 2\pi \times \frac{D}{2} \times l_2 = 4\pi$$

$$S_3 = \pi\left(\frac{D_1}{2} + \frac{D}{2}\right) \times l_3 = 18.625\pi$$

$$S_4 = 2\pi \times \frac{D_1}{2} \times l_4 = 6.9\pi$$

$$S_5 = \pi\left(\frac{D_1}{2} + \frac{D_2}{2}\right) \times l_5 = 7.125\pi$$

$$S_{总} = S_1 + S_2 + S_3 + S_4 + S_5 = 48.162\,5\pi$$

考虑螺纹存在表面积增大系数 $\lambda = \dfrac{S_{总}}{S} \approx 1.5$，一个螺栓的总表面积为 5 378 mm²。

根据《金属腐蚀与防护原理》（ 黄永昌编著 ），钢在大气、海水、土壤中的腐蚀速度见表 4-12。

表 4-12　钢在大气、海水、土壤中的腐蚀速度

腐蚀环境	平均腐蚀速度（ mg/(dm²·天)）
工业大气	1.5
海洋大气	2.9
海水	25
土壤	5

一个 M16 螺栓的表面积约为 0.5 dm²,对于此规格的螺栓,由表 4-12 可得其每天的锈蚀量,见表 4-13。

表 4-13　钢在大气、海水、土壤中每天的锈蚀量

腐蚀环境	锈蚀量(mg/天)
工业大气	0.75
海洋大气	1.45
海水	12.5
土壤	2.5

一个 M16 规格螺栓的体积为 $V = \pi \times 12^2 \times 10 + \pi \times 8^2 \times 62 = 5\,408\pi \text{ mm}^3$,由钢的密度 $\rho=7.9 \text{ g/cm}^3$,可得一个螺栓的质量为 $m = \rho V = 134.2 \text{ g}$,其中,螺栓杆的质量为 98.5 g。

下面以工业大气为例分析腐蚀环境对螺栓球节点网架的锈蚀作用。

一个螺栓 1 年的锈蚀量为 0.75 mg/d × 365 ≈ 0.274 g;螺栓杆的锈蚀量为 $(0.274 \times \pi \times 8^2 \times 62)/5\,408\pi = 0.2 \text{ g}$,假设锈蚀沿着螺栓杆厚度方向均匀地从外向里发展,则锈蚀的质量与螺栓的体积(截面面积)成正比,得锈蚀后的螺栓杆公称直径为 15.984 mm,同理可得锈蚀量与锈蚀时间的关系,见表 4-14。为了方便分析,假定螺栓球对应的螺纹处锈蚀深度与螺栓螺纹相同。

表 4-14　锈蚀时间与锈蚀深度对应关系

锈蚀时间(年)	锈蚀后螺栓公称直径(mm)
1	15.984
10	15.84
20	15.67
30	15.51
50	15.17

对锈蚀后的螺栓与螺栓球进行建模,可得不同锈蚀时间螺栓球节点的咬合关系与应力云图,如图 4-81~图 4-86 所示,荷载-位移曲线如图 4-87 所示。

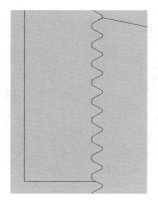

（a）螺栓与螺栓球螺纹咬合关系

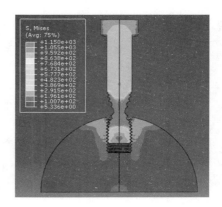

（b）应力云图

图 4-81　锈蚀 0 年

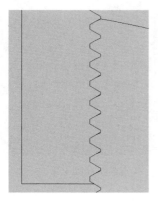

（a）螺栓与螺栓球螺纹咬合关系

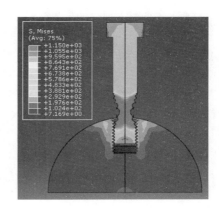

（b）应力云图

图 4-82　锈蚀 1 年

（a）螺栓与螺栓球螺纹咬合关系

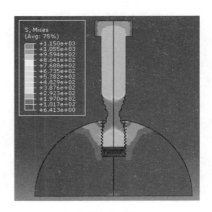

（b）应力云图

图 4-83　锈蚀 2 年

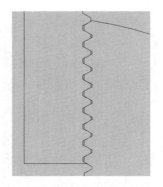

（a）螺栓与螺栓球螺纹咬合关系

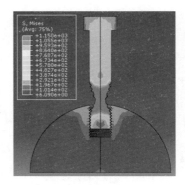

（b）应力云图

图 4-84　锈蚀 10 年

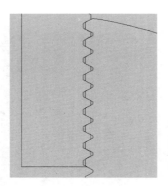

（a）螺栓与螺栓球螺纹咬合关系

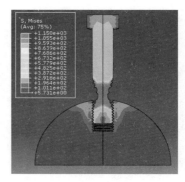

（b）应力云图

图 4-85　锈蚀 20 年

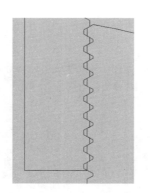

（a）螺栓与螺栓球螺纹咬合关系

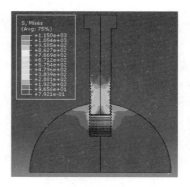

（b）应力云图

图 4-86　锈蚀 50 年

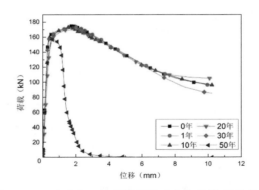

图 4-87　工业大气环境锈蚀螺栓球节点荷载-位移曲线

由应力云图可知,锈蚀 30 年以前螺栓破坏均为螺栓拉断,极限承载力比较接近,锈蚀 50 年后因螺纹剪切面面积减小较多,最终发生螺栓拔出破坏。

将锈蚀时间与承载力列于图 4-88 中,并拟合关系曲线可得

$$F = -0.319\,77\,t + 175.77 \tag{4-19}$$

式中,F 为锈蚀螺栓极限承载力(kN);t 为锈蚀时间(年)。

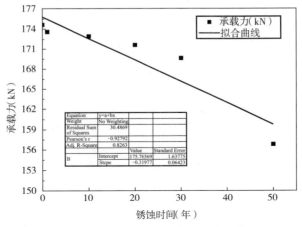

图 4-88　工业大气环境承载力与锈蚀时间拟合关系曲线

4.3.6　锈蚀后螺栓球节点承载力计算方法

由上述有限元分析可得,锈蚀后螺栓球节点受拉破坏模式主要为螺栓拔断与螺栓拔出,所对应的承载力计算公式分别为

$$F = \gamma f_t^{b} A_{\text{eff}} \tag{4-20}$$

$$F = [\tau] \pi D b' z \tag{4-21}$$

式(4-20)中, γ 为考虑锈蚀后螺栓抗拉承载力的折减系数,见表 4-15,其余锈蚀时间可按照线性插值法求得;f_t^{b} 为锈蚀前螺栓抗拉强度设计值;A_{eff} 为锈蚀前螺栓有效截面面积,可参照《钢网架螺栓球节点用高强度螺栓》(GB/T 16939—2016)取值。

表 4-15　锈蚀后螺栓球节点螺栓拔断破坏承载力折减系数

锈蚀时间（年）	1	10	20	30
折减系数 γ	0.994	0.990	0.982	0.971

式（4-21）中，因螺栓拔出通常为螺栓球螺纹脱扣（图 4-89），故[τ]为螺栓球抗剪强度设计值，可参照《优质碳素结构钢》（GB/T 699—2015）取值；D 为螺栓公称直径（螺栓大径）；b' 为锈蚀后螺纹根部宽度；z 为螺栓拧入螺栓球的圈数，根据螺栓拧入螺栓球 1.1 d（d 为螺栓公称直径）确定；b 为锈蚀前螺纹根部宽度，对于一般高强螺栓，螺纹根部宽度与螺距满足关系式 $b=0.75P$，P 为螺栓螺距。D、b 示意图如图 4-90 所示。

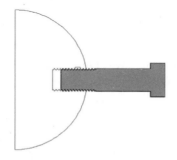

图 4-89　螺栓螺纹与螺纹球螺纹咬合关系示意图

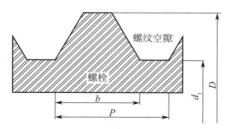

图 4-90　锈蚀后螺纹咬合处各符号示意图

因标准规格的 M16 螺栓的螺栓杆质量为 98.5 g，螺栓杆一年锈蚀 0.2 g，故按照

$$\frac{98.5-0.2T}{98.5}=\frac{\frac{\pi}{4}D^2}{\frac{\pi}{4}16^2}，可得 D=16\sqrt{\frac{98.5-0.2T}{98.5}}，其中 T 为锈蚀时间（年）。$$

假设螺栓一侧锈蚀深度为 x，锈蚀后螺纹根部宽度为 b'。根据前述假设螺栓与螺栓球均匀锈蚀，锈蚀深度相同，则 x 的表达式为

$$x=\frac{1}{2}\left(16-16\sqrt{\frac{98.5-0.2T}{98.5}}\right)=8\left(1-\sqrt{\frac{98.5-0.2T}{98.5}}\right) \tag{4-22}$$

由螺栓螺纹的比例关系得

$$\frac{b'}{b} = \frac{\frac{3}{4}H - x}{\frac{3}{4}H} \tag{4-23}$$

进而可求得

$$b' = b\left(1 - \frac{4x}{3H}\right) \tag{4-24}$$

将锈蚀前螺纹根部宽度 $b = 0.75P$，螺纹高度 $H = \frac{\sqrt{3}}{2}P$ 代入式（4-24）可得

$$b' = \frac{3}{4}P\left(1 - \frac{8x}{3\sqrt{3}P}\right)$$

将式（4-22）代入可得 b' 的表达式为

$$b' = \frac{3}{4}P\left[1 - \frac{64 \times \left(1 - \sqrt{\frac{98.5 - 0.2T}{98.5}}\right)}{3\sqrt{3}P}\right] \tag{4-25}$$

$2x = 5H/8$，可求得当锈蚀时间 $T = 64.5$ 年时，按照此种方法锈蚀的 M16 规格的螺栓球节点承载力几乎为 0。

综上，当锈蚀时间为 0~30 年时，按式（4-20）计算设计承载力；当锈蚀时间为 30~50 年时，应分别按照式（4-20）、式（4-21）计算设计承载力并取较小值；当锈蚀时间为 50~64 年时，按照式（4-21）计算设计承载力；当锈蚀时间大于 64 年时，M16 规格的螺栓球节点受拉承载力近似为 0。

4.4　本章小结

本章对常见圆钢管焊接空心球节点锈蚀后的承载性能进行了详细分析，并对不同规格的锈蚀后螺栓球节点进行了抗拉试验和有限元数值分析。可得出如下结论。

（1）基于自定义的 Python 程序建立了考虑点蚀腐蚀形貌的锈损圆钢管焊接空心球节点精细化数值模拟方法，同时建立了基于材料退化和基于截面削弱的锈损圆钢管焊接空心球节点简化数值模拟方法，并对这三种腐蚀模拟方法进行了简单比选。

（2）相较于目前使用的腐蚀后结构剩余承载力预测方法，用均匀腐蚀模型（模式 A）来评估高腐蚀环境下圆钢管焊接空心球节点的剩余承载力更合理和安全。单一沟槽腐蚀下，$G_c/(D/2) \leqslant 8.4\%$ 且 $T_c/t_s > 60\%$（$d/D = 0.336$）时，节点将发生破坏模式的转变，从常见的受压失稳破坏变为冲剪破坏。

（3）轴压承载力削减系数 α_c 随腐蚀深度 T_c 增加几乎呈线性减小；当 $G_c/(D/2) \leqslant 20\%$（$d/D = 0.336$）时，α_c 随 G_c 减小呈增大趋势；当 G_c 超过沟槽临界纬度时，承载力与 G_c 和临界纬度以外的节点体积损失无关。处于强度破坏条件下的节点，沟槽腐蚀外的全表面的均匀腐蚀对其承载力影响较大；腐蚀倍率 $\beta_c < 2$ 时，破坏模式将由强度破坏转变为失稳破坏且承

载力随 β_c 的增大而增大;当 $2 \leqslant \beta_c < 4$ 时,承载力稍小于单一沟槽腐蚀的承载力;当 $\beta_c \geqslant 4$ 时均匀腐蚀不再影响承载力。对于失稳破坏条件下的节点,承载力与外部均匀腐蚀无关。d/D 为定值且以 T_c/t_s 为自变量时,腐蚀对圆钢管焊接空心球节点受压承载力的影响与球径 D 和壁厚 t_s 无关;其余尺寸参数不变时,圆钢管焊接空心球节点的腐蚀后受压承载力随 d/D 的增大而增大。

（4）本章提出了基于腐蚀简化发展机制的腐蚀圆钢管焊接空心球节点的剩余轴压承载力削减系数的计算方法,并证明了其准确性。这种方法涵盖的节点尺寸范围广,且适用于均匀腐蚀、沟槽腐蚀、复合腐蚀和双向动态腐蚀条件下的服役圆钢管焊接空心球节点的可靠性预测和评估。此外,本章还建立了锈损焊接空心球节点统一的轴拉、轴压和压弯(拉弯)极限承载力实用计算方法。

（5）当螺栓球节点试件锈蚀程度不算严重时,所有试件的受拉承载力均达到承载力设计值。对于拧入指定深度的螺栓,其承载力均能满足规范规定的下限,但明显低于规定的最高承载力。

（6）本章提出了一种可有效模拟锈蚀后螺栓球节点螺栓抗拔承载力的有限元简化数值分析方法,为锈蚀后螺栓球节点承载力的预测提供了一种思路。当锈蚀时间较长时,螺栓球节点发生螺栓拔出,破坏较突然,承载力减小较多。

第5章　焊接空心球空间网格结构腐蚀后力学性能评估方法

5.1　引言

空间网格结构起步于 20 世纪 50 年代。目前,许多空间网格结构已进入服役中后期,腐蚀威胁加剧。因此有必要对锈损空间网格结构剩余力学性能进行分析,以准确评估结构的腐蚀损伤和安全性能,从而为在役空间网格结构的修复和加固提供依据。由于空间网格结构体量庞大、服役周期长、服役环境复杂,采用试验研究方法对锈损空间网格结构整体受力性能进行分析成本较高、难度较大。因此,采用有限元数值模拟与理论分析相结合的研究方法更为理想。

本章对整体的锈损焊接球空间网格结构进行剩余承载性能的研究,提出了基于 ABAQUS Python 二次开发的空间网格结构锈损全过程数值模拟方法,构建了基于 ABAQUS 软件的锈损整体结构的剩余性能分析的标准化流程,并在此基础上对典型的焊接空心球节点连接的空间网格结构进行参数化分析,研究了锈损程度、锈损位置、随机锈蚀、焊接空心球节点刚度、截面尺寸、结构矢跨比、结构跨度等因素对结构整体稳定性和结构弹塑性极限承载力的影响,提出了锈损典型空间网格结构的弹塑性稳定承载力的简化计算方法,提出了几种空间网格结构锈损情况采集和处理方法并最终建立了适用于空间网格结构的锈损在役结构安全性能评估方法。

5.2　锈损空间网格结构数值分析方法

对焊接空心球空间网格结构进行锈蚀后的各项剩余承载性能的研究,首先要建立恰当的数值分析模型。可以将数值分析思路大致分为三个部分:

（1）基于 ABAQUS 建立空间网格结构的整体模型;

（2）考虑焊接空心球节点的尺寸和刚度的建模方法;

（3）进一步考虑添加锈蚀的模拟方法。

5.2.1　空间网格结构整体模型的构建

空间网格结构分为网架结构与网壳结构。网架结构可采用双层或多层形式;网壳结构可采用单层或双层形式,也可采用局部双层形式。相比于网架结构,网壳结构的受力形式更为复杂,更容易失稳且对局部缺陷更为敏感。根据形状,可以把网壳结构分为球面网壳、柱面网壳、双曲面网壳等。其中,球面网壳又称穹顶,是目前最常用的形式之一。按照网格划分方式,网壳主要有以下几种形式:肋环型球面网壳、肋环斜杆型球面网壳、三向网格型球面网壳、凯威特型球面网壳等。凯威特型球面网壳(简称"凯威特网壳")是由 n 根径向杆件把球面分为 n 个对称型曲面,再由环杆和斜杆组成大小较匀称的三角形网格形成的网壳结构,它综合了旋转式划分法与均分三角形划分法的优点,网格大小匀称,内力分布均匀,是工程实际中应用最为广泛的网壳结构形式之一。此外,凯威特型球面网壳结构按照径向杆件数量又分为 K6 和 K8 型两种,其中 6 根径向杆件的 K6 型网壳应用最为广泛。

　　综合上述分析,本章以 K6 型凯威特网壳作为空间网格结构的典型代表,建立分析模型,并作为之后分析其锈蚀后力学性能和抗灾能力变化规律的基础。整体模型通过对 AB-AQUS 进行 Python 二次开发实现。模型构建流程如图 5-1 所示。连接节点采用焊接空心球节点,连接杆件采用圆钢管。

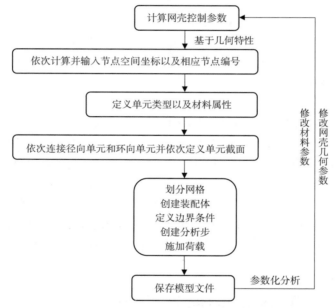

图 5-1　单层网壳 Python 参数化建模流程

5.2.2　节点半刚性模拟方法

1. 模拟方法

　　空间网格结构的连接节点常采用焊接空心球节点,杆件截面常采用圆管截面。在常规的结构分析中,通常采用两单元建模而不考虑节点体积和刚度对计算精度的影响(直接按 5.2.1 节的流程建模)。《空间网格结构技术规程》(JGJ 7—2010)建议,在网架和双层网壳结构的分析中假定节点为铰接,杆件只承受轴向力;而在单层网壳结构的分析中则假定节点为完全刚接,同时承受轴力、剪力和弯矩。然而,实际研究发现,焊接空心球节点是一种半刚性节点,进行空间网格结构分析时考虑节点半刚性和节点体积的影响是十分必要的。

　　对于如何在空间网格结构中考虑节点的半刚性,许多学者进行了深入研究。目前,常见的模拟方法主要有以下几种。

（1）刚度折减系数法。引入刚度折减系数，对钢管连接端部的连接刚度进行折减，考虑节点的半刚性。这种方法的优点是没有在原计算模型中增加单元，可以较为简便地考虑节点的半刚性效应，缺点是没有考虑到节点体积的影响。

（2）建立节点刚域，使用弹簧单元连接。该方法可以同时考虑节点绕强轴及弱轴两个方向的弯曲刚度、扭转刚度以及节点刚度随转角位移的变化，计算量小，但是建模过程较为复杂。

（3）等效短杆法。在钢管两端依据焊接球节点直径划分相同长度的短杆，通过节点刚度与短杆刚度等效原则设定短杆截面面积与惯性矩，从而考虑节点的半刚性。这种方法不仅可以同时考虑节点刚度和体积的影响，还可以直观地进行后续节点腐蚀损伤的添加和模拟。

（4）多尺度建模方法。该方法采用实体单元建立节点，能真实地反映节点处的力学性能，但是建模过程十分复杂，计算量很大。

2. 等效短杆法

综合比较上述方法，最终本章选择等效短杆法来考虑焊接空心球节点尺寸和刚度的影响，其简化计算模型如图 5-2 所示。

图 5-2　焊接空心球节点的简化计算模型

在杆件两端取与焊接空心球半径等长的短杆来代替焊接空心球节点，短杆截面形式采用圆管截面。K_{Ni} 和 K_{Mi} 分别是节点 i 的轴向刚度和抗弯刚度；A_{ji} 和 I_{ji} 分别是节点 i 转化为短杆 i 后的短杆的截面面积和惯性矩，j 表示等效短杆截面。等效原则为转换前后短杆的轴向刚度和抗弯刚度等于相应的焊接球节点的轴向刚度和抗弯刚度。基于文献可以推导得出焊接空心球节点的轴向刚度和抗弯刚度计算公式：

$$K_{Ni} = 2\pi E\left(0.34\frac{t_{si}d_i}{D_i} + 66.8\frac{t_{si}^3 d_i}{D_i^3}\right) \tag{5-1}$$

$$K_{Mi} = 2\pi E\left(0.043\frac{t_{si}d_i^3}{D_i} + 18.6\frac{t_{si}^3 d_i^3}{D_i^3}\right) \tag{5-2}$$

式中，K_{Ni} 和 K_{Mi} 的单位分别为 N/m 和 N·m/rad；E 为钢材的弹性模量；t_{si}，d_i 和 D_i 分别为焊接球节点 i 的壁厚、钢管外径和空心球外径。

将假定短杆的轴向线刚度和弯曲线刚度分别与实际焊接空心球节点的上述轴向刚度和抗弯刚度等效，见式（5-3）和式（5-4），则可得到假定短杆的截面面积和截面惯性矩与实际球节点刚度的关系（式（5-5）和式（5-6））。

$$\frac{EA_{ji}}{D_i/2} = K_{Ni} \tag{5-3}$$

$$\frac{EI_{ji}}{D_i / 2} = K_{Mi} \tag{5-4}$$

$$A_{ji} = \frac{K_{Ni}D_i}{2E} \tag{5-5}$$

$$I_{ji} = \frac{K_{Mi}D_i}{2E} \tag{5-6}$$

假设短杆 i 的外径和内径分别为 D_{ji} 和 d_{ji},则可以将式(5-5)和式(5-6)转化为式(5-7)和式(5-8)。然后联立式(5-7)和式(5-8),可以求得等效短杆所需的外径和内径的值。

$$A_{ji} = \frac{\pi(D_{ji}^2 - d_{ji}^2)}{4} = \frac{K_{Ni}D_i}{2E} \tag{5-7}$$

$$I_{ji} = \frac{\pi(D_{ji}^4 - d_{ji}^4)}{64} = \frac{K_{Mi}D_i}{2E} \tag{5-8}$$

因此,只要已知空间网格结构上任意焊接空心球节点 i 的实际尺寸数据,就能快速地得到将它等效为短杆后的简化模型的尺寸。然后通过修改 5.2.1 节网壳整体模型的 Python 命令流,可将直接刚接的长杆(圆钢管)两端的坐标沿着杆件方向回缩,回缩长度为焊接球节点的半径,从而预留出短杆的位置。最后再编写构建短杆的命令,并在短杆之间、短杆与长杆之间建立连接。最终实现在空间网格结构的整体模型中考虑焊接空心球节点的尺寸和刚度。

3. 多尺度建模法

联系本书第 4 章对焊接空心球节点各种锈蚀后数值模拟方法的分析探讨,值得一提的是,多尺度建模方法虽然因其巨大的计算量很难被用于参数化分析,但是其同样可以基于 Python 语言对 ABAQUS 的二次开发实现参数化建模过程。并且它与等效短杆法一样,可以直观地进行后续节点腐蚀损伤的添加和模拟,甚至可以基于节点腐蚀表面的真实形貌进行更为精细和仿真的腐蚀模拟。在不考虑计算成本的前提下,这是一种更为精确的锈损空间网格结构数值分析方法。

它的具体建模过程可以概述为:

(1)与等效短杆类似,将直接刚接的长杆两端的坐标沿着杆件方向回缩,预留出实体节点的位置;

(2)建立包含真实腐蚀形貌或者简化腐蚀形貌的 3D 实体焊接空心球节点模型;

(3)然后再依据网格结构连接处的空间三维坐标将实体节点依次平移到结构的预留位置;

(4)将不同尺度的单元通过 MPC-BEAM 约束连接。

注意,第(2)步中在焊接空心球节点实体模型上通过自定义 Python 程序的腐蚀表面仿真模拟方法在 4.2 节已经详细描述和分析,此处不再赘述。

5.2.3　锈蚀模拟方法

基于第 4 章对节点的数值模拟思路,对于在结构中添加锈蚀作用,同样从材料退化和截面削弱两个方面考虑。而基于截面削弱的锈蚀模拟方法又分为基于表面真实腐蚀形貌的精细化模拟方法和基于等效均匀腐蚀深度的简化腐蚀模拟方法。

基于材料退化的模拟方法可以通过直接改变命令流中的材料属性实现,操作过程最为简单。但材料本构层面上仍然缺乏关于腐蚀时间、不同环境甚至是不同材料的足够数据,这还需要更长腐蚀时间、更多种类腐蚀环境和材料试件的不断积累,并且材料退化模型一般是由大量数据之下的平均值拟合而成,对材料属性的更改也是批量的,很难直观反映空间网格结构真实发生的随机腐蚀。

基于表面真实腐蚀形貌的精细化模拟方法可以通过与多尺度建模方法相结合实现,这是理论上最仿真的锈蚀添加方法。但本书研究和文献研究分别发现,焊接空心球节点和圆钢管表面锈蚀形貌对连接节点和杆件力学行为的影响并不大,节点和杆件在实际服役过程中的剩余性能主要还是由等效均匀腐蚀深度控制。因此,基于表面真实腐蚀形貌的精细化模拟方法对应的庞大的计算量和其所能获得的微薄的效果并不成正比。它可以作为一种补充拓展以及未来用于一些极复杂工程的针对性研究,本书不对其进行详细阐述和大量参数化分析。

相较之下,基于等效均匀腐蚀深度的简化腐蚀模拟方法在计算精度、操作程序、直观表征上具有综合优势。本书后续章节的研究也主要是通过这种方法与等效短杆法来实现锈蚀添加的。根据工程中常见的情况,可以进一步采用下述几种方法来考虑节点锈蚀对空间网格结构的影响。

（1）仅考虑节点域均匀腐蚀的结构数值模拟方法:通过等效短杆法考虑焊接球节点真实的体积和刚度,进而计算出空心球壁厚被腐蚀均匀削弱后的等效短杆。基于等效短杆计算的原理,节点域的均匀腐蚀又可分为节点域整体腐蚀(邻近节点的很小一段钢管也随之腐蚀,如图 5-3(a)所示)和仅空心球腐蚀(此时假定所有圆钢管主体部分不发生腐蚀,如图 5-3(b)所示)。注意,此处及后续章节出现节点域概念时,均指考虑与空心球相邻微段钢管尺寸后的节点等效短杆的部分。

（2）仅考虑圆钢管均匀腐蚀的结构数值模拟方法:假定所有圆钢管主体部分均发生均匀腐蚀削弱,节点域整体均未发生腐蚀,如图 5-3(c)所示。

（3）考虑全构件均匀腐蚀的结构数值模拟方法:假定结构中所有的构件,包括圆钢管主体部分和节点域整体等效的短杆均发生腐蚀,这种情况多出现于未涂防腐涂料的露天结构,也是一种理想情况,如图 5-3(d)所示。

（4）考虑全构件随机腐蚀的结构数值模拟方法:假定一个合适的区间范围,以等同于方法(3)的均匀腐蚀削弱为对应区间的中值。在给定区间内按构件总数生成有限个腐蚀削减深度,再随机分配给各个构件并按各自的腐蚀削减深度来修改截面信息。这是一种更偏于真实的未涂防腐涂料的露天结构的腐蚀情况(图 5-3(d))。

通过上述分析可知,基于等效均匀腐蚀深度的简化腐蚀模拟方法是一种间接的模拟方法。研究者需要先基于腐蚀时间、腐蚀环境或者基于实测值对等效均匀腐蚀深度甚至随机腐蚀函数进行初步判定,再写入 Python 命令进行模拟。部分等效均匀腐蚀深度和随机腐蚀函数的获取方法和实测结果在本书前 4 章进行了阐述,研究者也可以基于具体工程具体分析。因此,这种模拟方法及其衍生方法具有一定可行性和实用性。

（a）节点域整体腐蚀

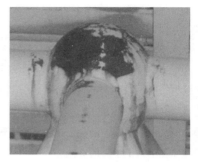

（b）仅空心球腐蚀

（c）仅圆钢管腐蚀

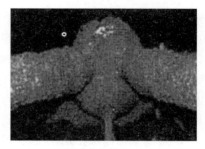

（d）全构件腐蚀

图 5-3　空间网格结构锈蚀的几种常见工况

5.3　锈损单层网壳结构静力性能分析

《空间网格结构技术规程》（JGJ 7—2010）规定："单层网壳以及厚度小于跨度 1/50 的双层网壳均应进行稳定性计算。"因此，稳定性能分析是研究网壳结构尤其是单层网壳结构在静力状态下的力学性能的关键。弹塑性稳定极限承载力是衡量锈损网壳结构整体抗力和安全性能的重要指标。这一问题按失稳的性质可分为分肢点失稳、极值点失稳、跳跃失稳。理想的弹性空间网格结构会发生分肢点失稳，具有初始缺陷的结构会发生极值点失稳或跳跃失稳。

目前对非锈蚀条件下的单层网壳结构稳定性能的研究已经比较系统和全面，研究结果表明单层网壳结构的稳定性主要与结构的初始缺陷、几何非线性、材料非线性、荷载分布、支承形式以及结构自身几何特征（跨度、矢跨比和截面尺寸）等因素有关。归纳整合相关研究成果，《空间网格结构技术规程》（JGJ 7—2010）建议网壳稳定性分析应采用基于非线性有限元计算方法的考虑双重非线性的荷载-位移全过程分析方法。

本节选择弧长法作为锈损单层网壳结构稳定性能分析的手段，基于 5.2 节的描述，在 ABAQUS 中通过编写 Python 代码建立考虑节点尺寸、刚度以及锈蚀的 K6 型凯威特单层网壳模型，并加入线性屈曲和非线性屈曲模块，对其进行静载下的力学性能以及失稳时刻的弹塑性极限承载力分析。同时，考虑腐蚀程度、截面尺寸、腐蚀分布、腐蚀对称性、跨度、矢跨比等因素的影响，对网壳进行弹塑性极限承载力的参数化分析，总结各因素对网壳结构稳定承载力的影响，并最终提出锈损单层网壳结构弹塑性稳定承载力计算公式，为锈蚀后单层球面网壳结构的安全性能评估提供科学依据。

5.3.1　锈损结构静力性能程序化分析方法

编写考虑焊接球节点尺寸、刚度以及随机腐蚀的单层网壳在静力荷载下的弹塑性极限承载力分析的 Python 程序。详细的 Python 参数化建模思路如图 5-4 所示。若考虑进行 5.2.3 节中描述的不同的腐蚀工况,只需要改变命令流中对杆件截面的赋值语句以及循环中的随机函数的作用范围即可。采用《空间网格结构技术规程》(JGJ 7—2010)中的建议将结构最低阶屈曲模态作为几何初始缺陷的形状,其初始缺陷的最大计算值可按网壳跨度的 1/300 取值。注意,若仅对锈损网壳结构进行恒定静载工况下的力学性能响应分析,只需要把图 5-4 中的 Static、Riks 分析步改为 Static、General 分析步,然后再导出相应关键部位锈蚀后的位移、应力、应变和支座反力等即可。

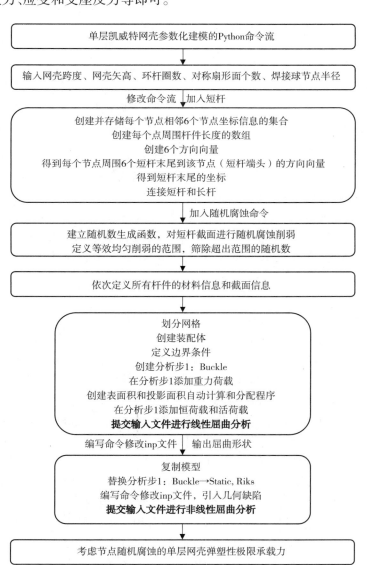

图 5-4　锈损单层网壳弹塑性极限承载力分析流程

5.3.2　有限元模型建立

1. 结构尺寸

本节研究对象为图 5-5 所示的 K6 型凯威特单层球面网壳。《空间网格结构技术规程》（JGJ 7—2010）规定，球面网壳跨度不宜大于 80 m。定义网壳跨度为 40 m，矢高为 8 m，环杆圈数为 6 圈。长杆采用圆钢管，主肋杆和环杆截面为 $\Phi 121 \times 3.5$，斜杆截面为 $\Phi 114 \times 3$，单位为 mm。焊接空心球节点直径为 300 mm，壁厚为 8 mm。结构的几何尺寸与杆件截面已由结构设计软件进行初步的验算，可以保证具有相当的承载力，正常使用情况下不会发生破坏。

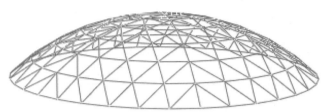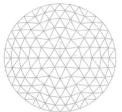

图 5-5　K6 型凯威特单层球面网壳

2. 单元类型及材料属性

在 ABAQUS 软件中构建网壳结构，根据结构与节点的受力特征可以将分析模型的单元类型分为空间杆单元类型和空间梁单元类型。考虑到单层网壳结构构件中弯矩为控制构件的主要内力，故单层网壳结构的构件通常采用空间梁单元类型。本节分析中选择同时考虑剪切变形的线性梁单元 B31，该单元适用于模拟细长梁和深梁，单元横截面特性均相同。

钢材选用在役网壳工程中常用的 Q345 钢，其腐蚀前的力学性能参考第 4 章表 4-2"结构钢的静力拉伸试验结果"，即屈服强度为 370 MPa，极限强度为 510 MPa，弹性模量为 206 GPa。

3. 荷载及边界条件

本节对球面网壳进行屈曲分析时仅考虑竖向荷载作用，不考虑风荷载、地震作用等水平荷载的影响。竖向荷载按照荷载满跨分布，考虑恒荷载和活荷载两种荷载，恒荷载包括杆件自重和屋面恒荷载，杆件自重由 ABAQUS 自动计算，屋面恒荷载取为 0.5 kN/m²。参考《建筑结构荷载规范》（GB 50009—2012），活荷载取为 0.5 kN/m²。荷载组合系数依据不同的分析内容确定。根据文献对非锈蚀单层网壳的稳定性研究结果，荷载不对称分布对单层网壳的弹塑性稳定承载力影响很小。故本书的网壳模型统一采用满跨布置的荷载布置方式。且根据规范中的"一致缺陷模态法"的建议，将结构最低阶屈曲模态作为几何初始缺陷的形状，初始缺陷按网壳跨度的 1/300 取值。此外需要注意的是，因为在结构整体模型构建中简化了网壳结构的板单元，仅建立梁单元，因此需要将每一个节点域的均布荷载转化为施加在相应节点上的集中荷载。对于集中恒荷载，应该按照每个节点周围假想板单元的实际面积平均分配；对于集中活荷载，应按照每个节点周围假想板单元的投影面积平均分配。为解决这一难题，本书根据空间和平面坐标系下的海伦公式分别自定义了两段 Python 代码，实现了对每一节点域集中荷载的自动计算和分配。

单层网壳的支座一般固接在下部支承结构上,当下部支承结构具有一定刚度时,球面网壳的边界条件大多数时候应按照固接考虑。且文献也证明,除肋环斜杆型、肋环型球面网壳外,其余球面网壳结构的极限承载力对支承条件的变化不敏感,可不考虑实际约束条件与计算假设不符对承载力带来的影响。因此,本模型边界条件采用周边满布支承方式,各支座设置为三向铰接刚性支座,即约束单层网壳结构在 x、y 和 z 三个方向的平动自由度,设置 $U1=U2=U3=0$,限制节点的位移。

4. 节点尺寸和刚度

采用 5.2.2 节中所述的等效短杆法,引入焊接空心球节点的体积和刚度。根据 5.3.2 节中给定节点的实际直径、壁厚以及相连钢管直径可以计算出本模型所需的两种等效短杆的内径和外径,并通过修改 Python 脚本对不同短杆截面分别赋值(依据 5.3.2 节中节点和杆件的尺寸参数可计算出两种等效短杆的截面分别为 $\Phi133.21 \times 2.88$ 和 $\Phi125.67 \times 2.88$)。图 5-6 为引入等效短杆后有限元模型的杆端节点域。

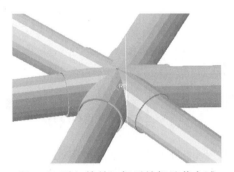

图 5-6 引入等效短杆后的杆端节点域

5. 网格划分

对上述模型进行网格数量的影响分析,如图 5-7 所示。研究发现,节点部分(等效短杆)网格划分对结构整体承载性能影响不大;圆钢管部分(长杆)网格划分对结构影响很大,且随着网格数量增加,结构的弹塑性极限承载力的减小速率逐渐放缓直至接近稳定。每根长杆上划分 1 个网格时的弹塑性极限承载力大约为划分 6 个网格时的 1.4 倍。

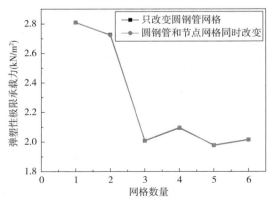

图 5-7 网格划分对弹塑性极限承载力的影响

对不同网格数量下的结构失稳模态进行分析。为方便观察,将失稳时刻结构的位移值放大 10 倍,如图 5-8 所示。观察发现,只有每个构件划分 1 个网格时,网壳失稳模态为弹塑性失稳中的提前失稳,屈曲模态表现为由中心算起第二环上各面上节点的凹陷,并逐渐连成一体,形成十分明显的环形凹槽,失稳是由主要构件屈服致使局部刚度急剧弱化而引起的。当网格数量为 2、3、4、5、6 时,网壳失稳模态为通常意义的弹塑性失稳模式,屈曲模态表现为靠近支座第二环对称区中部的斜杆中段出现凹陷,其余位置壳面保持完好,结构位移形态的转变通常发生在塑性出现之前。

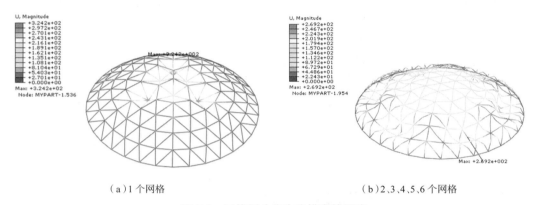

(a)1 个网格　　　　　　　　　　　(b)2、3、4、5、6 个网格

图 5-8　网格划分度失稳模态的影响

分析原因,从物理学角度来说,把杆件划分成多单元组成相当于考虑了杆件挠曲二阶效应对杆件稳定性及网壳稳定性的影响,还可以考察塑性发展沿杆长的分布。另外,从有限元软件本身来说,有限元法本质上是用有限自由度的位移场来模拟实际变形体的无限自由度体系,相当于在真实位移场上增加约束,因此将导致体系的刚度增加、位移减小。而划分网格的过程就相当于逐步解除约束,因此刚度减小、位移增大,其解答也逐渐趋于精确解。

综上所述,考虑计算结果的精确性和计算的高效性,本书在后续分析过程中,将圆钢管部分网格数量取为 6,等效短杆部分网格数量取为 1。

5.3.3　空间网格结构腐蚀后的稳定性能

按照图 5-4 的分析流程,限于本章篇幅,本节仅选取目前应用最为广泛的 K6 型凯威特网壳进行参数化分析,并着重考虑锈蚀对弹塑性稳定承载力的影响。而对于短程线型、肋环斜杆型、葵花型、肋环型、联方型等其他网壳,则可按照与本节相同的思路进行研究。

锈损空间网格结构的稳定性能参数化分析的目的主要是总结考虑了双重非线性后结构的弹塑性稳定极限承载力随着结构锈损参数、几何参数等因素的变化规律,并得出考虑锈蚀损伤后的弹塑性稳定承载力计算公式。

在锈损参数方面,基于 5.2.3 节中对考虑锈蚀的模拟方法的详细描述,可以从腐蚀程度、腐蚀位置分布和腐蚀对称性三个角度着手进行参数分析。对于腐蚀程度,为了便于得出适用范围更广的规律,在试验结果的基础上适当拓宽范围,等效均匀腐蚀深度选择 0、0.5 mm、

1.0 mm、1.5 mm、2.0 mm、2.5 mm,且以全构件均匀腐蚀为默认值。腐蚀位置分为节点域整体腐蚀、仅空心球腐蚀、仅钢管腐蚀和全构件均匀腐蚀四种情况。对于腐蚀对称性,将全构件均匀腐蚀与随机腐蚀进行对比,假定随机腐蚀的中值与全构件均匀腐蚀值相同,随机函数的下限和上限分别对应均匀腐蚀值的前一位和后一位腐蚀梯度。

几何参数则主要考虑构件的截面尺寸、网壳的跨度、矢跨比和焊接空心球节点刚度的影响。其余条件与前述章节统一,支座统一为三向铰接刚性支座,荷载统一定为满跨分布,活荷载和恒荷载均取 0.5 kN/m²,详细选取原则不再赘述。具体参数化分析方案见表 5-1。此外,对于所有球面网壳,杆件长度通常控制在 3~5 m,所以环杆圈数会随跨度而增加,且圆钢管的截面尺寸也会随着结构跨度和矢跨比的变化而改变。因此,对于每一种跨度的网壳,其对应的环杆圈数、截面尺寸、节点牌号及其对应等效短杆的尺寸需分别讨论,可参考工程中常用的规格取值,见表 5-2。

表 5-1　模型计算参数

参数	取值	默认值
腐蚀程度	0,0.5 mm,1.0 mm,1.5 mm,2.0 mm,2.5 mm	—
腐蚀位置	节点域整体腐蚀、仅空心球腐蚀、仅钢管腐蚀、全构件均匀腐蚀	全构件均匀腐蚀
腐蚀对称性	全构件随机腐蚀、全构件均匀腐蚀	全构件均匀腐蚀
截面尺寸	表 5-2 的截面①②③④	截面①
结构跨度	40 m,50 m,60 m,70 m	40 m
矢跨比	1/5,1/6,1/7,1/8	1/5
节点刚度	考虑/不考虑节点刚度	考虑节点刚度

表 5-2　K6 型凯威特网壳几何参数分配

跨度（m）	环杆圈数	截面编号	节点牌号	主肋/环杆		斜杆截面	
				长杆（mm）	等效短杆（mm）	长杆（mm）	等效短杆（mm）
40	6	①	WS3008	Φ121×3.5	Φ133.21×2.88	Φ114×3	Φ125.67×2.88
		②	WS3510	Φ133×4	Φ148.05×3.63	Φ127×3	Φ141.53×3.63
		③	WS3510	Φ140×4	Φ155.66×3.63	Φ133×4	Φ148.05×3.63
		④	WS4012	Φ146×5	Φ163.9×4.39	Φ140×6	Φ157.34×4.4
50	7	⑤	WS3510	Φ140×4	Φ155.66×3.63	Φ127×3.5	Φ141.53×3.63
60	8	⑥	WS4012	Φ146×5.5	Φ163.9×4.39	Φ133×4	Φ149.69×4.4
70	9	⑦	WS4514	Φ152×6	Φ172.01×5.16	Φ146×5	Φ165.41×5.16

1. 腐蚀程度的影响

在全构件均匀腐蚀的假定下,对五种腐蚀程度(0.5 mm、1 mm、1.5 mm、2.0 mm、2.5 mm)与非腐蚀情况进行对比。为了计算结果的普适性,同时考虑了七种构件截面形式、四种结构跨度和四种结构矢跨比，共计 60 个模型，具体参数取值见表 5-1 和表 5-2。对比不同腐蚀程度下结构的破坏模式和应力应变分布，发现结果基本一致，网壳失稳模态均为理想弹塑性失稳，屈曲模态表现为靠近支座第二环对称区中部的斜杆中段出现凹陷，其余位置壳面保持完好，结构位移形态的转变通常发生在塑性出现之前。以 40 m 跨度、1/5 矢跨比、截面①的网壳结构为例，失稳模式如图 5-9 所示。

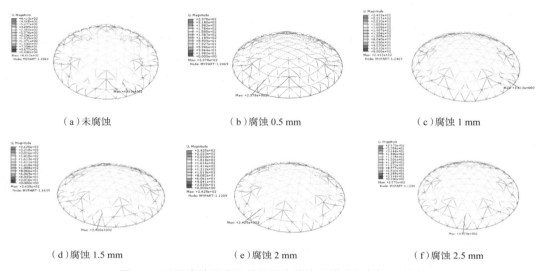

（a）未腐蚀   （b）腐蚀 0.5 mm   （c）腐蚀 1 mm

（d）腐蚀 1.5 mm   （e）腐蚀 2 mm   （f）腐蚀 2.5 mm

图 5-9   不同腐蚀程度下单层网壳的失稳模式（放大 10 倍）

定义均匀锈蚀后弹塑性极限承载力折减系数为 q_c/q_0，其中 q_c 为全构件均匀锈蚀后网壳结构的弹塑性极限承载力，q_0 为未锈蚀结构的弹塑性极限承载力。不同几何参数下结构的弹塑性极限承载力折减系数见表 5-3、表 5-4、表 5-5 和图 5-10。观察发现，网壳结构的弹塑性极限承载力折减系数随腐蚀程度的增加呈线性递减规律，这一规律与结构的构件截面、矢跨比、跨度等几何参数均无关。详细分析图 5-10 发现，相同截面尺寸下结构的弹塑性极限承载力折减系数的递减与结构矢跨比无关；但由于截面尺寸的改变，不同跨度和不同截面下的弹塑性极限承载力折减系数随腐蚀深度的变化规律有所不同。推测这是因为不同的截面尺寸导致在相同的腐蚀深度下结构构件整体的壁厚减薄率（腐蚀率）不同，导致承载力折减也有所差异。因此，参照表 5-2 的截面数据，分别以主肋杆、环杆的腐蚀率和斜杆的腐蚀率为自变量，以结构弹塑性极限承载力折减系数为因变量，绘制出图 5-11。由图 5-11 发现，当以弱截面（斜杆截面）的腐蚀率为自变量时，均匀腐蚀对结构弹塑性极限承载力折减系数的影响与截面尺寸和结构跨度均无关。也可以推断，在全构件均匀腐蚀的前提下，弱截面构件的腐蚀率是影响结构弹塑性极限承载力削弱的主导因素。这一推断也可以通过图 5-9 的结构失稳模态下最不利位移点位于斜杆上来进一步佐证。

表 5-3 不同矢跨比下的网壳弹塑性极限承载力折减系数

腐蚀深度（mm）	矢跨比=1/5		矢跨比=1/6		矢跨比=1/7		矢跨比=1/8	
	q_c	q_c/q_0	q_c	q_c/q_0	q_c	q_c/q_0	q_c	q_c/q_0
0	2.015	1.000	1.907	1.000	1.753	1.000	5.318	1.000
0.5	1.691	0.839	1.592	0.835	1.465	0.836	4.461	0.839
1.0	1.366	0.678	1.293	0.678	1.187	0.677	3.601	0.677
1.5	1.039	0.516	0.984	0.516	0.908	0.518	2.737	0.515
2.0	0.712	0.353	0.675	0.354	0.620	0.354	1.868	0.351
2.5	0.381	0.189	0.364	0.191	0.338	0.193	0.987	0.186

表 5-4 不同跨度下的网壳弹塑性极限承载力折减系数

腐蚀深度（mm）	跨度=40 m		跨度=50 m		跨度=60 m		跨度=70 m	
	q_c	q_c/q_0	q_c	q_c/q_0	q_c	q_c/q_0	q_c	q_c/q_0
0	2.015	1.000	2.052	1.000	1.938	1.000	2.389	1.000
0.5	1.691	0.839	1.777	0.866	1.709	0.882	2.164	0.906
1.0	1.366	0.678	1.491	0.727	1.480	0.764	1.935	0.810
1.5	1.039	0.516	1.204	0.587	1.246	0.643	1.709	0.715
2.0	0.712	0.353	0.918	0.447	1.016	0.524	1.477	0.618
2.5	0.381	0.189	0.625	0.305	0.778	0.401	1.246	0.521

表 5-5 不同截面下的网壳弹塑性极限承载力折减系数

腐蚀深度（mm）	截面①		截面②		截面③		截面④	
	q_c	q_c/q_0	q_c	q_c/q_0	q_c	q_c/q_0	q_c	q_c/q_0
0	2.015	1.000	2.643	1.000	3.626	1.000	5.333	1.000
0.5	1.691	0.839	2.231	0.844	3.190	0.880	4.894	0.918
1.0	1.366	0.678	1.816	0.687	2.750	0.758	4.432	0.831
1.5	1.039	0.516	1.397	0.528	2.306	0.636	3.941	0.739
2.0	0.712	0.353	0.979	0.370	1.857	0.512	3.441	0.645
2.5	0.381	0.189	0.553	0.209	1.403	0.387	2.922	0.548

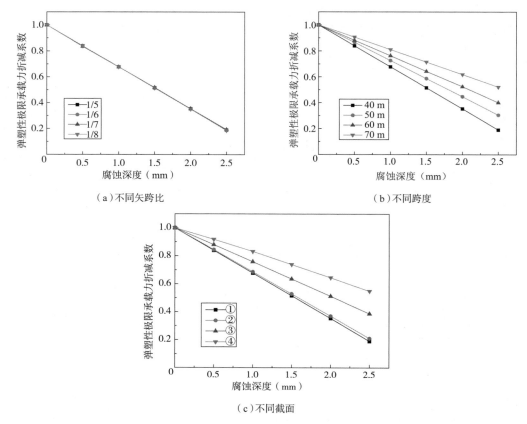

（a）不同矢跨比

（b）不同跨度

（c）不同截面

图 5-10　均匀腐蚀深度对弹塑性极限承载力折减系数的影响

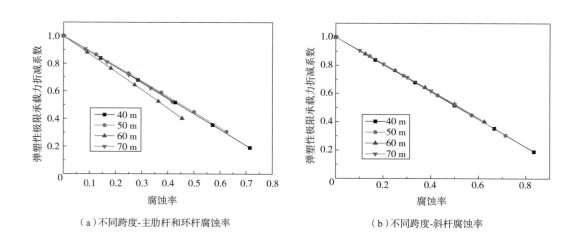

（a）不同跨度-主肋杆和环杆腐蚀率

（b）不同跨度-斜杆腐蚀率

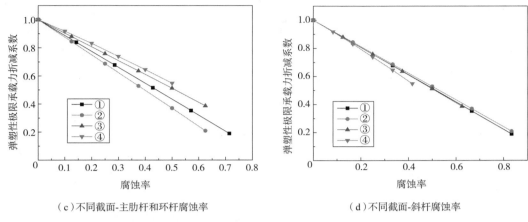

（c）不同截面-主肋杆和环杆腐蚀率　　　　　　　（d）不同截面-斜杆腐蚀率

图 5-11　腐蚀率对弹塑性极限承载力折减系数的影响

2. 腐蚀位置的影响

以 40 m 跨度、1/5 矢跨比、截面①的网壳结构为例，进行有限元分析。对比不同腐蚀位置下单层球面网壳结构的失稳模态，发现结果与前面基本一致，失稳模态不随腐蚀位置的改变而改变，表现为靠近支座第二环对称区中部的斜杆中段出现凹陷。

定义考虑腐蚀位置因素的均匀锈蚀后弹塑性极限承载力折减系数为 $q_{c,1}/q_0$，其中 $q_{c,1}$ 为考虑腐蚀位置因素的锈蚀后网壳结构的弹塑性极限承载力，q_0 为未锈蚀结构的弹塑性极限承载力，模拟结果如表 5-6 和图 5-12 所示。分析发现，网壳结构的弹塑性极限承载力折减系数随腐蚀深度的增加呈线性递减规律，但不同的腐蚀位置呈现出不一致的腐蚀规律。节点域整体腐蚀和仅空心球腐蚀的规律相似，但节点域中与节点邻近的钢管段的腐蚀会轻微削弱节点域（等效短杆）腐蚀后的刚度，表现在图 5-12 上为仅空心球腐蚀时的折减系数降幅最小（1.42%）。仅圆钢管腐蚀和全构件均匀腐蚀的规律相似，在腐蚀深度为 2.5 mm 时弹塑性极限承载力均降低了 81.09%。且相同腐蚀深度下，仅节点部分的腐蚀对结构极限承载力的影响远小于钢管腐蚀对结构极限承载力的影响。推测这可能是因为相同腐蚀深度对节点壁厚和钢管壁厚的削弱程度（腐蚀率）不同。因此，基于前面的分析结果，对于仅钢管腐蚀和全构件均匀腐蚀的情况，取斜杆（弱截面杆）的壁厚损失率为自变量；对于节点域整体腐蚀和仅空心球腐蚀的情况，取节点（WS3008）的壁厚损失率为自变量，以结构弹塑性极限承载力折减系数为因变量，绘制出图 5-13。在厚度损失率 80% 左右范围内，随着厚度损失率增加，仅钢管腐蚀和全构件均匀腐蚀情况的结构极限承载力随弱杆腐蚀率增加而线性下降；仅节点腐蚀情况的结构极限承载力随节点腐蚀率增加而非线性下降，下降速度逐渐加快（若以弱杆腐蚀率为自变量，则仅节点腐蚀情况下结构的极限承载力也是线性递减）。但总的来说，腐蚀率低于 80% 时，仅空心球腐蚀的情况对弹塑性极限承载力的影响仍然远小于仅钢管腐蚀和全构件均匀腐蚀的情况。当球节点壁厚取 1.5 倍杆壁厚以上时，才可按刚接节点考虑，否则刚接于节点的梁单元计算模型将高估网壳的极限荷载和结构刚度。通过图 5-13 发现，当节点壁厚损失率高达 81.25% 时，节点壁厚与弱截面杆件壁厚的比值已经从腐蚀前的 2.7 降至 0.5，结构的弹塑性极限承载力也仅降低了 28.62%。这一结果从侧面说明，即使节点因为严重腐蚀从刚接假定转变为半刚接假定,对网壳结构承载能力的削减程度也是有限的,远不及所有长杆(圆钢管)在相同腐蚀程度下对结构的影响大。因此在对既有结构的检测、评估过程中,建议更加注意弱截面杆件的腐蚀,尤其是球管连接部分的杆件腐蚀。在进行数值模拟参数化分析时,建议取全构件均匀腐蚀的假定更偏于安全。

表 5-6   不同腐蚀位置的网壳弹塑性极限承载力折减系数

腐蚀深度 (mm)	节点域整体腐蚀		仅空心球腐蚀		仅圆钢管腐蚀		全构件均匀腐蚀	
	q_c	$q_{c,i}/q_0$	q_c	$q_{c,i}/q_0$	q_c	$q_{c,i}/q_0$	q_c	$q_{c,i}/q_0$
0	2.015	1.000	2.015	1.000	2.015	1.000	2.015	1.000
0.5	2.009	0.997	2.010	0.998	1.691	0.839	1.691	0.839
1.0	2.003	0.994	2.006	0.995	1.370	0.680	1.366	0.678
1.5	1.996	0.991	2.001	0.993	1.035	0.514	1.039	0.516
2.0	1.987	0.986	1.994	0.990	0.715	0.355	0.712	0.353
2.5	1.974	0.980	1.986	0.986	0.383	0.190	0.381	0.189

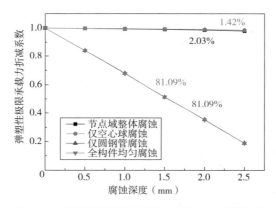

图 5-12 考虑腐蚀位置的均匀腐蚀深度对弹塑性
极限承载力折减系数的影响

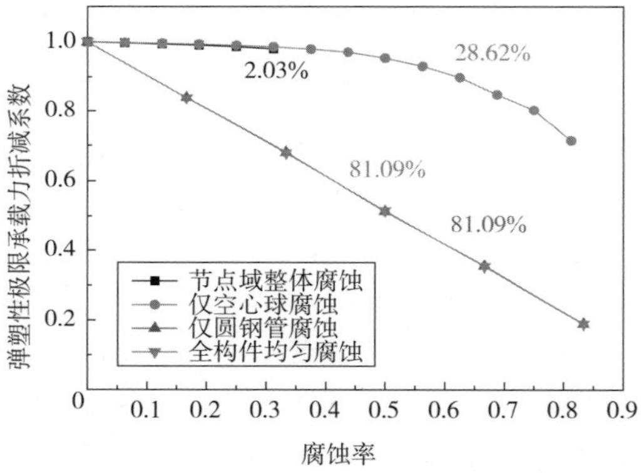

图 5-13 考虑腐蚀位置的腐蚀率对弹塑性极限
承载力折减系数的影响

3. 腐蚀对称性的影响

对于腐蚀对称性,将引入随机腐蚀函数的模型效果定义为非对称腐蚀,将全构件均匀腐蚀定义为对称腐蚀,再将二者进行对比。其中,随机腐蚀函数的中值定义为与全构件均匀腐蚀值相同,随机函数的下限和上限分别在该均匀腐蚀程度基础上 ±0.5 mm。因为随机腐蚀的每一次计算结果都略有不同,因此计算前需首先确定随机腐蚀的计算次数。参考其他文献的方法,计算次数设定为 5、10、15、20、25、30、35 和 40 次,以全构件均匀腐蚀深度 0.5 mm 为随机函数的中值,随机范围为 0~1 mm,以 40 m 跨度、1/5 矢跨比、截面①的网壳结构为例,进行随机腐蚀分布下的计算结果正态分布拟合,如图 5-14 所示。分析认为,正态分布相关参数在计算次数大于 10 后轻微改变,因此对后续所有随机腐蚀分析的计算次数均取 10。

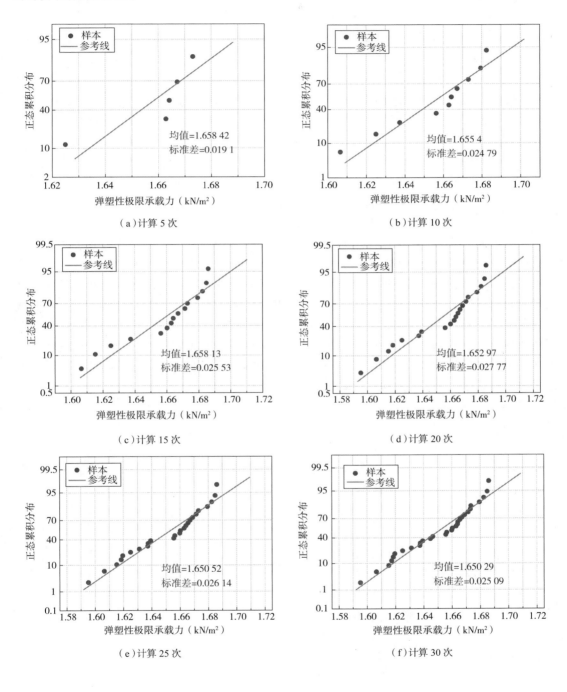

（a）计算 5 次

（b）计算 10 次

（c）计算 15 次

（d）计算 20 次

（e）计算 25 次

（f）计算 30 次

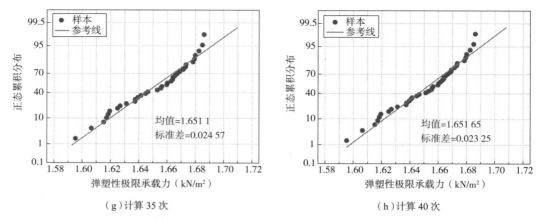

（g）计算 35 次　　　　　　　　　　（h）计算 40 次

图 5-14　计算次数对考虑随机腐蚀的结构弹塑性极限承载力的影响

　　按照计算次数为 10 次,对表 5-1 和表 5-2 中的所有截面尺寸、结构跨度和矢跨比进行随机腐蚀分析,且分析模型考虑了节点刚度和尺寸的影响,共计 400 个模型。对比结构的失稳模态,发现虽然随机腐蚀使得结构的应力分布更加不均匀,但大部分的网壳失稳模态仍然表现为靠近支座第二环对称区中部斜杆中段的凹陷,属于理想弹塑性失稳,与图 5-9 的全构件均匀腐蚀的研究结果相似,只是 6 个对称区的中部斜杆的位移和应力分布更加不均匀。对随机腐蚀结果进行正态分布拟合,如图 5-15~图 5-17 所示,观察发现,正态分布的标准差大多在 0.025 左右,最大不超过 0.046,说明结果基本可靠。取正态分布的均值作为随机腐蚀条件下网壳结构的弹塑性极限承载力,并定义为 $q_{c,r}$。

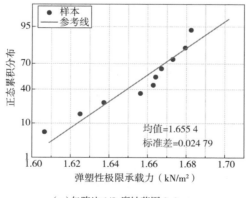

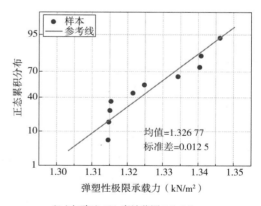

（a）矢跨比 1/5,腐蚀范围 0~1 mm　　　　　　　（b）矢跨比 1/5,腐蚀范围 0.5~1.5 mm

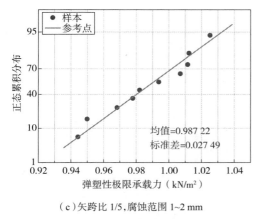

（c）矢跨比 1/5, 腐蚀范围 1~2 mm

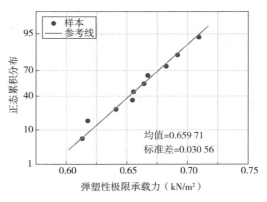

（d）矢跨比 1/5, 腐蚀范围 1.5~2.5 mm

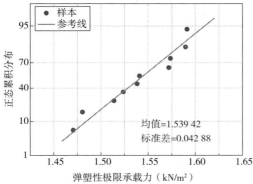

（e）矢跨比 1/6, 腐蚀范围 0~1 mm

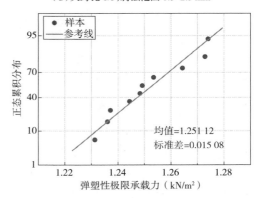

（f）矢跨比 1/6, 腐蚀范围 0.5~1.5 mm

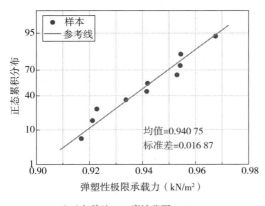

（g）矢跨比 1/6, 腐蚀范围 1~2 mm

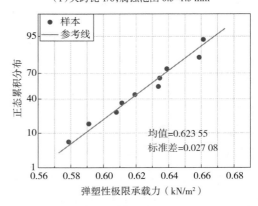

（h）矢跨比 1/6, 腐蚀范围 1.5~2.5 mm

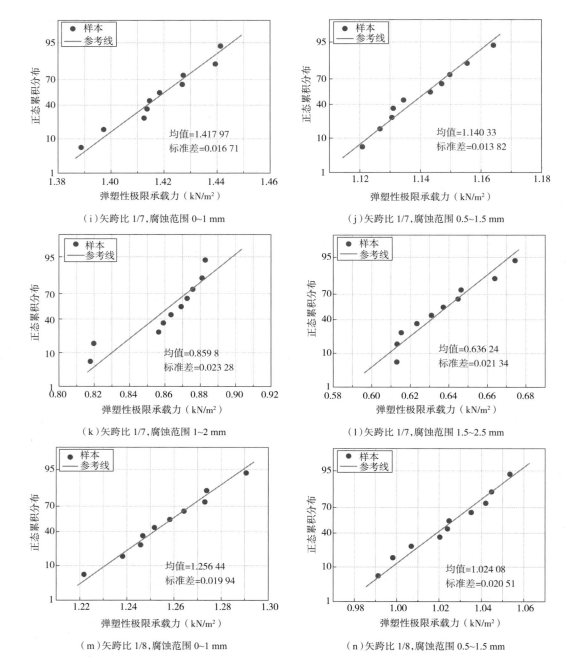

（i）矢跨比 1/7,腐蚀范围 0~1 mm

（j）矢跨比 1/7,腐蚀范围 0.5~1.5 mm

（k）矢跨比 1/7,腐蚀范围 1~2 mm

（l）矢跨比 1/7,腐蚀范围 1.5~2.5 mm

（m）矢跨比 1/8,腐蚀范围 0~1 mm

（n）矢跨比 1/8,腐蚀范围 0.5~1.5 mm

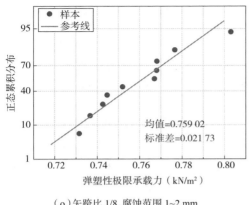

（o）矢跨比 1/8,腐蚀范围 1~2 mm

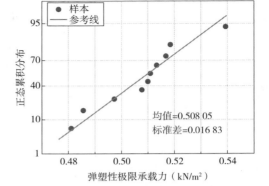

（p）矢跨比 1/8,腐蚀范围 1.5~2.5 mm

图 5-15　随机腐蚀下的结构弹塑性极限承载力-不同矢跨比

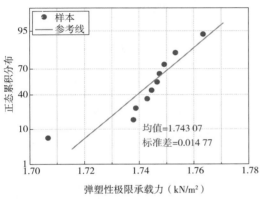

（a）跨度 50 m,腐蚀范围 0~1 mm

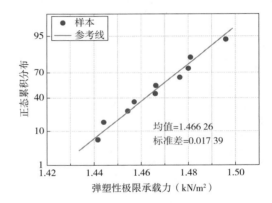

（b）跨度 50 m,腐蚀范围 0.5~1.5 mm

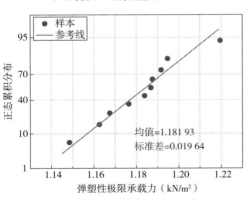

（c）跨度 50 m,腐蚀范围 1~2 mm

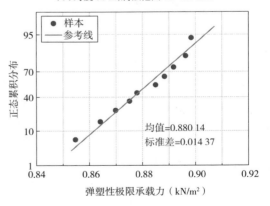

（d）跨度 50 m,腐蚀范围 1.5~2.5 mm

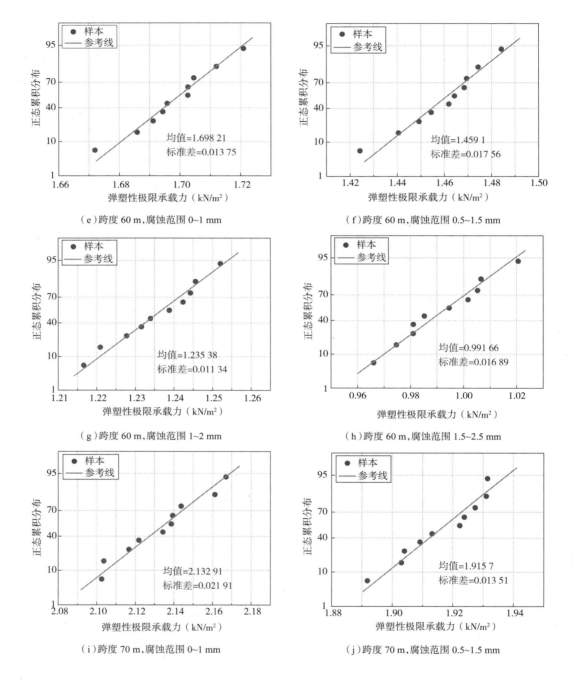

（e）跨度 60 m，腐蚀范围 0~1 mm

（f）跨度 60 m，腐蚀范围 0.5~1.5 mm

（g）跨度 60 m，腐蚀范围 1~2 mm

（h）跨度 60 m，腐蚀范围 1.5~2.5 mm

（i）跨度 70 m，腐蚀范围 0~1 mm

（j）跨度 70 m，腐蚀范围 0.5~1.5 mm

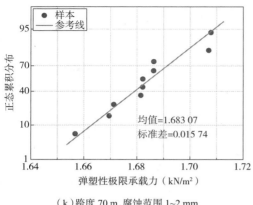

(k)跨度 70 m,腐蚀范围 1~2 mm

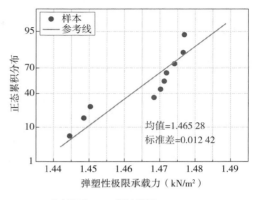

(l)跨度 70 m,腐蚀范围 1.5~2.5 mm

图 5-16　随机腐蚀下的结构弹塑性极限承载力-不同跨度

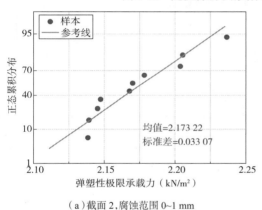

(a)截面 2,腐蚀范围 0~1 mm

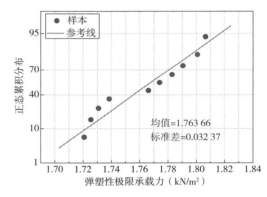

(b)截面 2,腐蚀范围 0.5~1.5 mm

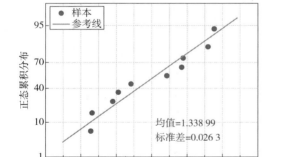

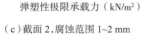

(c)截面 2,腐蚀范围 1~2 mm

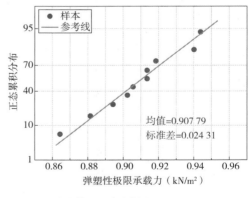

(d)截面 2,腐蚀范围 1.5~2.5 mm

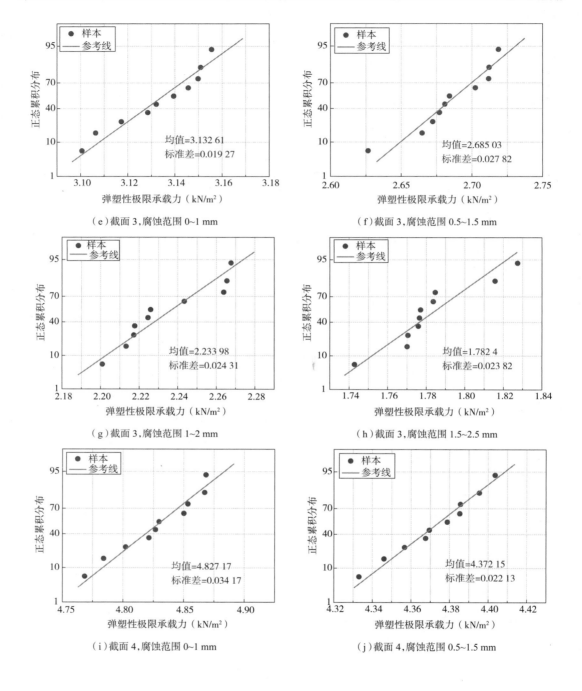

（e）截面 3,腐蚀范围 0~1 mm

（f）截面 3,腐蚀范围 0.5~1.5 mm

（g）截面 3,腐蚀范围 1~2 mm

（h）截面 3,腐蚀范围 1.5~2.5 mm

（i）截面 4,腐蚀范围 0~1 mm

（j）截面 4,腐蚀范围 0.5~1.5 mm

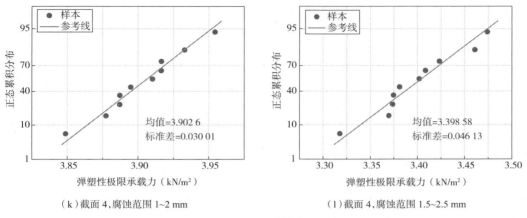

（k）截面 4，腐蚀范围 1~2 mm　　　　　　　　（l）截面 4，腐蚀范围 1.5~2.5 mm

图 5-17　随机腐蚀下的结构弹塑性极限承载力-不同截面

考虑随机腐蚀造成的不对称性对锈蚀后结构弹塑性极限承载力的影响，定义随机腐蚀折减系数为 $q_{c,r}/q_c$。q_c 为腐蚀区间的中值对应的全构件均匀腐蚀计算结果。将模拟结果汇总至表 5-7~表 5-9。为直观说明随机腐蚀的影响，以腐蚀区间的中值为自变量，绘制出随机腐蚀折减系数的变化曲线（图 5-18）。观察发现，除极个别点外，随机腐蚀折减系数随腐蚀程度增加呈递减趋势。相同腐蚀程度下，随机腐蚀折减系数基本随矢跨比的减小而减小，随结构跨度的减小而减小，随截面尺寸的减小而减小。但因为腐蚀的随机性，上述规律存在个别点的波动，只能用趋势表述。且随着腐蚀程度增大，随机腐蚀折减系数在其他几何参数的影响下分布越发离散。为消除腐蚀深度对截面尺寸的影响，基于 5.3.4 节第 1 部分的结论，将图 5-18（b）和（c）的自变量改为弱截面杆件的壁厚折减率（腐蚀率），如图 5-19 所示。由图发现，随机腐蚀对结构弹塑性极限承载力的影响与截面尺寸和结构跨度仍然相关，与图 5-18 所述规律一致。因此最终得出，随机腐蚀对结构承载力的折减会随着结构矢跨比、结构跨度和截面尺寸减小而呈减小趋势。

表 5-7　不同矢跨比下的网壳随机腐蚀折减系数

腐蚀区间 （mm）	矢跨比=1/5		矢跨比=1/6		矢跨比=1/7		矢跨比=1/8	
	$q_{c,r}$	$q_{c,r}/q_c$	$q_{c,r}$	$q_{c,r}/q_c$	$q_{c,r}$	$q_{c,r}/q_c$	$q_{c,r}$	$q_{c,r}/q_c$
0	2.015	1.000	1.907	1.000	1.753	1.000	1.566	1.000
0~1	1.655	0.979	1.539	0.967	1.418	0.968	1.256	0.955
0.5~1.5	1.327	0.971	1.251	0.967	1.140	0.961	1.024	0.962
1~2	0.987	0.950	0.941	0.956	0.860	0.947	0.759	0.929
1.5~2.5	0.660	0.927	0.624	0.924	0.636	1.025	0.508	0.901

表 5-8　不同跨度下的网壳随机腐蚀折减系数

腐蚀区间 (mm)	跨度=40 m		跨度=50 m		跨度=60 m		跨度=70 m	
	$q_{c,r}$	$q_{c,r}/q_c$	$q_{c,r}$	$q_{c,r}/q_c$	$q_{c,r}$	$q_{c,r}/q_c$	$q_{c,r}$	$q_{c,r}/q_c$
0	2.015	1.000	2.643	1.000	3.626	1.000	5.333	1.000
0~1	1.655	0.979	2.173	0.974	3.133	0.982	4.827	0.986
0.5~1.5	1.327	0.971	1.764	0.971	2.685	0.976	4.372	0.986
1~2	0.987	0.950	1.339	0.959	2.234	0.969	3.903	0.990
1.5~2.5	0.660	0.927	0.908	0.927	1.782	0.960	3.399	0.988

表 5-9　不同截面下的网壳随机腐蚀折减系数

腐蚀区间 (mm)	截面①		截面②		截面③		截面④	
	$q_{c,r}$	$q_{c,r}/q_c$	$q_{c,r}$	$q_{c,r}/q_c$	$q_{c,r}$	$q_{c,r}/q_c$	$q_{c,r}$	$q_{c,r}/q_c$
0	2.015	1.000	2.052	1.000	1.938	1.000	2.389	1.000
0~1	1.655	0.979	1.743	0.981	1.698	0.994	2.133	0.985
0.5~1.5	1.327	0.971	1.466	0.983	1.459	0.986	1.916	0.990
1~2	0.987	0.950	1.182	0.981	1.235	0.991	1.683	0.985
1.5~2.5	0.660	0.927	0.880	0.959	0.992	0.976	1.465	0.992

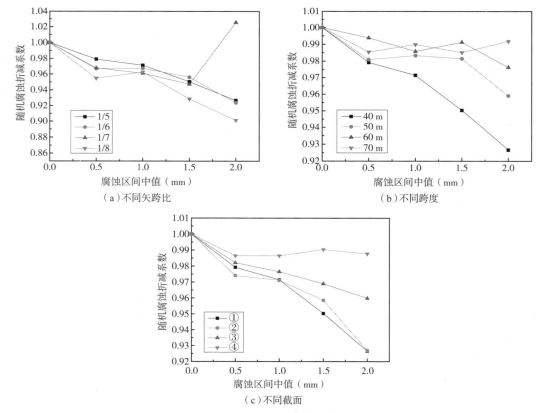

（a）不同矢跨比　　（b）不同跨度

（c）不同截面

图 5-18　影响随机腐蚀折减系数的因素

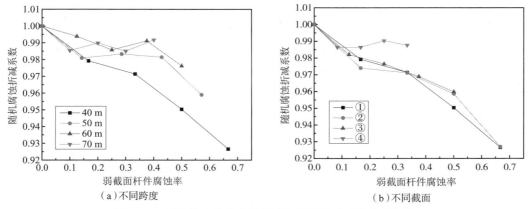

图 5-19　以腐蚀率为自变量的随机腐蚀折减系数变化规律

上述结论与 5.3.4 节第 1 部分全构件均匀腐蚀所得到的结论不同。因为全构件均匀腐蚀在相同弱截面杆壁厚腐蚀率的条件下,其弹塑性极限承载力折减系数与结构矢跨比、结构跨度和截面尺寸均无关,因此在实际工程中可以直接将腐蚀后的结构按一个"新结构"进行计算,"新结构"的各个杆件和节点尺寸直接取全构件均匀腐蚀后的尺寸,腐蚀后的既有结构评估问题可简化为已知截面尺寸和类型的"新结构"的设计问题。但在全构件均匀腐蚀的基础上,考虑随机腐蚀的影响时却不能忽略结构矢跨比、结构跨度和截面尺寸的影响。因此在实际工程中为方便应用,本书将所有随机腐蚀折减系数进行汇总,如图 5-20 所示。基于所有参数化分析结果,求出在 40~70 m 跨度、1/8~1/5 矢跨比、常用构件截面和腐蚀区间 0~2.5 mm 范围内的 K6 型凯威特网壳结构的随机腐蚀折减系数的均值(0.969 07)和方差(0.000 559 795 6),并按 95%保证率进行考虑,最终求得工程建议随机腐蚀折减系数 $\alpha_{c,r}$ (式(5-9))。或者,偏于安全地考虑,取本节所有数据结果的最小值(0.901)作为工程安全随机腐蚀折减系数 $\alpha_{c,r}$。

$$\alpha_{c,r} = \overline{\left(\frac{q_{c,r}}{q_c}\right)} - 1.645\delta_{(q_{c,r}/q_c)} = 0.968 \tag{5-9}$$

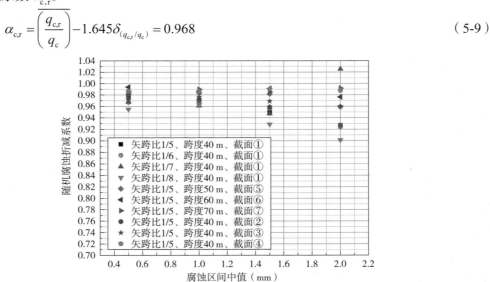

图 5-20　K6 型凯威特网壳随机腐蚀折减系数汇总

4. 结构几何参数的影响

前文在研究各种锈损参数对网壳结构弹塑性极限承载力的影响时,针对不同矢跨比、跨度和截面尺寸的有限元模型进行了计算分析,具体计算结果见表 5-3~表 5-5 以及表 5-7~表 5-9。为了更直观地表明网壳几何参数的影响,图 5-21~图 5-23 分别绘出了矢跨比、跨度和截面对网壳结构弹塑性极限承载力折减系数 q_c/q_0 和随机腐蚀折减系数 $q_{c,r}/q_c$ 的影响。

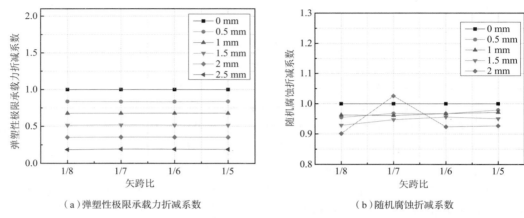

（a）弹塑性极限承载力折减系数　　　　（b）随机腐蚀折减系数

图 5-21　矢跨比对锈损网壳承载性能折减系数的影响

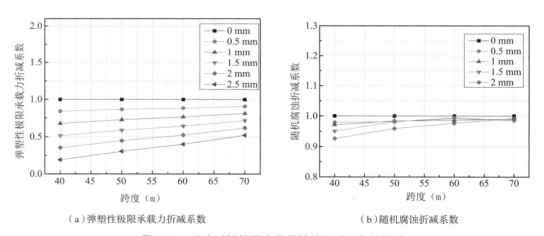

（a）弹塑性极限承载力折减系数　　　　（b）随机腐蚀折减系数

图 5-22　跨度对锈损网壳承载性能折减系数的影响

从图 5-21~图 5-23 可以看出,当腐蚀程度一定时,q_c/q_0 随网壳矢跨比的改变几乎不变;但因为截面损失率的改变,在相同腐蚀深度下 q_c/q_0 会随着结构跨度或者截面尺寸的增大而增大,5.3.4 节第 1 部分对此进行了更详细的分析,此处不再赘述。对于 $q_{c,r}/q_c$,在相同腐蚀程度下,其与结构矢跨比、跨度和截面尺寸呈递增趋势。但与 q_c/q_0 相比,$q_{c,r}/q_c$ 的波动幅度较大,同时变化幅度较小,因此再次表明可以通过 5.3.4 节第 3 部分的概率统计方法来考虑 $q_{c,r}/q_c$ 对网壳结构弹塑性极限承载力的影响。

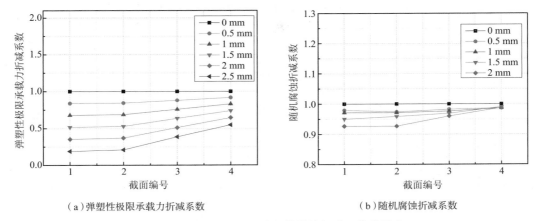

（a）弹塑性极限承载力折减系数　　　　　　（b）随机腐蚀折减系数

图 5-23　截面对锈损网壳承载性能折减系数的影响

5. 节点刚度的影响

前述计算模型都是基于 5.2.2 节的等效短杆法建立的，即在模型计算过程中考虑了焊接空心球节点的尺寸和刚度。为研究节点刚度对锈损网壳结构弹塑性极限承载力的影响，分别对 5.3.4 节第 1 部分中所有模型进行不考虑节点体积和刚度的有限元分析，共计 60 个模型。结果发现，结构的失稳模态不因是否考虑节点体积和刚度而改变，均表现为靠近支座第二环对称区中部的斜杆中段出现凹陷。定义不考虑节点体积和刚度的模型全构件均匀锈蚀后的弹塑性极限承载力为 $q_{c,G}$；考虑节点体积和刚度的全构件均匀锈蚀后的弹塑性极限承载力与上文一致，仍然定义为 q_c；定义节点刚度影响系数为 $a_J=q_c/q_{c,G}$。不同几何参数下，不考虑节点体积和刚度的弹塑性极限承载力和节点刚度影响系数见表 5-10~表 5-12 和图 5-24。观察发现，不同矢跨比、跨度和截面尺寸下节点刚度和体积对结构弹塑性极限承载力的影响不会超过 3%，节点刚度影响系数 $q_c/q_{c,G}$ 在 1.000~1.027 之间。此外，节点刚度影响系数随着腐蚀程度的增加呈现逐渐增大的趋势；腐蚀程度越大，节点刚度影响系数分布越离散；并且在相同腐蚀程度下，未发现节点刚度影响系数与结构各项几何参数之间存在明显的相关性。推测这是因为考虑与不考虑节点的杆件连接处的截面削弱程度的差距会随着腐蚀程度增加而逐渐拉大，因此节点刚度影响系数逐渐加大。而网壳结构的失稳过程是一个内力不断重分布的过程，不同腐蚀程度可能造就了不同的最接近受力最优结构的有限元模型，因此节点刚度影响系数与几何参数无明显相关性。

综上所述，当对分析精度要求不是特别高时，可以不考虑焊接空心球节点的体积和刚度而偏保守地采用梁单元模型直接分析计算。但若要精细化考虑节点的影响，可以将相同腐蚀程度下的不同几何参数所得节点刚度影响系数取平均值，再按照腐蚀深度对自变量进行多项式拟合，拟合过程如图 5-25 所示，拟合结果见式（5-10），$R^2=0.998$，拟合效果良好。式中，d_c 为全构件等效均匀腐蚀深度。

表 5-10　不同矢跨比下节点刚度对结构弹塑性极限承载力的影响

腐蚀深度（mm）	矢跨比=1/5		矢跨比=1/6		矢跨比=1/7		矢跨比=1/8	
	$q_{c,G}$	$q_c/q_{c,G}$	$q_{c,G}$	$q_c/q_{c,G}$	$q_{c,G}$	$q_c/q_{c,G}$	$q_{c,G}$	$q_c/q_{c,G}$
0	2.006	1.004	1.899	1.004	1.743	1.006	1.551	1.010
0.5	1.682	1.005	1.592	1.000	1.455	1.007	1.304	1.009
1.0	1.356	1.007	1.284	1.007	1.174	1.011	1.053	1.010
1.5	1.023	1.016	0.973	1.012	0.896	1.013	0.804	1.017
2.0	0.702	1.015	0.665	1.015	0.611	1.015	0.551	1.023
2.5	0.374	1.020	0.356	1.023	0.329	1.027	0.300	1.021

表 5-11　不同跨度下节点刚度对结构弹塑性极限承载力的影响

腐蚀深度（mm）	跨度=40 m		跨度=50 m		跨度=60 m		跨度=70 m	
	$q_{c,G}$	$q_c/q_{c,G}$	$q_{c,G}$	$q_c/q_{c,G}$	$q_{c,G}$	$q_c/q_{c,G}$	$q_{c,G}$	$q_c/q_{c,G}$
0	2.006	1.004	2.041	1.005	1.927	1.006	2.373	1.006
0.5	1.682	1.005	1.766	1.006	1.698	1.006	2.149	1.007
1.0	1.356	1.007	1.480	1.007	1.469	1.008	1.919	1.009
1.5	1.023	1.016	1.192	1.010	1.233	1.011	1.695	1.008
2.0	0.702	1.015	0.902	1.018	1.004	1.012	1.462	1.011
2.5	0.374	1.020	0.617	1.013	0.761	1.021	1.228	1.014

表 5-12　不同截面下节点刚度对结构弹塑性极限承载力的影响

腐蚀深度（mm）	截面①		截面②		截面③		截面④	
	$q_{c,G}$	$q_c/q_{c,G}$	$q_{c,G}$	$q_c/q_{c,G}$	$q_{c,G}$	$q_c/q_{c,G}$	$q_{c,G}$	$q_c/q_{c,G}$
0	2.006	1.004	2.630	1.005	3.610	1.004	5.332	1.000
0.5	1.682	1.005	2.218	1.006	3.174	1.005	4.841	1.011
1.0	1.356	1.007	1.804	1.007	2.733	1.006	4.363	1.016
1.5	1.023	1.016	1.386	1.008	2.288	1.008	3.868	1.019
2.0	0.702	1.015	0.964	1.016	1.839	1.010	3.369	1.021
2.5	0.374	1.020	0.540	1.024	1.385	1.013	2.860	1.022

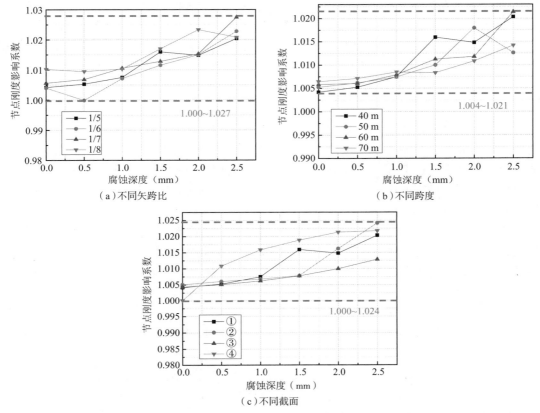

（a）不同矢跨比　　　　　　　　（b）不同跨度

（c）不同截面

图 5-24　节点刚度影响系数的变化规律

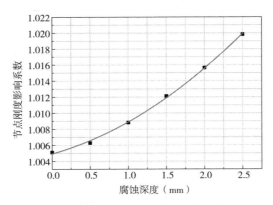

图 5-25　节点刚度影响系数的拟合

$$\frac{q_{\mathrm{c}}}{q_{\mathrm{c,G}}} = 1.004\ 93 + 0.002\ 61 d_{\mathrm{C}} + 0.001\ 36 d_{\mathrm{C}}^{2} \qquad (5\text{-}10)$$

6. 锈损单层网壳结构弹塑性极限承载力计算方法

在本节参数化分析结果和现有非锈蚀状态下空间网格结构弹塑性极限承载力计算公式

的基础上,此处拟引入锈蚀损伤和节点刚度的影响,从而得到锈损单层网壳结构弹塑性极限承载力的简化计算方法。

在不考虑节点刚度和随机腐蚀的全构件均匀腐蚀前提下,单层球面网壳结构的锈蚀后弹性极限承载力可以通过下列理论公式进行计算:

$$q_{e,c} = K_e \frac{\sqrt{B_{e,c} D_{e,c}}}{r^2} \tag{5-11}$$

式中,$q_{e,c}$为单层球面网壳结构的锈蚀后弹性极限承载力(kN/m²);$B_{e,c}$为锈损网壳的等效薄膜刚度(kN/m);$D_{e,c}$为锈损网壳的等效抗弯刚度(kN·m),分别对$B_{e,c}$和$D_{e,c}$直接取锈蚀后的截面尺寸计算构件截面面积和惯性矩,参考《空间网格结构技术规程》(JGJ 7—2010)附录 C 的公式形式进行计算;r为网壳球面的曲率半径(m);K_e是大量弹性数值计算后回归分析得到的系数,取K_e=1.05。

引入经过数千个网壳数值分析模型提出的塑性折减系数c_p,得到在不考虑节点刚度和随机腐蚀的全构件均匀腐蚀前提下,单层球面网壳结构锈蚀后弹塑性极限承载力(q_c)可以通过下列理论公式计算。

$$q_c = c_p q_{e,c} = c_p K_e \frac{\sqrt{B_{e,c} D_{e,c}}}{r^2} \tag{5-12}$$

《空间网格结构技术规程》(JGJ 7—2010)建议对网壳结构在考虑 95%保证率时,统一取c_p=0.47。

为保持现有规范的一致性和连续性,在式(5-12)中引入随机腐蚀影响系数($\alpha_{c,r}$)和节点刚度影响系数(α_J),则考虑节点刚度和随机腐蚀后的单层球面网壳结构锈蚀后弹塑性极限承载力($q_{c,r,J}$)可采用下式进行计算:

$$q_{c,r,J} = \alpha_{c,r} \alpha_J q_c = \alpha_{c,r} \alpha_J c_p K_e \frac{\sqrt{B_{e,c} D_{e,c}}}{r^2} \tag{5-13}$$

式中,$\alpha_{c,r}$参考式(5-9)(K6 型凯威特网壳,95%保证率下为 0.968)或者偏安全地取 0.9;α_J参考式(5-10)或者偏安全地取 1.0。需注意式(5-9)~式(5-12)均是采用刚性支座归纳得出的,因此式(5-13)适用于刚性支承的网壳结构。

在实际应用过程中,还需要引入安全系数 K 的概念,依据目前的网格结构技术规程,对弹塑性极限承载力而言安全系数一般取 2。即考虑节点刚度和随机腐蚀的网壳结构锈蚀后弹塑性容许承载力$[q_{c,r,J}]$按下式取值:

$$\left[q_{c,r,J} \right] \leqslant \frac{q_{c,r,J}}{K} = \frac{q_{c,r,J}}{2} \tag{5-14}$$

注意:上述计算方法因为是根据表 5-1 和表 5-2 范围内的参数进行有限元分析得到的拟合结果,因此其适用范围也限定为矢跨比为 1/8~1/5,跨度为 40~70 m,常用构件截面和腐蚀区间 0~2.5 mm 范围内的 K6 型凯威特刚性支承网壳结构。对于其他支承方式和网壳形式,需要对本章开发的 Python 程序进行调整,按本章分析思路分别提出相应的计算方法。

5.4　空间网格结构腐蚀后的安全评估方法

　　锈损是既有空间网格结构服役过程中普遍存在、难以根除而且最危险的现象之一。当既有结构与原设计预期的要求和安全使用的要求出现较大差距时,就需要对其进行检测和评估,提出合适的评价指标体系并依据损伤程度进行继续使用、加固补强、维修、局部更换、整体拆除等,以兼顾既有空间网格结构的使用寿命和使用安全。相对地,也可用安全评估方法反推设计方法,以既有锈损空间网格结构的评估经验指导在建新空间网格结构,提高结构功能,延长结构寿命。上述考虑锈蚀的空间网格结构安全性能评定总体思路可用图 5-26 所示流程图简要表示。

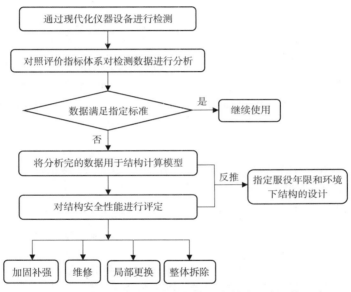

图 5-26　考虑锈蚀的空间网格结构安全性能评定总体思路

5.4.1　空间网格结构锈损情况获取方法

　　现有获取结构锈损后各项数据的方法包括破损检测和无损检测。破损检测一般只在结构发生极严重腐蚀时或者对已失效结构的失效原因进行分析时才会采用。破损检测一般是将构件直接从网格结构上拆除并对其进行力学性能试验,或者从构件中切割出部分钢材进行表面腐蚀形貌三维扫描、电镜扫描、金相分析、材性试验等。无损检测一般通过物理手段,比如基于测厚仪多点测厚、用游标卡尺量外径等,然后建立结构腐蚀后的数值模型进行剩余力学性能分析,其本质属于对网格结构中所有构件的腐蚀进行截面均匀削弱的简化(详见4.5.2 节)。

　　破损检测会对结构整体产生破坏,仅适用于结构锈蚀情况极其严重而不得不拆的情况。然而大多数情况下,我们对空间网格结构进行安全性评估是为了能使其继续可靠地服役。因此,本节在通用无损检测方法的基础上提出几种实用性和适用性均较好的空间网格结构锈损情况获取方法,为后续锈损空间网格结构安全性能评估提供技术支撑。

5.4.2　考虑多腐蚀性指标的锈损情况获取方法

本方法或基于结构服役区大气环境中的多个腐蚀性指标数据、结构自身所用钢材的化学成分以及腐蚀发展机理,或依托大气腐蚀性分级相关标准,来计算和预测结构构件的腐蚀速度、锈损程度。本方法可用于各种环境中的锈损空间网格结构的剩余承载力分析和安全性评估,具有普适性。本方法的流程具体描述如下。

(1)现场环境腐蚀性指标的采集。参考 ISO 系列标准,获取当地湿度、温度、二氧化硫沉积速率、氯离子沉积速率的测量值。以这四项环境因素的年均值对结构钢第一年的腐蚀速率进行预测:

$$r_{corr} = 1.77 P_d^{0.52} e^{0.020RH+f_{st}} + 0.102 S_d^{0.62} e^{0.032RH+0.040t} \tag{5-15}$$

式中,r_{corr} 为碳钢第一年的腐蚀速率(μm/年);P_d 为年平均二氧化硫沉积速率(mg/(m²·天));S_d 为年平均氯离子沉积速率(mg/(m²·天));RH 为年平均相对湿度(%);f_{st} 为温度系数,当年平均温度 $t \leqslant 10$ ℃时,$f_{st} = 0.150(t-10)$,其他情况下,$f_{st} = 0.054(t-10)$。

此外,ISO 规范还指出,若在氯离子丰富的海洋大气环境中,结构钢腐蚀动力学方程中的幂指数 n 还需要考虑氯离子的腐蚀作用。仅考虑海洋大气环境氯离子加强作用的指数 n 按下式计算:

$$n = 0.523 + 0.084\ 5 S_d^{0.26} \tag{5-16}$$

(2)获取结构钢的化学成分。本书第 2 章的研究表明,结构钢的化学成分直接影响金属腐蚀动力学方程中的幂指数 n,可参考规范公式:

$$n = 0.569 + \sum b_i w_i \tag{5-17}$$

式中,b_i 为第 i 个合金元素的乘数,参见表 5-13;w_i 为第 i 个合金元素的质量分数。

表 5-13　合金元素与乘数的关系

元素	b_i
C	−0.084
P	−0.490
S	+1.440
Si	−0.163
Ni	−0.066
Cr	−0.124
Cu	−0.069

(3)确定结构服役年限,对构件等效均匀腐蚀深度 d_C 进行计算。当服役周期小于 20 年时使用式(5-18),当服役周期为 20~100 年时使用式(5-19)。

$$d_C = r_{corr} t_{corr}^n \tag{5-18}$$

$$d_C = r_{corr} \left[20^n + n20^{n-1}(t_{corr} - 20) \right] \tag{5-19}$$

式中, d_c 为该腐蚀周期下的最大均匀腐蚀深度(μm); t_{corr} 为服役周期(年); n 为与低碳钢和腐蚀性环境相关的时间指数在统计分布调查中的均值, ISO 规范规定在非海洋大气环境且忽略合金元素对腐蚀行为的影响的前提下一般取 0.523。

　　当仅需要对空间网格结构的锈损程度进行初步设计时,可基于步骤(1)算得的结构钢第一年的腐蚀速率对结构服役的大气环境进行分级(表 5-14),从而获得不同等级大气腐蚀性环境中的结构钢关键腐蚀周期的最大腐蚀深度(表 5-15)。

表 5-14　暴露在不同等级大气腐蚀性环境中的结构钢第一年的腐蚀速率

腐蚀等级	C1	C2	C3	C4	C5	CX
腐蚀速率(μm/年)	≤1.3	>1.3 且≤25	>25 且≤50	>50 且≤80	>80 且≤200	>200 且≤700

表 5-15　暴露在不同等级大气腐蚀性环境中的结构钢关键腐蚀周期的最大腐蚀深度　　（μm）

腐蚀等级	服役时间					
	1 年	2 年	5 年	10 年	15 年	20 年
C1	1.3	1.9	3.0	4.3	5.4	6.2
C2	25	36	58	83	103	120
C3	50	72	116	167	206	240
C4	80	115	186	267	330	383
C5	200	287	464	667	824	958
CX	700	1 006	1 624	2 334	2 885	3 354

　　若在现有条件下步骤(1)中的现场环境腐蚀性指标的采集无法完成,则可依据对典型大气环境腐蚀性分级的定性描述对网格结构服役环境锈蚀性进行分级(表 5-16)。

表 5-16　典型大气环境腐蚀性分级的定性描述

腐蚀等级	服役环境	
	室内	室外
C1	相对湿度低、污染不明显的加热的空间,如办公室、学校、博物馆	干燥或寒冷地带,低污染和低湿度的大气环境,如某些沙漠,北极/南极洲中部
C2	温度和相对湿度变化的非加热空间,冷凝频率低,污染小,如储物间、体育馆等	①温带、低污染大气环境(SO_2 浓度<5 μg/m³),如农村、小城镇　②干燥或寒冷地带,短时间湿润的大气环境,如沙漠、亚北极地区
C3	生产过程中冷凝和污染频率适中的空间,如食品加工厂、洗衣房、啤酒厂、奶牛场	①温带、中等污染(SO_2 浓度为 5~30 μg/m³)或受氯化物影响的环境,如氯化物沉积较低的城市地区、沿海地区　②大气污染低的亚热带和热带地区

腐蚀等级	服役环境	
	室内	室外
C4	冷凝频率高、生产过程污染大的空间,如工业加工厂、游泳池等	①温带、高污染的大气环境(SO$_2$浓度 30~90 μg/m³)或受大量氯化物影响的环境,如受污染的城市地区、工业区、没有盐水喷雾的沿海地区或暴露于融冰盐的地区 ②大气中等污染的亚热带和热带地区
C5	冷凝频率很高和/或生产过程污染严重的空间,如矿山、工业洞穴、亚热带和热带地区通风不良的棚屋	温带和亚热带地区,污染非常严重的大气环境(SO$_2$浓度 90~250 μg/m³)或氯化物影响显著地区,例如工业区、沿海地区、海岸线上的遮蔽位置
CX	几乎永久凝结或长期受极端湿度影响的空间,或生产过程产生高污染的空间,例如热带地区潮湿且不通风的棚屋、室外污染物质(空气中的氯化物和腐蚀性颗粒物质等)渗透的空间	被 SO$_2$(浓度高于 250 μg/m³)或氯化物严重污染的亚热带和热带地区(高温高湿),例如位于亚热带和热带的极端工业区、偶尔接触盐雾的沿海和近海地区

5.4.3　考虑单腐蚀特征参数的锈损情况获取方法

通用无损检测方法直接采用传统测量工具(如超声波测厚仪)测量节点和构件的剩余壁厚,再基于最小壁厚计算节点的剩余承载力。该方法一方面需耗费大量人力、物力和时间且人为操作误差大;另一方面,当构件表面存在明显蚀坑时,很难保证人为选取的测点中能涵盖最大蚀坑,即很难保证获取的壁厚最小值是构件真实的最小壁厚。鉴于通用无损检测方法的局限性,本书提出了一种与三维激光扫描技术和数据处理方法相结合的锈蚀空间网格结构安全性能的现场无损检测方法。本方法如图 5-27 所示,具体描述如下。

(1)对构件表面进行清理,同时依据设计书获取结构锈蚀前各构件的原始尺寸数据。可以但不限于选择下述除锈方法:用钢丝刷刷除表面疏松锈层,用角磨机适当去除紧附在表面的致密锈层,用软毛刷清洁除锈后的空心球表面。

(2)选择合适的三维扫描设备,比如便携式 3D 扫描仪 HandySCAN 700TM,将三维扫描仪与电脑相连并接上电源线,对扫描仪进行标定,然后设置三维扫描设备的扫描参数,在构件表面等间距粘贴配准标靶。

(3)对锈蚀构件进行三维激光扫描,获得点云数据。比如 HandySCAN 700TM,光源为 7 束交叉激光线,设定其扫描距离为 200 mm,扫描速度为 480 000 次/s,分辨力为 0.05 mm,检测距离为 0.5 m。

(4)对单个被测构件全部点云数据进行综合处理,得到一组关于该被测构件的定量化锈蚀数据 d_j。具体包括:①基于配准标靶、坐标变换技术和迭代配准法将单个构件表面不同方向上的点云信息进行校准和汇总;②使用逆向检测分析软件拟合出被扫描节点的球心或钢管中轴线;③将点云数据转化成该球面(管面)各扫描点相对于球心(中轴线)的空间三维坐标;④将三维坐标数据集导入 EXCEL 或 MATLAB 等数据处理软件,求出被扫描节点的球面(管面)各点到球心(中轴线)的距离 d_j,其中 j 表示该节点上的第 j 个测点到拟合球心的距离,这一组数据 d_j 即为该被测构件的定量化锈蚀数据,参见图 5-28。

(5)对空间网格结构上每个构件(或一定比例的构件)按步骤(4)的方法进行数据处

理,获得该结构上所有节点的定量化锈蚀数据 d_{ij}(其中,i 表示第 i 个节点,j 表示该节点上第 j 个测点到拟合球心的距离)。

（6）筛选出 d_{ij} 的最小值 $|d|_{min}$,也就是结构的单腐蚀特征参数,则构件原始尺寸与单腐蚀特征参数的差值就是该空间网格结构的锈蚀情况。

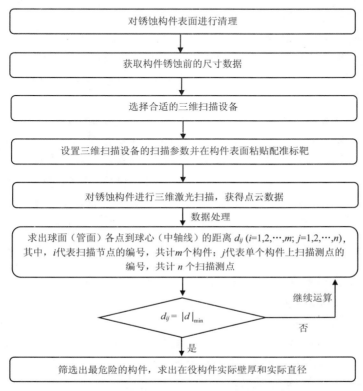

图 5-27 考虑单腐蚀特征参数的锈损情况获取方法

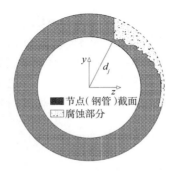

图 5-28 锈蚀截面和定量化锈蚀数据示意图

5.4.4　考虑多腐蚀特征参数的锈损情况获取方法

在 5.4.1 节三维扫描技术的基础上,当对点蚀特征体现或者对检测精度提出更高要求时,可以采用考虑多腐蚀特征参数的锈损情况获取方法,具体步骤如下。

(1)同考虑单腐蚀特征参数的锈损情况获取方法中的步骤(1)~(3),即选择合适的三维扫描设备对构件进行扫描。

(2)在考虑单腐蚀特征参数的锈损情况获取方法中的步骤(4)的基础上,提取出更多的腐蚀特征参数,比如构件表面的等效均匀腐蚀深度、点蚀深度分布函数的均值和方差、点蚀深径比的范围、点蚀密度等。其中,等效均匀腐蚀深度和点蚀深度分布的划分和提取方法可以参见本书第 2 章。

(3)建立构件的多腐蚀特征参数的腐蚀模型。假定点蚀缺陷随机分布在焊接空心球表面和焊缝表面,且假定加工过程中材料特性的改变可以忽略。基于本书第 4 章自定义的 Python 程序和仿真锈蚀表面形貌的精细化数模方法,建立包含多腐蚀特征参数的腐蚀模型。

(4)在有限元软件中计算腐蚀模型,得到锈损构件的剩余极限承载力和应力应变云图,再依据相关规范中的承载力计算公式反推节点的剩余等效壁厚,则构件原始尺寸与多腐蚀特征参数影响下的剩余等效壁厚的差值就是该空间网格结构的锈蚀情况。

5.4.5　锈损空间网格结构安全性能评估方法

类比既有建筑物鉴定方法,本书将锈蚀后空间网格结构安全性能检测方法也分为传统经验法、实用鉴定法和概率鉴定法。

传统经验法依靠有经验的专业技术人员对锈蚀后的空间网格结构进行现场观察,有时辅助简单的仪器检测和剩余承载力复核计算,凭借专业知识和工程实践经验对锈损网格结构的安全性做出评价。该方法简单易行,鉴定程序少,节省人力、物力和资金成本,但由于缺乏实测数据和计算分析,结果全凭技术人员的个人经验,受个人主观因素影响较大,对于一些复杂结构形式或一些锈蚀损伤恶劣的空间网格结构工程很难适用。

实用鉴定法是在初步现场观察锈损情况后,增加大量先进检测仪器和设备的应用,对既有锈损网格结构的服役环境、锈蚀后结构中的节点和杆件、整体结构中的力学性能相关参数进行专业设备下的定量检测和取值,并通过统计分析后用于结构整体分析计算,再按现行设计规范对结构构件进行验算复核,综合分析后得出锈损空间网格结构的安全性评估结果和处理建议。同传统经验法相比,实用鉴定法更为科学、合理、准确和全面,评定标准也更加客观和统一,从而为锈蚀后空间网格结构的修复、改造和加固等方案决策提供了更可靠的技术依据。

概率鉴定法是一种基于可靠度理论的鉴定方法,它将结构的作用力 S 和抗力 R 视为满足一定概率分布函数的随机变量,通过计算结构的失效概率来衡量结构的可靠度和安全性。对于锈损空间网格结构,则主要研究结构抗力 R 的随机概率函数与各种腐蚀因素的关系。但在实际情况下,影响结构锈损的因素极多,空间网格结构本身的构件数量非常庞大,结构形式也复杂多样,失效概率的计算十分复杂。因此该方法仍然停留在理论阶段,很难用于实际工程。

目前,还没有专门的锈蚀后空间网格结构鉴定标准。本书将上述锈蚀后空间网格结构实用鉴定法中的调查检测程序和 5.3 节锈蚀全过程分析的数值方法相结合,提出了一种"一对一"的精细化锈损空间网格结构安全性能评估方法。评估流程如图 5-29 所示,具体描述如下。

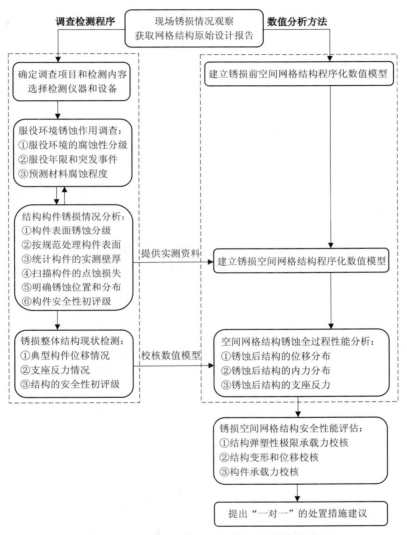

图 5-29　精细化锈损空间网格结构安全性能评估流程

(1)获取空间网格结构原始设计报告并对现场锈损情况进行观察,确定调查项目和检测内容,选择检测仪器和设备,制定一套具有针对性的切实可行的调查检测程序。同时,依据结构原始设计报告和本书提出的空间网格结构程序化数值建模方法编写锈损前的空间网格结构建模程序。

(2)进行服役环境锈蚀作用调查。依据 ISO 标准对服役环境中的空气湿度、平均温度、二氧化硫浓度、氯离子浓度以及其他特殊腐蚀性污染物浓度进行采样并最终给出服役环境的腐蚀性分级。考虑服役年限和突发事件,结合结构所用钢材的产品说明,初步粗略预测结构材料的等效均匀腐蚀程度(具体操作可参考 5.4.1 节)。

(3)结构构件锈损情况分析。依据《涂覆涂料前钢材表面处理 表面清洁度的目视评定 第 1 部分:未涂覆过的钢材表面和全面清除原有涂层后的钢材表面的锈蚀等级和处理等级》(GB/T 8923.1—2011)选择合适的表面处理方法和处理等级,并对节点和杆件除锈前后的表面情况进行目视条件下的粗略评级,共 A、B、C、D 四个等级,选择除锈前后较低的等级作为最终表面锈蚀评级。一般要求对结构表面情况全数检测;若条件限制只能按相关标准抽样检测,则应首先分析容易出现外观质量问题的部位,将其作为重点检查的对象,如易受潮湿环境影响的部位,易受动荷载和疲劳荷载影响的部位,连接部位,易受磨损、冲撞损伤的部位等。若节点和杆件处于 A 级,则无须进行后续的表面锈损情况检测,否则需借助超声波测厚仪、游标卡尺等工具进行通用无损锈蚀检测或者按照 5.4.1 节、5.1.4 节的方法获取锈损数据。对 B、C、D 级构件的腐蚀损伤通用无损检测,可借鉴《工业建筑可靠性鉴定标准》(GB 50144—2019)中的方法。对于长杆件(圆钢管),沿其长度方向至少选取 3 个腐蚀较为严重的区段,或每个区段选取 8~10 个测点测壁厚取算术平均值,或扫描得统计分布函数。对于节点(焊接空心球),或选取 8~10 个测点测壁厚取算术平均值,或扫描得统计分布函数。然后对所有杆件和节点的经过实测和点蚀换算的剩余壁厚分别进行概率分布函数拟合(一般取正态分布函数),分别求出锈损杆件和锈损节点的剩余壁厚均值和方差,最终求得95%保证率下锈损杆件和锈损节点的剩余壁厚值。需要注意,空间网格结构的构件数量十分庞大,此处应根据工程实际情况选择合适的实测比例对每种截面的构件进行抽样检测,并在检测的过程中明确锈蚀的位置和分布。此外,对于表面有涂覆材料的空间网格结构,应按相关规范去除涂覆材料后再按照上述流程逐步分析构件锈损情况。分析完成后,可与步骤(2)中的结构材料的等效均匀腐蚀程度规范预测值对照,验证锈损检测过程的合理性。若节点和杆件处于 D 级,则还必须重点额外考虑结构表面的点蚀损失,采用三维扫描或者其他技术对点蚀进行定量化统计分析,并通过本书第 4 章提出的数值模拟方法将点蚀损失归并到壁厚损失中去(也可参考 5.4.1 节的方法或者第 3 章所提的点蚀系数方法)。最后,依据验证后的构件锈损情况实测资料,改写空间网格结构建模 Python 程序,在 ABAQUS 中建立锈损空间网格结构数值分析模型。此外,也可依据单个构件的检测结果按照相关规范的要求对构件安全性进行定性化的初始评级。

(4)接着对空间网格结构进行锈蚀全过程的力学性能分析。获取锈蚀后结构的位移分布、内力分布以及结构的支座反力,将数值分析结果与结构典型部位的现场实测结果对比,验证所建立的数值分析模型的准确性,用于后续结构安全性能的深入评估。若两者差异较大,则需要通过补测构件锈损情况、检查锈损模型程序、调整结构数值模型等途径重新计算分析。此外,也可依据所有检测构件的安全性评级结果,按照相关规范的要求对空间网格结构安全性进行定性化的初始评级,以便与后续结构安全性能定量化分析结果比对,不断积累具体工程的比对结果,从而更好地修改和完善空间网格结构锈损评价指标体系。

(5)采用验证后的结构数值分析模型,计算该锈损结构的弹塑性极限承载力和重要部位的变形和位移,并校核杆件和连接节点的承载力。其中,锈损结构的弹塑性极限承载力,可以按照式(5-20)判断其是否满足整体安全性要求。结构的变形和位移可参照《空间网格结构技术规程》(JGJ 7—2010)中的相应规定评判。节点和杆件的承载性能可参照《钢结构设计标准》(GB 50017—2017)中的相关规定进行校核且保证连接节点的承载力大于与之相连的杆件的承载力。因为将均匀腐蚀和点蚀都体现在构件截面尺寸的折减上,因此不再需要额外考虑锈蚀后的材性损伤。此外,若连接节点为焊接空心球节点,可参照本书第 4 章提出的锈蚀后节点承载力计算公式进行计算校核。

$$\gamma_S S_S \leq \frac{R_R}{\gamma_0 \gamma_R} \tag{5-20}$$

式中,S_S 为作用在空间网格结构上的荷载效应(一般为总静力荷载的标准值);R_R 为锈蚀全过程数值模拟分析后得到的结构的弹塑性极限承载力,即结构抗力;γ_S 为荷载分项系数(当恒载、活载共同作用时可取 1.35);γ_R 为抗力分项系数(一般可取 1.21);γ_0 为调整系数(考虑结构分析过程中的其他各种不确定和不利因素,一般可取 1.2)。

(6)最后根据锈损结构安全性能评估结果,得出“一对一”的精确到特定项目的特定部位和构件的锈损后处置措施建议,如图 5-26 中列出的加固补强、维修、局部更换、整体拆除等。

5.5　本章小结

本章建立了基于 ABAQUS Python 二次开发的空间网格结构锈损全过程数值模拟方法,对影响单层球面网壳结构弹塑性极限承载力的关键因素进行了参数化分析,提出了锈损单层网壳结构弹塑性极限承载力简化计算方法,提出了一种调查检测和数值分析相结合的既有空间网格结构锈蚀后安全性能评估方法。得到的主要结论如下。

(1)建立了基于 ABAQUS 有限元软件的考虑焊接球节点尺寸、刚度以及随机腐蚀的单层网壳 Python 程序,并将其运用到单层网壳结构锈损全过程分析和稳定分析中。分析发现,对结构不恰当的网格划分会影响杆件的正确传力,造成结构中不合理的内力重分布,从而改变失稳杆件的具体位置,极大影响结构的弹塑性极限承载力和失稳模态。网格划分越密,模拟结果越趋于真实值,实际分析中应综合考虑计算效率和计算精度确定网格数。

(2)仅焊接空心球节点锈蚀对单层网壳结构承载能力的削减程度有限,远不及长杆(圆钢管)在相同腐蚀程度下对结构的影响大,全构件均匀腐蚀时最不利。单层网壳结构锈蚀后的弹塑性极限承载力降低受到全构件均匀腐蚀程度和随机腐蚀分布的影响,而与结构矢跨比、结构跨度和构件截面尺寸几乎无关。全构件均匀腐蚀程度越大、随机腐蚀区间的中值越大,锈损单层网壳结构的弹塑性极限承载力降低幅度越大。节点刚度对结构承载力的影响随腐蚀程度增加而增大且与几何参数无明显相关性。

(3)将全构件均匀腐蚀视为截面变换直接引入理论公式,同时基于参数化分析结果引入随机腐蚀影响系数和节点刚度影响系数,提出了锈损单层球面网壳弹塑性极限承载力计算方法和安全评定方法。

(4)提出了几种空间网格结构锈损情况采集和处理方法,建立了适用于空间网格结构的调查检测和全过程分析相结合的锈损结构安全性能评估方法,并给出了具体的评估流程和主要环节,为工程技术人员进行锈损空间网格结构的损伤鉴定和安全评估提供了具体、程式化的参考。

第6章　空间网格结构腐蚀后的性能提升技术

6.1　引言

随着空间网格结构的使用时间增长，设计不规范、施工质量较差、使用过程中的荷载变化、环境腐蚀、地基不均匀沉降等原因势必会导致构件损伤、失效，而空间网格结构本身为高次超静定结构，由于应力重分布，个别杆件承载力的降低会导致其他杆件的内力变化，从而使得整个结构内力与原设计内力有较大差异，结构的整体安全性受到威胁。因个别构件损伤破坏而更换整个结构不符合经济性的原则，因此，对损伤构件进行加固处理是十分必要的。

因此，本章用试验研究、数值模拟及理论推导的方法，对空间网格结构中常见的焊接空心球节点及圆钢管构件的加固方法进行研究。首先，提出焊接空心球节点负载焊接加固方法、圆钢管构件焊接角钢加固方法和焊接套管加固方法。然后，基于试验研究，研究加固后焊接空心球节点和圆钢管构件的受力机理，验证焊接空心球节点和圆钢管构件加固方法的适用性，基于有限元软件，提出焊接空心球节点和圆钢管构件加固模拟方法，并研究不同加固参数对节点和构件承载力提升的影响机制。最后，基于理论推导，提出加固后焊接空心球节点和圆钢管构件承载力的计算方法，为空间网格结构中关键节点和构件的性能提升提供理论支撑。

6.2　焊接空心球节点加固方法研究

6.2.1　负载加固焊接球节点试验研究

6.2.1.1　试验概况

1. 试件设计

本试验共设计 6 个焊接空心球节点试件。各试件尺寸一致，取焊接空心球直径为 600 mm，壁厚为 25 mm；钢管直径与厚度按照《钢网架焊接空心球节点》（JG/T 11—2009）6.1.1 节相关规定选取，直径为 245 mm，为保证钢管有足够刚度，不先于焊接球破坏，厚度取 30 mm；球内加设厚度为 20 mm、孔径为 300 mm 的环形加劲肋，加劲肋与钢管轴线共面；加固方法为球-管连接区域焊接加固板，加固板厚度取 20 mm，板宽度取 120 mm，板高度（定义加固板与钢管连接部分高度为加固板高度）取 120 mm；所有试件均采用 Q345 钢材。试件具体尺寸及示意图如图 6-1 所示。

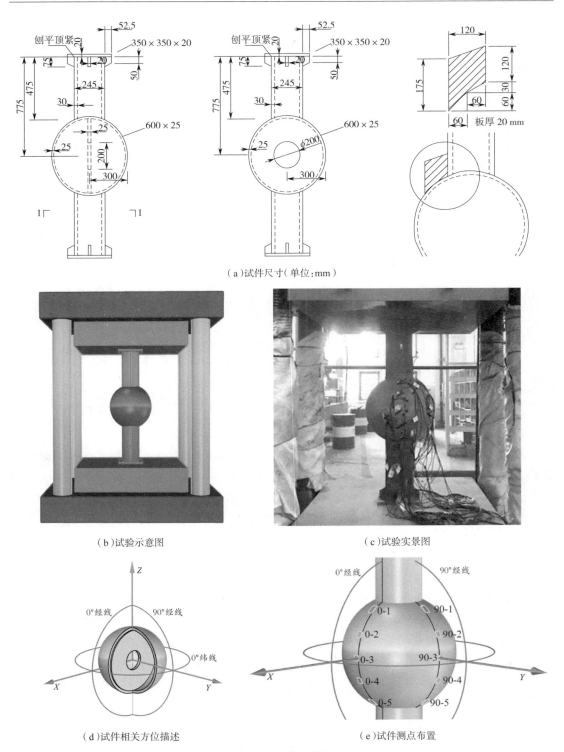

（a）试件尺寸（单位：mm）

（b）试验示意图　　　　　　　　　　（c）试验实景图

（d）试件相关方位描述　　　　　　　（e）试件测点布置

图 6-1　试件示意图

为便于叙述,对球节点方向做出规定:试件直立放置时,向上为 Z 轴正方向,遵循右手定则,与肋板共面方向为 X 轴,垂直于肋板方向为 Y 轴;焊接球经线方向,与 X 轴正向相交为 $0°$ 经线,与 Y 轴正向相交为 $90°$ 经线,如图 6-1(d)所示。

2. 量测内容

应变花测点布置如图 6-1(e)所示。为较全面地反映焊接空心球节点在轴压作用下的应力分布情况及破坏机理,在 $0°$ 与 $90°$ 经线上各布置 5 个应变花,每个构件共计 10 个应变花。施加在焊接空心球节点两端的荷载及节点的轴向位移由伺服压力试验机直接量测。

3. 试验方案

考虑以下变量设计试验:①节点是否存在塑性损伤;②加固时负载大小;③加固板个数。将试件编号及相关数据归纳于表 6-1 中。

表 6-1　试件编号及说明

编号	是否损伤	负载大小	加固板个数	备注
J1	是	65% N_y	—	探究节点损伤后剩余承载力
J2	否	—	上、下各 4 个	探究未损伤节点加固效果
J3	是	50% N_y	上、下各 4 个	探究负载大小的影响
J4	是	65% N_y	上、下各 4 个	探究负载大小的影响
J5	是	80% N_y	上、下各 4 个	探究负载大小的影响
J6	是	65% N_y	上、下各 6 个	探究加固板个数的影响

对表 6-1 的说明如下:

(1)各试件加载过程包括初次加载和二次加载,初次加载是为了得到该试件的极限承载力,二次加载是为了得到该试件损伤后/损伤加固后的极限承载力,通过对比评估加固效果;

(2)本章中"损伤"表示构件在初次加载时已出现明显塑性变形,为保证各试件损伤程度统一,以初次加载时达到极限承载力为终止加载标准;

(3)对于"是否损伤"一栏中选项为"是"的试件,初次加载使试件出现损伤,同时得到极限承载力,二次加载得到试件损伤(加固)后承载力;

(4)"负载大小"一栏中"N_y"表示构件的弹性承载力,由初次加载情况确定。

本章所讲的"大直径焊接空心球节点负载加固试验"在天津大学结构工程实验室进行,加载设备为 1 500 t 电液伺服压力试验机,加载示意图及实景图如图 6-1(b)(c)所示。试验中,试件竖直放置于压力机平台上,试件两端板与压力机加载板接触承压。试验加载前对仪器和设备进行调试,检验压力机控制系统、应变采集仪等是否正常工作,各测点数据是否正常。

加载过程分为预加载、初次加载、二次加载。首先调整活塞和横梁相对位置使试件上端板与压力机上加载板接触,加载至预估承载力 5%左右,保证试件与压力机紧密贴合,再次检查各仪器与数据,待数据稳定后开始正式加载。

初次加载时,弹性段采用试验力加载,加载速率取 2 kN/s;试件明显进入弹塑性阶段后转为位移加载,加载速率取 0.5 mm/min。达到初次加载标准后卸载。各试件初次加载终止标准与卸载标准不同,详见下文。

持荷一段时间或加固冷却后,开始二次加载。加载制度与初次加载相同,直至试件达到极限承载力。试件超过极限承载力后位移继续增大,当试件出现以下情况之一时停止加载:①荷载下降至极限荷载的 80%;②试件出现影响安全的过大变形;③试件出现破裂与较大响声,承载力快速下降。终止加载后保存试验数据,卸载。试验全过程观察试验现象,拍照并记录数据。

各试件试验过程的区别如下。

(1)试件 J1 为损伤后不加固试件,其作用是作为对照组,用于探究节点极限承载力以及损伤后剩余承载力。初次加载至试件刚超过极限承载力,卸载至 65% N_y,待稳定后二次加载,得到试件损伤后剩余承载力。

(2)试件 J2 为未损伤直接加固(4 个加固板)试件,其作用是验证这种加固方式的可行性,以及与 J3、J4、J5 试件对比,探究节点损伤对加固效果的影响。不进行初次加载,在球两端各焊 4 个加固板,本书中采用二氧化碳气体保护焊,焊接时电压 $U=32.5\,V$,电流 $I=170\,A$,焊枪移动速度 $v=6\,mm/s$。待冷却至室温后进行加载,得到未损伤试件加固后极限承载力。

(3)试件 J3、J4、J5 为损伤后负载加固(4 个加固板)试件,其试验全过程如图 6-2 所示。对 J3、J4、J5 试件,初次加载至试件刚超过极限承载力,分别卸载至 $50\%N_y$、$65\%N_y$、$80\%N_y$,保持荷载为定值;负载状态下,在球两端各焊接 4 个加固板,待冷却至室温后,进行二次加载,得到损伤试件加固后极限承载力。

(3)试件 J6 为损伤后负载加固(6 个加固板)试件,其试验全过程与 J4 相同,唯一区别在于加固时在每端各焊 6 个加固板,用于研究加固板数量对加固效果的影响。

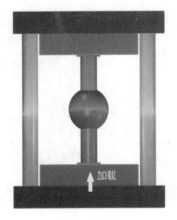
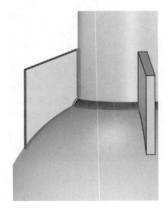
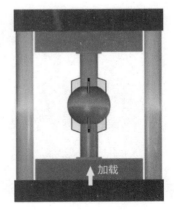

(a)初次加载　　　　　　　　(b)焊接加固　　　　　　　　(c)二次加载

图 6-2　试件 J3、J4、J5 加载过程示意图

6.2.1.2 试验结果与分析

1. 试验现象分析

1）试件 J1

初次加载现象如图 6-3（a）所示，加载至承载力达到峰值，YOZ 平面（该平面垂直于球内加劲肋）内，上下钢管轴线出现少许倾斜，可能是由于钢管轴线初偏心所致；焊接球与钢管连接区域（简称"球冠"）向球内部凹陷，同时球冠处涂漆层开裂剥落，说明焊接球已产生较明显的塑性变形。

（a）初次加载后

（b）二次加载后

图 6-3　试件 J1 试验现象

卸载至 65% N_y 后，进行二次加载，现象如图 6-3（b）所示，超过极限承载力后，在原有基础上试件变形进一步加大；YOZ 平面内上下钢管倾斜、错位现象明显，同时该平面内球冠严重凹陷；XOZ 平面（该平面与球内加劲肋共面）内钢管轴线未发生明显错动，球冠凹陷程度相对较轻。

2）试件 J2

零载状态下焊接加固，冷却至室温后进行加载。加载后，*XOZ*、*YOZ* 平面内上下钢管轴线倾斜、错位现象均不明显；球冠严重凹陷，同时球赤道部位变形，向外鼓胀（图 6-4）。*YOZ* 平面上两块加固板与试件间焊缝破坏，加固板与焊接球连接处焊缝拉裂，板与钢管连接处焊缝剪坏。

图 6-4　试件 J2 试验现象

3）试件 J3、J4、J5

试件 J3、J4、J5 试验现象相近。以 J4 为例，初次加载试验现象与试件 J1 相似，球冠凹陷，漆层剥落，管轴线少许错位（图 6-5）。卸载至 65% N_y 后持荷，进行负载焊接加固，试件冷却后进行二次加载。

二次加载全过程与试件 J2 相近，球冠严重凹陷，赤道部位向外鼓胀，但轴线倾斜、错位现象更严重；*YOZ* 平面上加固板与试件间焊缝破坏，加固板与焊接球、钢管连接处焊缝剪坏；*XOZ* 平面上加固板与试件连接焊缝完好，未损坏。

4）试件 J6

试件 J6 的初次加载试验现象与试件 J1 相似，球冠凹陷，漆层剥落，管轴线少许错位（图 6-6）。卸载至 65% N_y 后持荷，进行负载焊接加固，上下球冠各 6 个加固板，试件冷却后进行二次加载。

二次加载后，钢管压缩变形，中部向外鼓胀，同时伴有轴线倾斜、错位现象；球冠凹陷，但凹陷程度远低于试件 J4，焊接球变形为沿 *Z* 轴整体压缩，赤道部位向外鼓胀；*YOZ* 平面上加固板与试件间焊缝破坏，与 J2、J4 相比，由于焊接球变形规律不同，焊缝破坏状态也不同，加固板与焊接球间焊缝剪切破坏，加固板与钢管间焊缝受拉破坏。

5）试验现象总结

（1）加肋焊接空心球节点承受轴压时，焊接球变形集中于球-管连接部位（球冠），球冠凹陷，同时焊接球赤道位置呈现向外鼓胀趋势；与加劲肋共面的平面（*XOZ* 面）内，钢管轴线

（a）初次加载后

 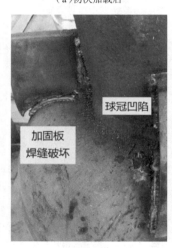 

（b）二次加载后

图 6-5　试件 J4 试验现象

保持重合,试件沿钢管轴线对称;与加劲肋垂直的平面内,上下钢管轴线错位、倾斜,试件关于焊接球中心点对称。

（2）受压损伤（荷载达到过极限承载力,出现明显塑性变形）的焊接球节点再次承受轴压时,其变形依照已有变形发展,钢管轴线倾斜、错位现象更加明显,球冠凹陷程度加深。

（3）未损伤焊接球节点加固后受压直至达到极限承载力,XOZ、YOZ 平面内钢管均无明显倾斜、错位,球冠凹陷明显,破坏形式为加固板与试件间焊缝破坏,最先发生于 YOZ 平面加固板,由于球冠凹陷严重,加固板沿 Z 向受力最大,导致板-球连接处焊缝受拉破坏,板-管连接处焊缝受剪破坏。

（a）初次加载后

（b）二次加载后

图 6-6　试件 J6 试验现象

（4）相同加固板个数下，节点是否损伤及损伤后负载水平对节点变形规律和破坏模式的影响不明显。

（5）改变加固板个数会对节点变形规律造成影响。4 个板加固时，焊接球变形仍集中于球冠，6 个板加固时，球冠变形程度相对低，球沿 Z 轴整体压缩，沿 X、Y 轴鼓胀，逐渐向椭球形发展。这种变化进一步导致了加固板焊缝破坏模式的变化，转变为板-球焊缝剪切破坏，板-管焊缝受拉破坏。

（6）加固后试件最先破坏处都为加固板与试件间的焊缝，为改进这种加固方式，可将加固板开坡口，以对接焊缝取代角焊缝，提高焊缝承载力，同时可以根据预判的焊缝破坏模式，针对性地采取提高焊缝抗拉或抗剪承载力的措施。

2. 荷载-应变曲线分析

选取典型试件 J1、J2、J4、J6 的荷载-应变曲线,如图 6-7~图 6-10 所示,结合试验现象,分析各试件荷载-应变曲线如下。

1)试件 J1

(1)初次加载弹性阶段,随着荷载增加,各个测点的应变发展趋势差别不大。试验力增加至 4 000 kN,测点 90-5 和 90-4 最先进入塑性;试验力增加至 5 000 kN,测点 0-1、0-5、90-2 和 90-1 相继进入塑性;承载力继续增加,直至所有测点进入塑性,应变快速发展。

(2)初次加载塑性阶段,各测点超过弹性极限后进入强化段,此阶段随着试验力增加,应变快速发展,刚度逐渐降低;同时,应变发展规律符合节点变形集中于球冠的试验现象,0° 经线应变关于赤道大致成轴对称,90° 经线上、下部应变差异较大,同时 90° 经线应变更早进入塑性,进入塑性后测点应变增速远大于 0° 经线测点应变,说明与加劲肋共面的平面区域,刚度明显高于与加劲肋垂直的平面区域。

(3)二次加载时,各测点荷载-应变曲线斜率不同,反映此时随着承载力增加,各位置应变增加幅度存在差异,说明初次加载残余应力导致试件各部位出现不同程度的刚度折减;其中,球冠处应变发展相对快,说明此位置刚度折减最为明显,球赤道处点位(0-3、90-3)刚度与初次加载相比变化不大。与初次加载相比,各点位荷载-应变曲线经过弹性段后快速进入平直段,没有明显的强化段(刚度退化段)。

2)试件 J2

(1)弹性阶段,0-1、0-3、0-5 三个测点曲线斜率相对较大,说明在加劲肋所在平面(0° 经线平面)内,设置加固板能显著提高其刚度;而在垂直加劲肋平面(90° 经线平面)内,5 个点位初始刚度差距不大,说明加固板对该平面内点位刚度提升效果并不明显。

(2)90° 经线上测点 90-1 最先进入塑性,测点 90-2、90-3、90-5 相继进入塑性,试验力继续增加,测点 90-4 与 0° 经线测点依次进入塑性,塑性阶段曲线有明显强化段(刚度退化段)。

(3)塑性发展阶段呈现出一些与 J1 试件相似的规律:0° 经线应变关于赤道大致成轴对称,90° 经线上、下部应变差异较大;90° 经线应变更早进入塑性,进入塑性后测点应变增速大于 0° 经线测点应变增速。

3)试件 J4

(1)初次加载时,弹性阶段各测点应变水平差别不大。随着试验力增加,测点 90-5、90-1 和 90-4 最先进入塑性,随后其他测点相继进入塑性;塑性阶段荷载-应变曲线发展规律与 J1 相似。

(2)加固后二次加载时,各测点初始刚度存在差异;两条经线上,2、4 测点初始刚度较小,1、3、5 测点初始刚度较大,与 J1 二次加载曲线对比可知,加固板显著提高了节点球冠位置的刚度,同时曲线具有明显的强化段(刚度退化段);荷载-应变曲线发展规律与 J2 试件相似,90° 经线测点进入塑性更早,且塑性增长较快。

(3)J3、J5 试件荷载-应变曲线发展规律与 J4 相似。

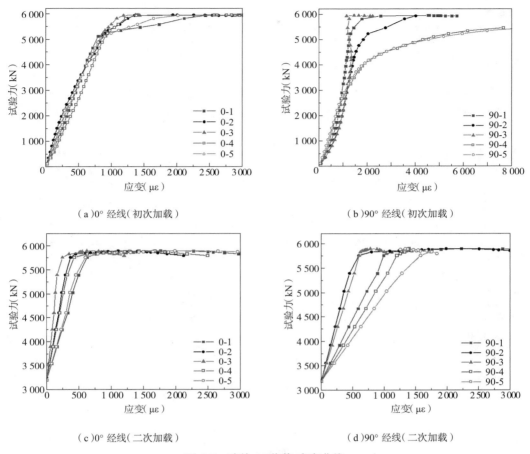

（a）0°经线（初次加载）　　　　　　　　（b）90°经线（初次加载）

（c）0°经线（二次加载）　　　　　　　　（d）90°经线（二次加载）

图 6-7 试件 J1 荷载-应变曲线

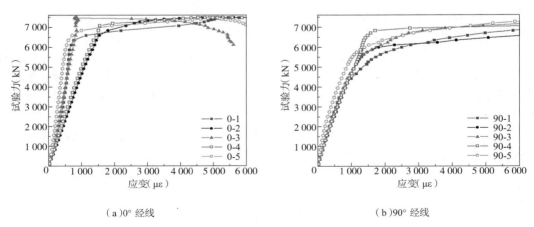

（a）0°经线　　　　　　　　　　　　（b）90°经线

图 6-8 试件 J2 加固后荷载-应变曲线

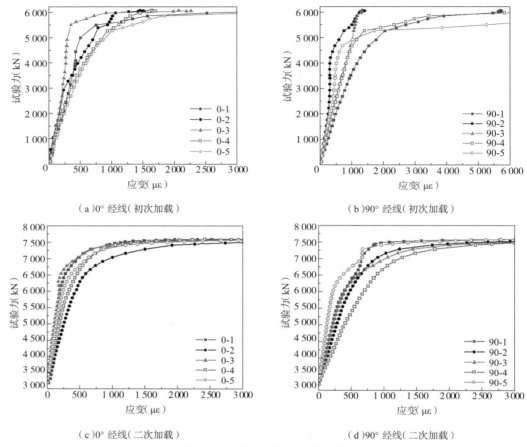

（a）0°经线（初次加载）　　　　　　　　（b）90°经线（初次加载）

（c）0°经线（二次加载）　　　　　　　　（d）90°经线（二次加载）

图6-9　试件J4荷载-应变曲线

4）试件J6

（1）初次加载,随着试验力增加,测点90-5、90-1和90-2最先进入塑性,随后其他测点相继进入塑性;塑性阶段荷载-应变曲线发展规律与J1相似。

（2）二次加载开始时,各点初始刚度大幅增加,荷载-应变曲线经过弹性段后,强化段比J2、J4更明显;球冠处测点（0-1、0-5、90-1、90-5）进入塑性最晚,塑性发展最缓慢,对应试验中焊接球球冠凹陷不明显的现象;这说明6个板加固后的焊接球,球冠部位刚度明显增大。

轴压试验应变分析总结如下。

（1）各试件初次加载的荷载-应变曲线发展趋势相似,经度方向,90°经线测点更早进入塑性,且塑性发展速度更快;纬度方向,球冠处测点（1、5测点）更早进入塑性。

（2）损伤节点直接进行加载,各测点刚度存在明显差异,初次加载刚度退化越严重,二次加载初始刚度越小。

（3）损伤节点经过加固后,再次承受轴压时,加固位置初始刚度得到改善,其中0°经线（与加劲肋平行）平面点位刚度增加最明显,进入塑性较晚。

（4）与4个板加固试件对比,6个板加固试件（J6）二次加载时初始刚度大幅增加,尤其是球冠部位,刚度大幅提升,进入塑性最晚。

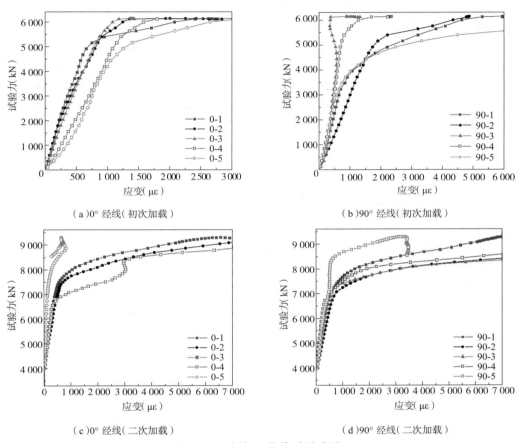

（a）0° 经线（初次加载）

（b）90° 经线（初次加载）

（c）0° 经线（二次加载）

（d）90° 经线（二次加载）

图 6-10　试件 J6 荷载-应变曲线

3. 荷载-位移曲线分析

如图 6-11 所示,采用"最远点法"定义焊接空心球节点轴压荷载-位移曲线特征参数。

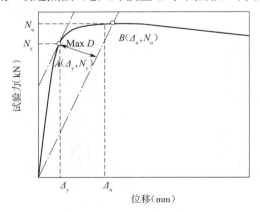

图 6-11　轴压荷载-位移曲线特征参数图

N_y 表示屈服承载力,对应节点位移为 Δ_y ;N_u 表示极限承载力,对应节点位移为 Δ_u ;下文中出现的下角标"1""2"分别表示初次加载和二次加载,如 N_{y1} 表示初次加载屈服承载力。

结合试验现象,对试件荷载-位移曲线描述如下。

初次加载时,各试件基本相同,如图 6-12(a)所示,以 J1 为例:弹性段内随着承载力增加,试件无明显变化,进入塑性阶段后,可以观察到试件逐渐变形,变形集中在球冠,达到极限承载力时,试件球冠凹陷较明显,部分试件出现管轴线偏移。各试件极限承载力具有一定离散性,但基本分布在 5 900~6 400 kN 区间,弹性承载力分布在 4 500~5 000 kN 区间;各试件曲线发展趋势和曲线形态大致相同,极限承载力对应位移为 33~40 mm。

二次加载时,如图 6-12(b)所示,以 J4 为例:试件首先进入弹性段,此时随着荷载增加,试件变形不明显,之后逐渐达到极限承载力,此时试件尚未发生焊缝破坏。超过极限承载力后,随着承载力继续增加,某一时刻一条焊缝突然破坏,此时荷载-位移曲线出现陡降,继而趋于平缓,此时达到预设的加载终止标准,停止加载。

试件 J1~J6 加载全过程荷载-位移曲线如图 6-13(a)所示。

轴压试验关键数据汇总于表 6-2、表 6-3,结合此表与相关试件曲线,对焊接球节点负载加固效果的力学性能进行分析。

图 6-13(b)为试件 J1、J2 荷载-位移曲线。对比发现,加固后节点(J2)极限承载力提高 26.1%,但加固后节点极限承载力对应位移小于未加固节点,说明加固后节点延性变差;同时,超过极限承载力后,试验力下降较快,安全储备较低。

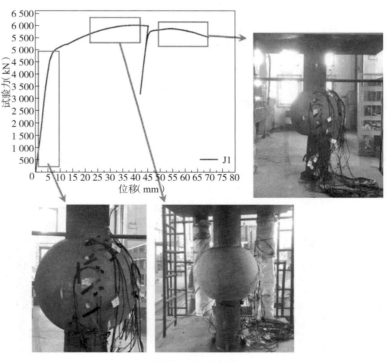

(a)试件 J1(初次加载)

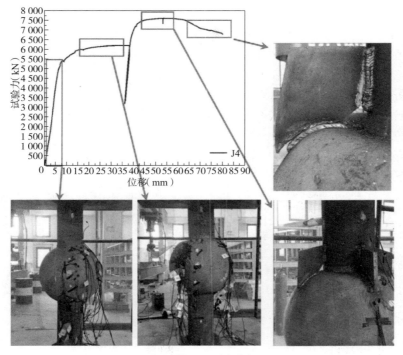

（b）试件 J4（二次加载）

图 6-12　荷载-位移曲线与试验现象对比

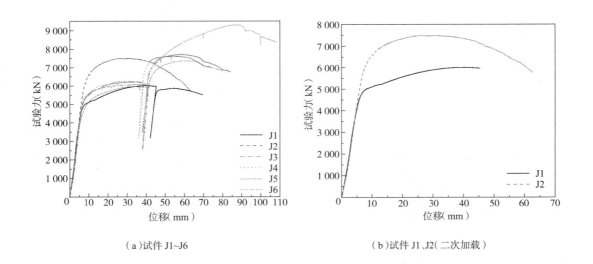

（a）试件 J1~J6　　　　　　　　　　　　　　　（b）试件 J1、J2（二次加载）

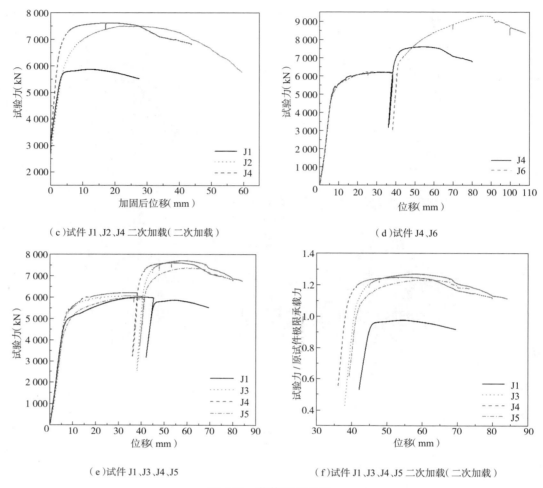

（c）试件 J1、J2、J4 二次加载（二次加载）　　　　（d）试件 J4、J6

（e）试件 J1、J3、J4、J5　　　　（f）试件 J1、J3、J4、J5 二次加载（二次加载）

图 6-13　荷载-位移曲线

图 6-13（c）为试件 J1、J2、J4 二次加载荷载-位移曲线。相同负载水平下，未损伤加固节点（J2）承载力提高 26.1%，损伤加固节点（J4）与初次加载相比，承载力提高 24.6%，这说明这种加固方法在节点发生塑性损伤的情况下仍然具有良好的加固效果，但损伤加固节点的延性较差；相同损伤程度、相同负载水平下，加固节点（J4）的承载力相较于未加固节点（J1）提高 29.6%，同时极限承载力对应位移由 12.35 mm 增至 13.28 mm，这说明对损伤节点的加固，可以有效提高其承载力和延性。

图 6-13（d）为试件 J4、J6 荷载-位移曲线。相同负载水平、相同损伤程度下，4 个板加固节点承载力提升 24.6%，6 个板加固节点承载力提升 49.2%，承载力提升效果差距显著；6 个板加固试件二次加载时，从弹性极限到极限承载力这一阶段出现较大变形，结合试验现象，发现变形是由于节点刚度过大导致钢管刚度相对不足，发生轴向压缩变形而产生；同时，两节点超过极限承载力后，荷载下降速率都较快。

图 6-13（e）（f）为试件 J1、J3、J4、J5 荷载-位移曲线。相同损伤程度下，与初次加载相

比,负载 50% N_{y1} 节点(J3)二次加载极限承载力提升 25.7%,负载 65% N_{y1} 节点(J4)二次加载极限承载力提升 24.6%,负载 80% N_{y1} 节点(J5)二次加载极限承载力提升 23.2%;三者的荷载-位移曲线发展趋势大致相同,延性相较于未加固节点显著提高。

表 6-2　焊接空心球节点加固轴压试验承载力汇总　　　（kN）

编号	N_{y1}	N_{u1}	N_{u1}/N_{y1}	N_{y2}	N_{u2}	N_{u2}/N_{y2}	N_{y2}/N_{y1}	N_{u2}/N_{u1}
J1	4 896.1	6 015.9	1.229	5 494.1	5 876.7	1.070	1.122	0.977
J2	—	—	—	6 120.6	7 502.5	1.226	—	—
J3	4 872.4	6 079.4	1.248	6 230.3	7 680.5	1.238	1.279	1.263
J4	4 983.5	6 115.1	1.227	6 521.4	7 617.1	1.168	1.309	1.246
J5	4 376.2	5 967.8	1.364	5 868.4	7 352.2	1.253	1.341	1.232
J6	4 615.0	6 230.9	1.350	6 430.1	9 198.8	1.431	1.393	1.476

表 6-3　焊接空心球节点加固轴压试验位移汇总　　　（mm）

编号	Δ_{y1}	Δ_{u1}	Δ_{u1}/Δ_{y1}	Δ_{y2}	Δ_{u2}	Δ_{u2}/Δ_{y2}
J1	7.08	40.00	5.65	3.52	12.35	3.508
J2	—	—	—	7.90	26.24	3.322
J3	6.70	34.33	5.124	2.89	21.59	7.471
J4	6.19	36.13	5.837	2.57	17.31	6.735
J5	6.23	33.04	5.303	3.11	22.96	7.383
J6	5.69	39.41	6.926	2.56	47.67	18.621

轴压试验极限承载力分析总结如下。

(1)各试件初次加载的荷载-位移曲线发展趋势相似,关键点数据接近。N_{y1} 为 4 300~5 000 kN, N_{u1} 为 5 900~6 300 kN, Δ_{y1} 为 5.50~7.10 mm, Δ_{u1} 为 33.00~40.00 mm。

(2)未损伤节点进行加固后,承载力提升约 26%,刚度增加,但节点延性下降,达到极限承载力后荷载下降较快。

(3)损伤节点经过加固后,再次承受轴压时,承载力提升 23%~26%,加固效果良好,同时与未加固再次受压的节点相比,延性得到改善,安全储备得到提高。

(4)相同损伤程度下,承载力提高系数与加固时负载大小有关,负载越小,承载力提升越高。

(5)加固板个数对承载力提高系数影响较大,相同损伤程度、相同负载水平下,4 个板加固节点承载力提高 24.6%,6 个板加固节点承载力提高 47.6%,但达到极限承载力后,6 个板加固节点荷载下降速率更快。

6.2.2 负载加固焊接球节点数值模拟

6.2.2.1 有限元分析方法

本节采用有限元软件 ABAQUS 及其子程序 Fortran,对试验中的六种焊接空心球节点进行轴压力学性能数值模拟。考虑几何非线性,根据 von Mises 屈服准则,选用与温度相关的四折线钢材强化本构关系,建立实体单元有限元模型,模拟试验条件下各焊接空心球节点的力学性能,并将有限元模拟结果与试验结果对比,以验证有限元模型的精确性。通过以下方法进一步保证数值模拟的准确性。

(1)通过"协调变形+预定义场"法,考虑节点初次加载损伤,对试件变形后的负载加固过程进行精确模拟。

(2)通过热弹塑性法,基于 Fortran 子程序建立移动点热源,进行热-力间接耦合分析,以考虑焊接热效应影响。

6.2.2.2 模型建立与网格划分

为精确模拟试验情况,按照实际尺寸对焊接球、钢管、肋板、端板、加固板与焊缝分别建立实体单元模型。建模过程如下。

(1)部件建立:在 Part(部件)模块建立各部分实体模型。

(2)几何模型建立:在 Assembly(装配)模块组装各部件,通过布尔操作用空心球切割钢管和加劲肋、加固板等部件,使其与空心球表面形成相贴合的曲面。

(3)材料属性:在 Material(材料)模块输入钢材的材料力学参数。

(4)相互作用设定:采用 Tie(绑定)约束模拟各部件之间的焊接连接;在上、下端板外侧各设置一个参考点(上端为 RP-1,下端为 RP-2),分别与两端板外侧进行耦合。

(5)设置分析步:设置与试验相应的分析步,由各试件实际加载制度(详见 6.2.1.1 节)确定,考虑几何非线性,在场输出中设置分析需要输出的变量,如应力、应变、变形、反力等。

(6)设置荷载:对 RP-2 施加固定约束,作为加载时的边界条件;对 RP-1 施加沿轴压力作用方向的位移以模拟加载过程(约束其他方向的位移和转角)。

(7)划分网格:热分析中,网格采用 DC3D8 八节点线性传热六面体单元;静力分析中,网格选用 C3D8R 八节点六面体单元,整体网格尺度为 10~15 mm,对球、管连接处附近(此处变形最明显)的焊接球、加固板、钢管和加劲肋进行网格局部加密,网格尺寸为 5~8 mm,焊缝网格尺寸取 3 mm。

模型示意图与网格划分如图 6-14 所示。

1. 材料参数

有限元分析采用 von Mises 屈服准则和四折线强化弹塑性应力-应变关系,钢材的弹性模量和泊松比分别为 206.5 GPa 和 0.3,极限强度对应的塑性应变为 0.15;焊接热分析过程中,需选取随温度变化的钢材本构模型。

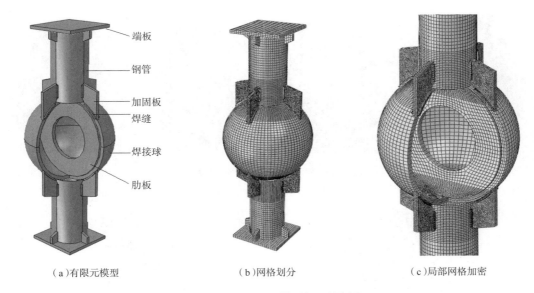

（a）有限元模型　　　　　（b）网格划分　　　　　（c）局部网格加密

图 6-14　有限元分析模型与网格划分

2. 加固过程模拟方法

已有的对钢结构加固的模拟方法应用较多的是生死单元法,它通过"Model Change"功能实现。利用生死单元法,提前定义原结构与加固件的属性、位置与连接,加固件最初被钝化,在模拟过程中某一时间点将被激活(图 6-15(a))。这种方法因操作简单、清晰易懂被广泛应用于结构加固的模拟中。但利用生死单元法时,在原结构出现明显塑性变形后会面临各部件之间相对位移过大,导致连接失效的问题(图 6-15(b));若放大相对位置判定公差使连接强制生效,则网格尺寸不能划分太细,而大尺寸网格又无法保证模拟的精确性;同时,系统自动调整接触面位置时可能会出现网格拉伸、压缩或扭曲变形的现象(图 6-15(c))。因此,生死单元法在结构负载加固,尤其是明显变形后结构的负载加固模拟中具有一定局限性。

为了使结构变形后,加固件与原结构接触面仍能吻合从而使连接生效,可利用"协调变形+预定义场"法。此方法的思路是:在预加载过程中,令加固板与原结构连接始终生效,即加固板也参与变形;同时,通过调整加固板材料属性,使其对原结构力学性能的影响减小至可忽略,通俗地解释,就是在钢结构上包裹一层"棉花",钢与"棉花"接触良好,变形协调,同时"棉花"的存在几乎不影响钢结构的受力性能;在加固分析步中,需要将加固板材性改回真实材性, ABAQUS 可以通过 UMAT 子程序实现在不同分析步中改变材性,但操作较复杂;因此采用预定义场法,复制一个新模型,在新模型中改变加固板材性,同时通过预定义场导入初次原模型的应力、应变、变形等。具体操作如下(图 6-16):

（1）对各部件进行建模;

（2）在相互作用界面设置原结构与加固板连接(通过恰当选择 Tie(绑定)和 Contact(接触)),使加固板在初次加载过程中不产生弯曲、扭转等变形;

1. 全结构建模　　　　2. 设置原结构与加固件连接　　3. 分析开始时钝化加固件　　4. 模拟加固时激活加固件

（a）生死单元法基本原理

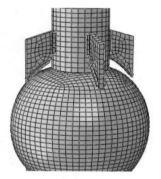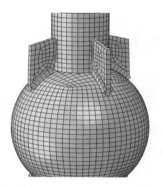

（b）原结构大变形后连接失效　　　　　　　　（c）放大位置公差后大尺寸网格畸变

图 6-15　生死单元法的基本原理及其在加固模拟中的局限性

（3）修改加固板材料参数,将弹性模量设为一个很小的数值,使得加固板对初次加载的影响可以忽略;

（4）进行初次加载分析;

（5）创建一个新模型,导入初次加载分析结果文件中的变形后模型,新模型以网格形式存在,不必也不能重新划分网格;

（6）将加固板与焊缝的材性改为真实值;

（7）在 Predefined Field(预定义场)中将原结构初次加载得到的应力、应变、位移等场变量映射到新模型中,使新模型在之前结果的基础上继续分析(映射时不能选择加固件与焊缝,否则无法改变其材性);

（8）提交作业,进行加固分析。

3. 焊接热影响模拟

在负载状况下,采用焊接板件的方式对节点进行加固,焊接高温会导致瞬间热输入,从而产生不均匀温度场作用于节点,引起材料属性改变,同时在焊接过程中和焊接加固后会产生焊接应力和焊接变形,这些效应都可能对节点的承载能力造成影响。

目前,在焊接负载加固的数值模拟研究中,大部分学者未对焊接过程进行模拟,仅利用静力分析模拟加固的过程,并未考虑在焊接过程中的热影响以及温度对钢材材料性能的影

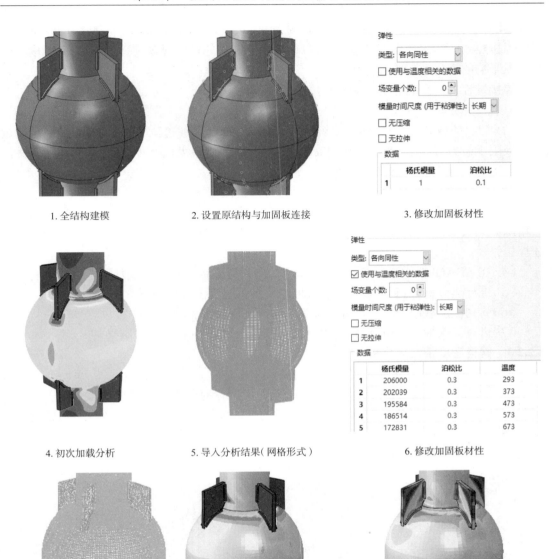

1. 全结构建模

2. 设置原结构与加固板连接

3. 修改加固板材性

4. 初次加载分析

5. 导入分析结果（网格形式）

6. 修改加固板材性

7. 通过预定义场，将初次加载分析结果映射于新模型中

8. 提交作业并进行分析

图 6-16 "协调变形+预定义场"法基本原理

响,因此有必要建立考虑焊接热效应的有限元模型,以追求数值模拟的准确性,同时将是否考虑焊接热效应的两种模型进行对比,分析焊接热影响的作用规律,探究不考虑或间接考虑焊接热影响的简化模型的可行性。

焊接过程与热影响分析方法采用热-力间接耦合法。

4. 有限元分析全过程

(1)初次加载分析,设置两个分析步,Step1 为加载步,通过位移加载控制,加载至超过模型极限承载力,以模拟初次加载;Step2 为卸载步,控制最大增量步限值,从而在结果文件中提取出卸载至 $50\% N_y$、$65\% N_y$、$80\% N_y$ 对应的增量步。

(2)分别建立热分析模型和力分析模型,导入初次加载变形结果。

(3)利用 Fortran 子程序定义热分析参数与热源位置。由于加固时模型已变形,简单的三角函数无法描述实际热源移动路径,因此需要通过取点后回归分析,用指数函数的形式描述焊接路径。

(4)在 ABAQUS 中进行初次加载力分析,得到变形后的模型和应力场。

(5)进行热分析,得到焊接加固、冷却、二次加载过程温度分布场。

(6)将初次加载应力场与热分析温度场导入二次加载力分析模型。

(7)进行二次加载分析,得到应力、位移分布场、荷载-位移曲线等结果。

6.2.2.3 网格密度精细化分析

1. 网格密度精细化分析方法

运用热弹塑性法进行焊接过程分析时,网格密度会对分析精度造成较大影响。本节选用四种网格密度进行精细化分析,为便于之后的大量参数化分析,在能够保证分析精度的前提下,尽量选用较大网格以节约计算成本。选取 4 个点位,如图 6-17 所示,其中,1、2、3 为焊缝上各点,4 为钢管上焊缝附近的点。选用的四种网格密度见表 6-4。

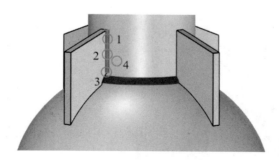

图 6-17   点位示意图

表 6-4   网格精细化分析数据

编号	1	2	3	4
全局网格尺寸(mm)	6	8	10	12
焊缝网格尺寸(mm)	2.5	3.0	3.5	4.0

2. 网格密度精细化分析结果

提取 4 个点位的温度-时间曲线,如图 6-18 所示。由图可见,对于点位 4,网格尺寸改变后,温度-时间曲线峰值和形态改变较明显,焊缝网格尺寸为 6 mm 和 8 mm 左右时,分析结果差别不大;对于焊缝,由于四种网格尺寸都足够小,除 4 mm 网格在点位 3 误差较大外,分析结果几乎一致。因此可以认为 6.2.2.2 节选定的网格尺寸(焊缝网格取 3 mm,焊缝附近钢管、焊接球和钢板取 5~8 mm)合理,从网格尺寸角度,可以保证模拟的精确度。

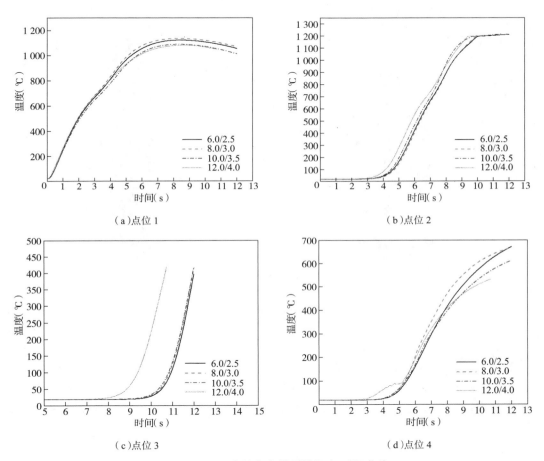

（a）点位 1　　　　　　　　　　　（b）点位 2

（c）点位 3　　　　　　　　　　　（d）点位 4

图 6-18　不同点位各个模型的温度-时间曲线

6.2.2.4　有限元分析结果

1. 不考虑焊接热影响的分析结果

以试件 J4 为例,提取不考虑焊接热影响的应力、应变分析结果云图,如图 6-19~图 6-21 所示。

1)初次加载

由应力云图可知,初次加载过程中,球-管连接位置(球冠处)首先进入塑性,焊接球内部肋板上,钢管、焊接球、加劲肋三者相交点与肋板中心连线位置承受压应力最大,继而进入塑性;焊接球应力由两极向赤道位置递减,但除两极外基本在弹性范围内;钢管除与球相连一端应力较大外,其余部分基本处于弹性段。最大应力出现在球-管连接处。

由应变云图可知,初次加载过程中,模型变形主要集中于焊接球部分,焊接球球冠变形最大,向内凹陷,其余部位变形不明显;加劲肋随着焊接球出现平面内变形,面外未发生鼓曲;钢管轴向变形较小,且上、下钢管轴线未出现偏移。

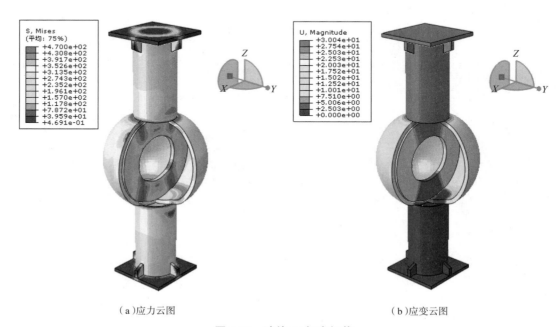

（a）应力云图　　　　　　　　　　　　　　　　（b）应变云图

图 6-19　试件 J4 初次加载

2）卸载

卸载过程中焊接球出现应力重分布,应力集中区域(球冠、肋板与管壁相对处)应力减小,向焊接球与肋板其他位置释放了部分应力。

模型弹性变形恢复了一部分,加载点位移由 30.0 mm 降至 28.6 mm,但卸载过程中整体变形并不明显。

3）二次加载

加固后二次加载,由应力云图可知,初次加载已进入塑性的位置应力增长最快,加固板与原试件连接焊缝处应力增长也较快;加固板上,应力由焊缝处向板自由角处递减,应力等值线呈对角线分布;钢管少部分进入塑性。

由应变云图可知,二次加载时,加固板的存在显著提高了节点域的刚度,因而变形主要集中于钢管的轴向压缩,但上、下钢管轴线仍未出现偏心。

二次加载与初次加载不同,初次加载时焊接球应力和变形基本关于 XOY 平面对称,而二次加载时焊接球一侧(Z 轴负方向)及其加固板的应力和变形都显著大于另一侧(Z 轴正方向)。

（a）应力云图   （b）应变云图

图 6-20 试件 J4 卸载

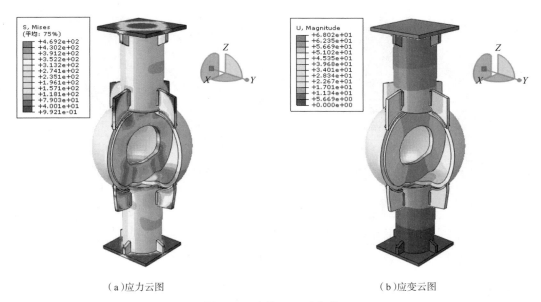

（a）应力云图   （b）应变云图

图 6-21 试件 J4 二次加载

2. 考虑焊接热影响的分析结果

为与 6.2.2.4 节对比,同样以试件 J4 为例,提取考虑焊接热影响的热、力分析结果,如图 6-22~图 6-24 所示。

1) 初次加载与卸载

此过程不涉及焊接热影响,应力、应变及变形的规律同 6.2.2.4 节。

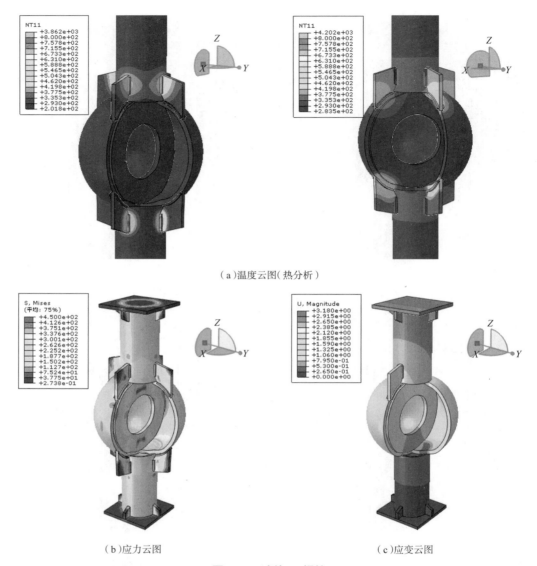

（a）温度云图（热分析）

（b）应力云图　　　　　　　　　　　　（c）应变云图

图 6-22　试件 J4 焊接

2）焊接

由图 6-22（a）可见，焊接过程中最高温度（焊点中心）超过 3 000 ℃，焊接热影响区主要在热源周围 10 mm 左右，焊接产生的热量基本集中于此区域内，随着时间增长，热量逐渐向模型其余部分与外界环境扩散。

由图 6-22（b）可见，加固过程中，球冠、加固板焊缝处进入塑性，且应力场与温度场呈现类似分布规律。

3）冷却

由图 6-23（a）可见，随着时间增长，集中于焊接路径上的热量逐渐向节点其余部分与空气中扩散；经过 1 h 的冷却，焊缝、加固板、焊接球温度最高，约为 48 ℃，其余位置基本已经接近室温。

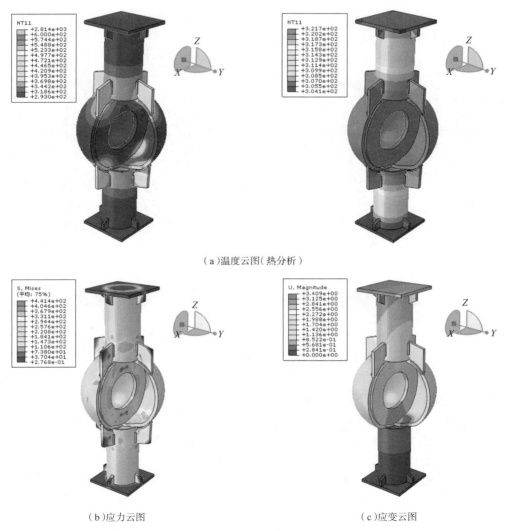

（a）温度云图（热分析）

（b）应力云图　　　　　　　　　　　　　　　　（c）应变云图

图 6-23　试件 J4 冷却

由图 6-23（b）可见，与加固刚完成时相比，冷却后应力重分布现象不明显，应力场与温度场仍呈现类似分布。

由图 6-23（c）可见，冷却后管轴线与 Z 轴不重合现象仍然存在，即上、下管轴线相对偏转。

4）二次加载

加固后进行二次加载，由图 6-24（a）可见，初次加载已进入塑性的位置应力增长最快，加固板与原试件连接焊缝处应力增长也较快；加固板上，应力由焊缝处向板自由角处递减，应力等值线呈对角线分布；与不考虑焊接热影响的应力云图相比，钢管进入塑性部分更多，说明加固对钢管承载能力有削弱作用。

由图 6-24（b）可见,二次加载时,加固板的存在显著提高了节点域的刚度,因而变形主要集中于轴向压缩,上、下钢管轴线出现明显的偏移,由于加载板转动被加载装置约束,轴线偏移主要表现为焊接球在水平方向上的移动。

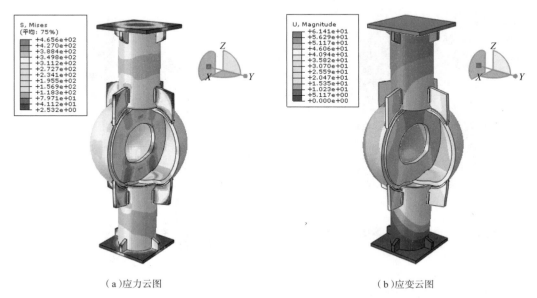

（a）应力云图　　　　　　　　　　　　　　（b）应变云图

图 6-24　试件 J4 二次加载

6.2.2.5　数值模拟与试验荷载-位移曲线对比

通过试验和有限元模拟获得节点的力学性能指标及荷载-位移曲线,如图 6-25 所示。

试件 J1:初次加载阶段,试验与有限元的荷载-位移曲线趋势相近。弹性阶段,试验曲线斜率相对小,可能是由于试验中压力机回油所引起的误差,这会导致试验读出的位移数据偏大,从而导致曲线斜率较小;试验中曲线出现了较明显的屈服平台,有限元分析中屈服平台与强化段区别不明显,这一差异可能是由有限元分析选用材料的材性与真实材性存在的差异所致。

二次加载阶段,试验曲线承载力峰值未达到卸载前试件荷载,而有限元曲线承载力峰值与卸载前试件荷载一致,这说明真实情况下结构在初次加载后出现的变形、微观损伤等会影响其后续承载力,而有限元分析未考虑这些损伤,属于理想状态。

试件 J2:弹性阶段,同样由于试验中压力机回油误差引起曲线斜率较低;强化阶段,有限元曲线上升较慢,因此极限承载力对应的位移更大;相应试验曲线说明加固后节点刚度更大,随着变形增加,承载力上升较快,但延性较差,峰值后承载力下降快。这一差异是由于试验与有限元分析中试件破坏现象存在差异,由于未考虑焊缝断裂,未能反映出真实破坏模式及其对荷载-位移曲线的影响。

试件 J3、J4、J5:初次加载阶段,曲线对比与试件 J1 类似。

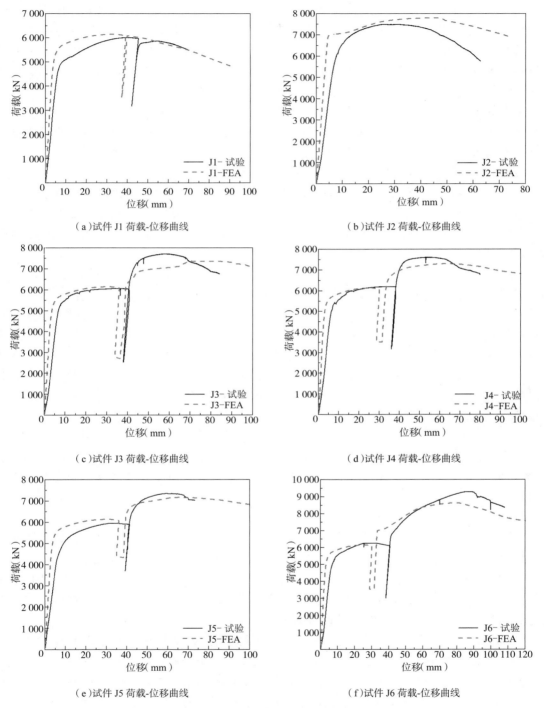

（a）试件 J1 荷载-位移曲线

（b）试件 J2 荷载-位移曲线

（c）试件 J3 荷载-位移曲线

（d）试件 J4 荷载-位移曲线

（e）试件 J5 荷载-位移曲线

（f）试件 J6 荷载-位移曲线

图 6-25　各试件试验、有限元荷载-位移曲线对比

二次加载阶段,有限元分析得到的极限承载力、承载力提高系数以及节点刚度都小于试验结果,极限承载力对应位移大于试验结果,这说明由于二者破坏模式不同,超过极限承载力后荷载-位移曲线的后续发展模拟不完善,但仅从极限承载力数值上看,有限元分析符合试验得到的规律,即加固时负载越大,承载力提高系数越小;从模拟过程分析,加固时负载越大,在焊接热影响作用下结构变形越大,对极限承载力削弱越明显。

试件 J6:初次加载阶段,曲线对比与试件 J1 类似。

二次加载阶段,由于二者破坏模式不同,超过极限承载力后荷载-位移曲线的后续发展模拟不完善;仅从极限承载力数值上看,试验与有限元分析所得结果较为接近。

6.2.2.6　有限元参数化分析

有限元参数化分析的目的是通过大量的数值模拟,得到各个可能因素对设计结果的影响规律。本章针对焊接空心球节点负载加固进行研究,数值模拟方法详见 6.2.2 节。由于考虑焊接热影响与负载情况的数值模拟计算量较大,难以实现大量建模分析,为了保证模型数量足够,设计二层次参数化分析方法。

第一层次考虑各参数对承载力提高系数的影响。此时模型为理想状态,负载为 0,不考虑焊接热。首先通过正交试验判断各参数是否对承载力提高系数有影响,定性分析其影响程度;然后通过编写 Python 代码,在有限元软件 ABAQUS 中批量建立静力分析模型;最后通过大量的模拟结果,利用 MATLAB 进行多元回归分析得到初步(理想状态下)的加固承载力提高设计公式,此公式可反映节点基本物理参数的影响。

第二层次考虑节点损伤程度、负载水平、焊接热影响对加固效果的削弱。基于第一层次设计的结果,选取一些具有代表性的模型,建立热-力耦合模型进行分析,对第一层次分析所得公式进行修正(以负载水平、节点损伤程度为变量,提出折减系数)。

1. 第一次参数化分析

在保证精确模拟节点受力的前提下,为了节约计算成本,以 XOY 平面为对称面取半结构,按照设计尺寸对焊接球、钢管、肋板、端板、加固板与焊缝分别建立实体单元模型。建模过程如下。

(1)在 Part(部件)模块建立各部分的实体模型。

(2)在 Assembly(装配)模块组装各部件。通过 Merge(布尔操作)用空心球切割钢管和加劲肋、加固板等部件,使其与空心球表面形成相贴合的曲面。

(3)在 Material(材料)模块输入钢材的材料力学参数。按照 von Mises 屈服准则,设置焊接空心球与加固钢板所用钢材材性和理想弹塑性应力-应变关系,钢材的弹性模量和泊松比分别为 206.5 GPa 和 0.3,钢管设置为刚体。

(4)在 Interaction(相互作用)模块采用 Tie(绑定)约束模拟各部件之间的焊接连接;在钢管上表面中心点设置一个参考点 RP-1,与钢管上表面进行耦合。

(5)在 Step(分析步)模块设置相应分析步,分析步设置取决于各模型实际加载制度(详见 6.2.1.1 节),考虑几何非线性,在 Field Output(场输出)中设置分析需要输出的变量,如应力、应变、变形、反力等。

(6)在 Load(荷载)模块对模型对称面施加对称约束,作为加载时的边界条件;对 RP-1 施加沿轴力作用方向的位移(约束其他方向的位移和转角)。

（7）在 Mesh(网格)模块划分网格。网格选用 C3D8R(八节点六面体单元)，整体网格尺度为 10~15 mm，对球、管连接位置(此处变形最明显)进行网格局部加密，网格尺寸为 5~8 mm。

（8）在 Visualization(可视化)模块提取分析结果。抗压极限承载力选取最大塑性应变达到 25% 时对应的耦合点反力，抗拉极限承载力选取荷载-位移曲线峰值；分别提取未加固节点极限承载力 RF_0 和加固后节点极限承载力 RF_1，以 RF_1 / RF_0 作为承载力提高系数。

有限元模型与网格划分如图 6-26 所示。

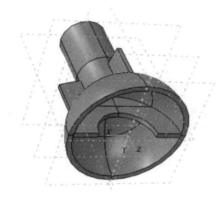 

（a）有限元模型 （b）网格划分

图 6-26　有限元模型与网格划分

1)正交试验设计

正交试验设计(Orthogonal Experimental Design)是研究多因素多水平的一种设计方法，它是根据正交性从全面试验中挑选出部分有代表性的点进行试验，这些有代表性的点具备"均匀分散、齐整可比"的特点，正交试验设计是分式析因设计的主要方法，是一种高效、快速、经济的试验设计方法。日本著名的统计学家田口玄一将正交试验选择的水平组合列成表格，该表称为正交表。

通过正交试验，判断节点加固涉及的各类参数对加固后极限承载力提高系数是否有影响，同时定性地判断其影响程度，考虑表 6-5 所列 9 个参数(各参数的物理意义如图 6-27 所示)。

表 6-5　正交试验中考虑的各参数

编号	参数	水平 1	水平 2	水平 3	水平 4
1	焊接球直径 D(mm)	600	650	700	750
2	焊接球壁厚 T(mm)	22	25	28	30
3	焊接球肋板孔径	不加肋	$D/4$	$D/3$	$D/2$
4	加固板数 n	2x	2y	4	6
5	加固板宽度/球径(b / D)	0.175	0.2	0.225	0.25

编号	参数	水平 1	水平 2	水平 3	水平 4
6	加固板高度/球径(h/D)	0.175	0.2	0.225	0.25
7	加固板厚度/球壁厚(t/T)	0.7	0.8	0.9	1.0
8	加固板边缘角度 α(°)	90	100	120	150
9	钢材屈服强度 f(MPa)	235	290	345	400

注:"加固板数 n"中 2x 表示设置 2 个加固板,加固板与焊接球肋板共面;2y 表示设置 2 个加固板,加固板与焊接球肋板垂直。

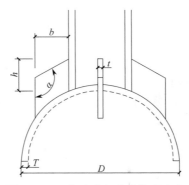

图 6-27　正交试验各参数物理意义

对于 9 参数 4 水平的正交试验,选用 L32(9-4)正交表,建立 32 个模型进行有限元分析,各模型的具体参数见表 6-6。

表 6-6　L32(9-4)正交表

	D(mm)	T(mm)	肋板孔径	f(MPa)	n	t/T	b/D	h/D	α(°)
1	600	22	不加肋	235	2x	0.7	0.175	0.175	90
2	600	25	$D/4$	290	2y	0.8	0.200	0.200	100
3	600	28	$D/3$	345	3	0.9	0.225	0.225	120
4	600	30	$D/2$	400	4	1.0	0.250	0.250	150
5	650	22	不加肋	290	2y	0.9	0.225	0.250	150
6	650	25	$D/4$	235	2x	1.0	0.250	0.225	120
7	650	28	$D/3$	400	4	0.7	0.175	0.200	100
8	650	30	$D/2$	345	3	0.8	0.200	0.175	90
9	700	22	$D/4$	345	4	0.7	0.200	0.225	150
10	700	25	不加肋	400	3	0.8	0.175	0.250	120
11	700	28	$D/2$	235	2y	0.9	0.250	0.175	100
12	700	30	$D/3$	290	2x	1.0	0.225	0.200	90
13	750	22	$D/4$	400	3	0.9	0.250	0.200	90

续表

	D(mm)	T(mm)	肋板孔径	f(MPa)	n	t/T	b/D	h/D	α(°)
14	750	25	不加肋	345	4	1.0	0.225	0.175	100
15	750	28	$D/2$	290	2x	0.7	0.200	0.250	120
16	750	30	$D/3$	235	2y	0.8	0.175	0.225	150
17	600	22	$D/2$	235	4	0.8	0.225	0.200	120
18	600	25	$D/3$	290	3	0.7	0.250	0.175	150
19	600	28	$D/4$	345	2y	1.0	0.175	0.250	90
20	600	30	不加肋	400	2x	0.9	0.200	0.225	100
21	650	22	$D/2$	290	3	1.0	0.175	0.225	100
22	650	25	$D/3$	235	4	0.9	0.200	0.250	90
23	650	28	$D/4$	400	2x	0.8	0.225	0.175	150
24	650	30	不加肋	345	2y	0.7	0.250	0.200	120
25	700	22	$D/3$	345	2x	0.8	0.250	0.250	100
26	700	25	$D/2$	400	2y	0.7	0.225	0.225	90
27	700	28	不加肋	235	3	1.0	0.200	0.200	150
28	700	30	$D/4$	290	4	0.9	0.175	0.175	120
29	750	22	$D/3$	400	2y	1.0	0.200	0.175	120
30	750	25	$D/2$	345	2x	0.9	0.175	0.200	150
31	750	28	不加肋	290	4	0.8	0.250	0.225	90
32	750	30	$D/4$	235	3	0.7	0.225	0.250	100

2）正交试验结果

正交试验结果见表 6-7。

表 6-7　正交试验结果

球径			壁厚			肋板孔径		
ka1	1.238	1.273	kb1	1.252	1.312	kc1	1.334	1.423
ka2	1.255	1.297	kb2	1.281	1.336	kc2	1.253	1.250
ka3	1.263	1.287	kb3	1.271	1.310	kc3	1.240	1.266
ka4	1.311	1.377	kb4	1.262	1.275	kc4	1.239	1.294
极差	0.073	0.104	极差	0.029	0.061	极差	0.015	0.044
材料			板数量			板厚/壁厚		
kd1	1.259	1.301	ke1	1.170	1.182	kf1	1.217	1.234
kd2	1.261	1.314	ke2	1.149	1.170	kf2	1.273	1.332
kd3	1.269	1.312	ke3	1.303	1.346	kf3	1.278	1.316

kd4	1.277	1.307	ke4	1.444	1.535	kf4	1.298	1.351
极差	0.018	0.013	极差	0.274	0.353	极差	0.080	0.118
板宽/球径			板高/球径			角度		
kg1	1.242	1.281	kh1	1.247	1.289	ki1	1.299	1.356
kg2	1.261	1.289	kh2	1.252	1.288	ki2	1.283	1.342
kg3	1.274	1.335	kh3	1.278	1.330	ki3	1.269	1.310
kg4	1.290	1.329	kh4	1.289	1.326	ki4	1.214	1.225
极差	0.048	0.054	极差	0.042	0.042	极差	0.084	0.131

注：ka_i、kc_i、kd_i、kf_i、kg_i、ki_i 表示每个因素在各个水平下的指标总和。

正交试验结果显示，极差 R 越大，说明此项因素对分析结果影响越大。各因素对加固后焊接空心球节点承载力提高系数的影响程度由大到小排列如下。

抗拉：板数量>是否加肋板>角度>板厚>球径>板宽>板高>壁厚>材料。

抗压：板数量>是否加肋板>角度>板厚>球径>壁厚>板宽>板高>材料。

为了避免其他参数的差异对待研究参数的影响，提高结论的普适性，根据正交试验结果，挑选 8 种代表性模型，材料均为 Q345，其他参数见表 6-8。

表 6-8　8 种代表性模型的参数取值

编号	球径（mm）	壁厚（mm）	肋板孔径	板数	板厚/壁厚	板宽/球径	板高/球径	角度（°）
1	600	22	不加肋	2	0.7	0.175	0.175	150
2	600	25	D/4	3	0.8	0.2	0.2	120
3	650	28	D/2	4	0.9	0.225	0.225	100
4	650	30	D/3	1	1	0.25	0.25	90
5	700	22	不加肋	2	0.9	0.225	0.25	150
6	700	25	D/4	3	1	0.25	0.225	120
7	750	28	D/4	4	0.7	0.175	0.2	100
8	750	30	D/4	1	0.8	0.2	0.175	90

考虑加固板数量、加肋情况、焊接球直径、焊接球壁厚、加固板边缘角度、加固板厚度、加固板宽度、加固板高度等 8 个变量。以考虑加固板数量这一参数为例，对每个代表模型，其他参数不变，肋板数量取 4 种水平，分析计算未加固节点拉/压极限承载力和加固后节点拉/压极限承载力，得到拉/压承载力提高系数。

（1）加固板数量。如图 6-28 所示，每端设置 2 个加固板时，沿 *XOZ* 或 *YOZ* 平面设置对承载力提高系数有微小影响；当加固板数量增加时，承载力提高系数随之线性增长，因此计算公式中可不考虑加固板设置的方向，仅考虑数量，承载力提高系数与加固板数量成正比，其比值与其他因素有关。

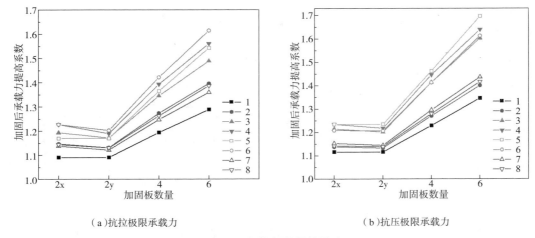

（a）抗拉极限承载力　　　　　　　　　　（b）抗压极限承载力

图 6-28　加固板数量的影响

（2）加肋情况。如图 6-29 所示，对于不加肋焊接球节点，这种加固方式得到的承载力提高系数更高，与加肋焊接球相比，抗拉极限承载力提高系数提高 1.05~1.10 倍，抗压极限承载力提高系数提高 1.05~1.18 倍，同时明显看出，加固板个数越多，不加肋和加肋焊接球的承载力提高系数差异越大：加固板个数为 2 时，抗拉承载力提高系数相差 1.05 倍，抗压承载力提高系数相差 1.08 倍；加固板个数为 4 时，抗拉承载力提高系数相差 1.08 倍，抗压承载力提高系数相差 1.12 倍；加固板个数为 8 时，抗拉承载力提高系数相差 1.10 倍，抗压承载力提高系数相差 1.16 倍。

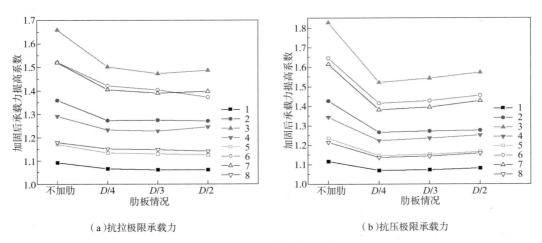

（a）抗拉极限承载力　　　　　　　　　　（b）抗压极限承载力

图 6-29　加肋情况的影响

（3）焊接球直径。如图 6-30 所示，个别模型中抗拉极限承载力提高系数与焊接球直径正相关（如曲线 2、曲线 6），但大部分曲线数值稳定；各模型中抗压极限承载力提高系数普遍与焊接球直径正相关，但数值变化平缓，直径增加 100 mm，承载力提高系数增加约 2%。

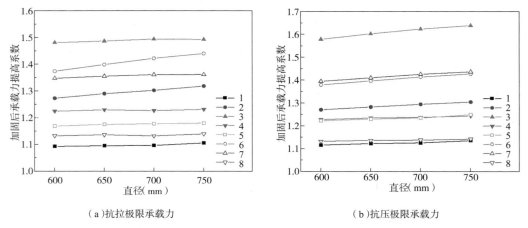

（a）抗拉极限承载力　　　　　　　　　　　（b）抗压极限承载力

图 6-30　焊接球直径的影响

（4）焊接球壁厚。如图 6-31 所示,个别模型中抗拉极限承载力提高系数受焊接球壁厚变化影响出现波动,波动方向不一且数值变动幅度较小;各模型中抗压极限承载力提高系数普遍与壁厚负相关,但数值变化平缓,壁厚增加 10 mm,承载力提高系数增加约 3%。

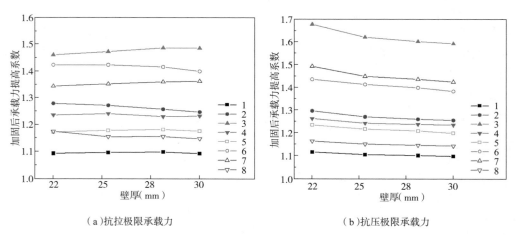

（a）抗拉极限承载力　　　　　　　　　　　（b）抗压极限承载力

图 6-31　焊接球壁厚的影响

（5）加固板边缘角度。如图 6-32 所示,加固板边缘角度变动时,各模型的承载力提高系数变化普遍较明显。从力学角度分析,加固板边缘角度决定了板件形状及刚度,因此承载力提高系数差异明显。加固板边缘角度为 150° 时加固板形状基本为三角形,承载力提升效果大幅下降。

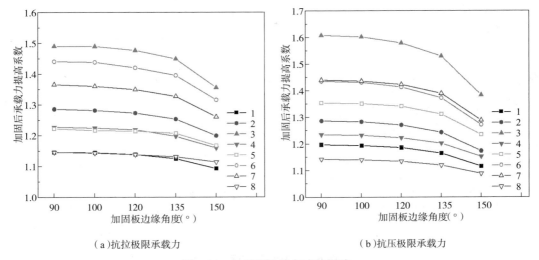

（a）抗拉极限承载力　　　　　　　　　（b）抗压极限承载力

图 6-32　加固板边缘角度的影响

（6）加固板厚度。如图 6-33 所示,当加固板厚度增加时,承载力提高系数与之成正比,比值基本稳定,厚度增加 25%,提高系数增加 3%~5%。

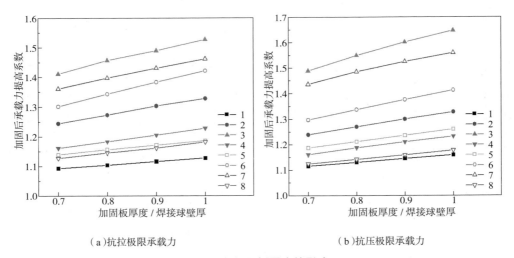

（a）抗拉极限承载力　　　　　　　　　（b）抗压极限承载力

图 6-33　加固板厚度的影响

（7）加固板宽度。如图 6-34 所示,当加固板宽度增加时,部分模型中承载力提高系数随加固板宽度增大而增大,但变动幅度较小,这说明加固板宽度对承载力提高系数影响不明显;当加固板宽度与焊接球直径比值过小(如 0.175 时,承载力提高系数明显降低。因此,公式中可不考虑加固板宽度影响,但需要设置下限值以保证公式的普适性。

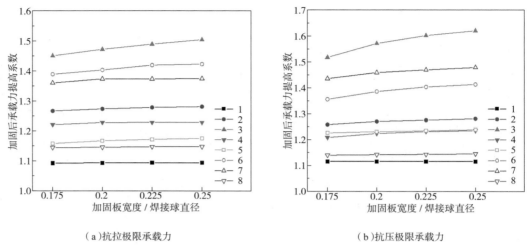

（a）抗拉极限承载力　　　　　　　　　（b）抗压极限承载力

图 6-34　加固板宽度的影响

（8）加固板高度。如图 6-35 所示，当加固板高度增加时，承载力提高系数与之成正比，除个别曲线外比值基本稳定，高度增加 25%，提高系数增加 3%~4%。

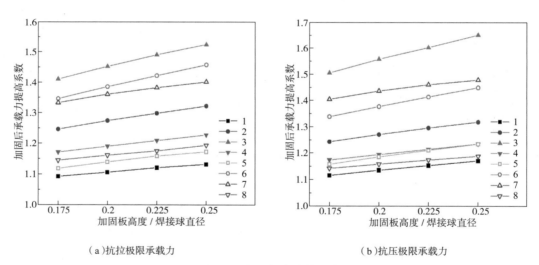

（a）抗拉极限承载力　　　　　　　　　（b）抗压极限承载力

图 6-35　加固板高度的影响

2. 第二次参数化分析

分析结构初始损伤程度的影响时需要引入预定义场重新建模，分析加固过程中负载大小的影响时采用热-力耦合分析，两种分析方法计算量都较大，分析软件运行时间过长。选取直径 600 mm、厚度 25 mm 的 Q345 材质加肋焊接空心球节点为代表，加固板参数 $b/D = h/D = 0.175$，$t/T = 0.8$，$\alpha = 100°$，如图 6-36 所示。

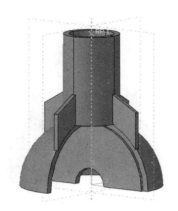
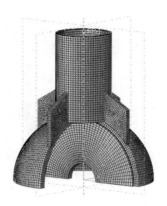

（a）初始结构建模　　　　　　　　　　　　　（b）网格划分

图 6-36　结构建模与网格划分

初始损伤程度分析：由于焊接球节点受拉破坏为脆性破坏，节点出现明显塑性受拉变形后一般不宜继续使用，因此本节只研究受压塑性损伤对加固效果的影响；加固时负载为 0，以球冠变形代表结构初始损伤，变化范围为 0~1.2Δ_u（Δ_u 表示结构达到抗压极限承载力时对应的球冠变形），建立静力通用模型如图 6-37（a）至（d）所示。引入结构初始塑性损伤的方法详见 6.2.2.2 节第 2 部分。

负载水平分析：分析结构时，假定结构无初始损伤，加固时负载变化范围为 0~1.2N_y（N_y 表示未加固节点的弹性极限承载力），建立热传递和静力通用模型如图 6-37（e）（f）所示。

8 种模型在不同初始损伤情况下加固后的抗压极限承载力汇总于表 6-9，抗压极限承载力提高系数-结构初始塑性损伤曲线如图 6-38 所示。

表 6-9　不同初始损伤程度下抗压极限承载力及其提高系数

初始损伤	原结构极限承载力（kN）	加固后极限承载力（kN）	承载力提高系数
0		9 199	1.348
20%Δ_u		9 148	1.341
40%Δ_u		9 076	1.330
60%Δ_u	6 822	9 002	1.320
80%Δ_u		8 925	1.308
100%Δ_u		8 848	1.297
120%Δ_u		8 789	1.288

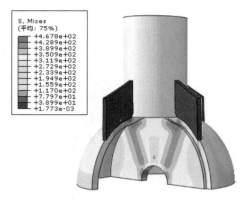

（a）初次损伤应力场和变形

（b）通过 odb 文件导入变形后模型

（c）引入结构初始塑性损伤与应力场

（d）进行加固后模型静力分析

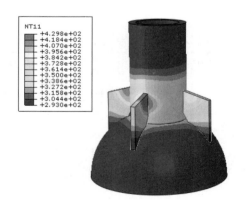

（e）热传递分析得到温度场

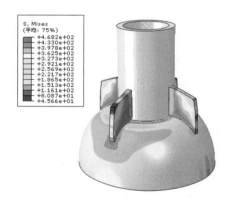

（f）导入温度场进行静力分析

图 6-37　结构负载水平分析模型

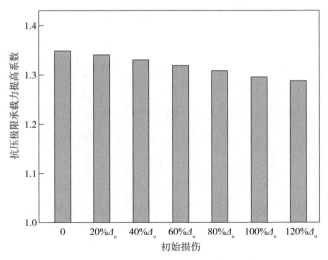

图 6-38　初始损伤对抗压极限承载力提高系数的影响

由图 6-38 可见,加固焊接空心球节点抗压极限承载力提高系数随初始损伤程度增加而减小,且二者接近线性关系。

13 种模型在不同负载下加固后的抗压极限承载力汇总于表 6-10、表 6-11,抗压极限承载力提高系数-加固负载曲线如图 6-39 所示。

表 6-10　不同负载下抗拉极限承载力及其提高系数

负载水平	原结构极限承载力 （kN）	加固后极限承载力 （kN）	承载力提高系数
0		9 595	1.277
10% N_y		9 395	1.250
20% N_y		9 240	1.229
30% N_y		9 051	1.204
40% N_y		8 919	1.187
50% N_y		8 751	1.164
60% N_y	7 516	8 583	1.142
70% N_y		8 412	1.119
80% N_y		8 230	1.095
90% N_y		8 066	1.073
100% N_y		7 899	1.051
110% N_y		7 758	1.032
120% N_y		7 612	1.013

表 6-11　不同负载下抗压极限承载力及其提高系数

负载水平	原结构极限承载力 （kN）	加固后极限承载力 （kN）	承载力提高系数
0		9 010	1.379
10% N_y		8 849	1.354
20% N_y		8 698	1.331
30% N_y		8 559	1.310
40% N_y		8 433	1.291
50% N_y		8 309	1.272
60% N_y	6 534	8 188	1.253
70% N_y		8 059	1.233
80% N_y		7 950	1.217
90% N_y		7 821	1.197
100% N_y		7 712	1.180
110% N_y		7 628	1.167
120% N_y		7 519	1.151

由图 6-39 可见，加固焊接空心球节点承载力提高系数随加固负载值增加而减小，且二者接近线性关系。

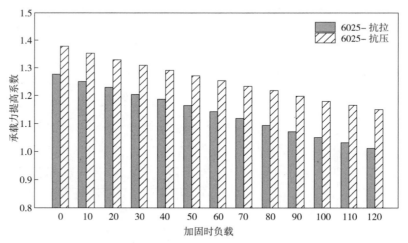

图 6-39　加固时负载对极限承载力提高系数的影响
注：横轴数字"10"表示 10% N_y，其他同理

6.2.3　加固焊接球节点承载力公式理论研究

本节利用板壳理论，对一般焊接空心球节点与加固后焊接空心球节点进行应力分析，判断这种加固方式在力学层面的合理性，初步推导加固后焊接空心球节点承载力公式形式。

6.2.3.1　薄壳理论简介

唐海军等通过大量参数化分析得到,对于一般的焊接空心球节点,壁厚/半径虽不能严格满足"薄壳"定义,但仍适用于此理论。

1. 节点在板壳理论中的等效模型

一般焊接球节点等效模型:空心球与钢管焊接,轴心受压,属于典型的旋转壳体轴对称变形问题。取 Z 轴正向半结构,钢管传至球壳的力用球-管连接处集中荷载 P 表示;对称面上,焊接球径向变形量甚微,边界条件按固端考虑。求解思路如图 6-40(a)所示,将集中荷载 P 等效为沿钢管与焊接球接触面的径向集中力 N 和绕接触点的弯矩 M,先按无矩理论求得球壳无矩内力,再按有矩理论加以修正。

加固焊接球节点等效模型:不同的加固方法得到的简化模型是不同的。对本书选用的加固方法而言,图 6-40(b)中 1—1 剖面和 2—2 剖面表示此时节点不同位置的两种简化模型。

对 1—1 剖面而言,原节点为钢管厚度方向与焊接球连接,可简化为集中力进行分析,加固后变为加固板+钢管厚度方向与焊接球连接,可简化为线荷载进行分析,均布荷载进而等效为集中荷载,同时焊接球上端边界位置发生改变,即 φ_0 改变,具体数值与线荷载分布情况有关,而线荷载分布又由加固板物理参数确定。

对 2—2 剖面而言,与一般焊接球节点无异,只是随着钢管与焊接球接触面积的增加, P 相对减小。P 为定值时,焊接球节点所能承受的极限力与加固板和钢管截面与焊接球接触的总面积成正比,即加固板厚度、宽度越大,加固板数量越多,承载力提高越明显。

2. 一般焊接球节点的理论解

浙江大学唐海军等利用薄壳理论对一般焊接空心球节点进行了分析计算,得到的相关结论如下。

焊接球外表面任一点正应力:

$$\sigma_\varphi = \frac{(1+\mu)\,P}{\beta t \sin\varphi_0} \cot\varphi \cdot e^{\beta(\varphi_0-\varphi)}(\cos\beta\varphi_0\cos\beta\varphi + \sin\beta\varphi_0\sin\beta\varphi)$$
$$- \frac{3(1+\mu)\,RP}{\beta^2 t^2\sin\varphi_0} e^{\beta(\varphi_0-\varphi)}\big[(\cos\beta\varphi_0 + \sin\beta\varphi_0)\,\cos\beta\varphi + (\sin\beta\varphi_0 - \cos\beta\varphi_0)\,\sin\beta\varphi\big]$$
$$- \frac{P\sin\varphi_0}{t\sin^2\varphi} \tag{6-1}$$

焊接球外表面任一点剪应力:

$$\sigma_\theta = -\frac{(1+\mu)\,P}{t\sin\varphi_0} e^{\beta(\varphi_0-\varphi)}\big[(\cos\beta\varphi_0 - \sin\beta\varphi_0)\,\cos\beta\varphi + (\cos\beta\varphi_0 + \sin\beta\varphi)\,\sin\beta\varphi\big]$$
$$- \frac{3\mu(1+\mu)\,RP}{\beta^2 t^2\sin\varphi_0} e^{\beta(\varphi_0-\varphi)}\big[(\cos\beta\varphi_0 + \sin\beta\varphi_0)\,\cos\beta\varphi + (\sin\beta\varphi_0 - \cos\beta\varphi_0)\,\sin\beta\varphi\big]$$
$$+ \frac{P\sin\varphi_0}{t\sin^2\varphi} \tag{6-2}$$

其中:

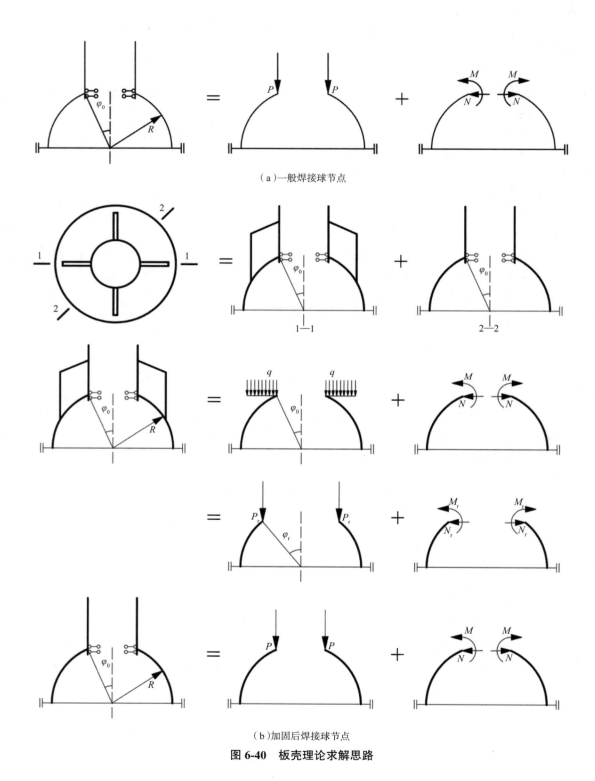

（a）一般焊接球节点

（b）加固后焊接球节点

图 6-40　板壳理论求解思路

$$\beta = \sqrt[4]{3(1-\mu^2)\left(\frac{R}{t}\right)^2} \tag{6-3}$$

其最大应力出现在 $\varphi = \varphi_0$ 处, 此处:

$$\sigma_{\varphi_0} = \frac{(1+\mu)P}{\beta t \sin^2 \varphi_0} \cos \varphi_0 - \frac{3(1+\mu)RP}{\beta^2 t^2 \sin \varphi_0} - \frac{P}{t \sin \varphi_0}$$

$$= \frac{P}{t \sin \varphi_0} \left(\frac{1+\mu}{\beta \tan \varphi_0} - \frac{3(1+\mu)}{\sqrt{3(1-\mu^2)}} - 1 \right) \tag{6-4}$$

$$\sigma_{\theta_0} = -\frac{(1+\mu)P}{t \sin \varphi_0} - \frac{3\mu(1+\mu)RP}{\beta^2 t^2 \sin \varphi_0} + \frac{P}{t \sin \varphi_0}$$

$$= -\mu \left(\frac{3(1+\mu)}{\sqrt{3(1-\mu^2)}} + 1 \right) \frac{P}{t \sin \varphi_0} \tag{6-5}$$

式中: t——空心球壁厚;

　　　P——集中荷载;

　　　φ_0——集中力 P 作用点和球心连线与钢管轴线的角度;

　　　φ——焊接球外表面任一点和球心连线与钢管轴线的角度;

　　　R——焊接球内半径;

　　　μ——材料泊松比。

6.2.3.2　加固焊接球节点的理论解

为便于计算, 将 $\beta = \sqrt[4]{3(1-\mu^2)\left(\frac{R}{t}\right)^2}$, $\mu = 0.3$ 代入式 (6-4)、(6-5) 得

$$\sigma_{\varphi_0} = \frac{P}{t \sin \varphi_0} \left[\frac{(1+\mu)\cot \varphi_0}{\sqrt[4]{3(1-\mu^2)}} \sqrt{\frac{t}{R}} - \frac{3(1+\mu)}{\sqrt{3(1-\mu^2)}} - 1 \right]$$

$$= \frac{P}{t \sin \varphi_0} \left(\sqrt{\frac{t}{R}} \cot \varphi_0 - 3.36 \right) \tag{6-6}$$

$$\sigma_{\theta_0} = -\frac{P}{t \sin \varphi_0} \cdot \mu \left[1 + \frac{3(1+\mu)}{\sqrt{3(1-\mu^2)}} \right] = -\frac{P}{t \sin \varphi_0} \tag{6-7}$$

此处 Mises 等效应力为

$$\sigma_{\text{Mises}} = \frac{1}{\sqrt{2}} \sqrt{\sigma_{\varphi_0}^2 + \sigma_{\theta_0}^2 + (\sigma_{\varphi_0} - \sigma_{\theta_0})^2}$$

$$2(\sigma_{\text{Mises}})^2 = \sigma_{\varphi_0}^2 + \sigma_{\theta_0}^2 + (\sigma_{\varphi_0} - \sigma_{\theta_0})^2$$

$$= \left[\frac{P}{t \sin \varphi_0} \left(\sqrt{\frac{t}{R}} \cot \varphi_0 - 3.36 \right) \right]^2 + \frac{P^2}{t^2 \sin^2 \varphi_0} + \left[\frac{P}{t \sin \varphi_0} \left(\sqrt{\frac{t}{R}} \cot \varphi_0 - 2.36 \right) \right]^2$$

$$= \frac{P^2}{t^2 \sin^2 \varphi_0} \left[\left(\sqrt{\frac{t}{R}} \cot \varphi_0 - 3.36 \right)^2 + 1 + \left(\sqrt{\frac{t}{R}} \cot \varphi_0 - 2.36 \right)^2 \right]$$

$$= \frac{P^2}{t^2\sin^2\varphi_0}\left(\frac{2t}{R}\cot^2\varphi_0 - 11.44\sqrt{\frac{t}{R}}\cot\varphi_0 + 17.86\right)$$

$$\sigma_{\text{Mises}} = \frac{P}{\sqrt{2}t\sin\varphi_0}\left(\frac{2t}{R}\cot^2\varphi_0 - 11.44\sqrt{\frac{t}{R}}\cot\varphi_0 + 17.86\right)^{1/2} \tag{6-8}$$

$$P_{\max} = \frac{\sqrt{2}t\sigma_{\max}\sin\varphi_0}{\left(\dfrac{2t}{R}\cot^2\varphi_0 - 11.44\sqrt{\dfrac{t}{R}}\cot\varphi_0 + 17.86\right)^{1/2}} \tag{6-9}$$

在此基础上,建立轴力 N 与平面上集中力 P 的转换关系,即可求得极限承载力。由式(6-9)易得,计算模型集中力 P 与 R、t、φ_0、$\sigma_{\max}$ 有关。轴力 N 由各平面上的 P 求和而得,即

$$N = N_{\text{p}} + N_{\text{r}} = 2\pi r P_{\max,\text{p}} + n t_{\text{r}} P_{\max,\text{r}} = \frac{2\sqrt{2}\pi t r \sigma_{\max}\sin\varphi_0}{\left(\dfrac{2t}{R}\cot^2\varphi_0 - 11.44\sqrt{\dfrac{t}{R}}\cot\varphi_0 + 17.86\right)^{1/2}}$$

$$+ \frac{\sqrt{2}n t t_{\text{r}}\sigma_{\max}\sin\varphi_{\text{r}}}{\left(\dfrac{2t}{R}\cot^2\varphi_{\text{r}} - 11.44\sqrt{\dfrac{t}{R}}\cot\varphi_{\text{r}} + 17.86\right)^{1/2}} \tag{6-10}$$

定义加固后承载力提高系数 $\eta = \dfrac{N}{N_{\text{p}}} = 1 + \dfrac{N_{\text{r}}}{N_{\text{p}}}$,代入式(6-10)得 \hfill (6-11)

$$\begin{aligned}
\eta &= \frac{N}{N_{\text{p}}} = 1 + \frac{N_{\text{r}}}{N_{\text{p}}} \\
&= 1 + \frac{n t_{\text{r}}}{2\pi r} \cdot \frac{\sin\varphi_{\text{r}}}{\sin\varphi_0} \cdot \left(\frac{t\cot^2\varphi_0 - 5.72\sqrt{tR}\cot\varphi_0 + 8.93R}{t\cot^2\varphi_{\text{r}} - 5.72\sqrt{tR}\cot\varphi_{\text{r}} + 8.93R}\right)^{1/2} \\
&\approx 1 + \frac{n t_{\text{r}}}{2\pi r} \cdot \frac{\sin\varphi_{\text{r}}}{\sin\varphi_0} \cdot \left(\frac{3\sqrt{R} - \sqrt{t}\cot\varphi_0}{3\sqrt{R} - \sqrt{t}\cot\varphi_{\text{r}}}\right) \\
&= 1 + \frac{n t_{\text{r}}}{2\pi r^2} \cdot \sin\varphi_{\text{r}} \cdot \frac{3R^2 - \sqrt{tR}\cdot\sqrt{R^2 - r^2}}{3R - \sqrt{tR}\cot\varphi_{\text{r}}}
\end{aligned} \tag{6-12}$$

对式(6-12),第二项为加固对节点承载力的提高作用,其数值大小与以下物理量正相关:加固板数量 n,加固板厚度 t_{r},焊接球直径 R,计算模型中集中力 P 的作用点和球心连线与钢管轴线的角度 φ_{r},此物理量由加固板宽度决定。其与以下物理量负相关:钢管半径 r。

有必要说明的是,上述结论建立在将钢管与加固板视为一个整体(刚体)进而转化为荷载这一假定的基础上,实际情况中,加固板的其他物理参数也会对加固效果产生影响,这些将在下文的参数化分析中进行研究。

6.2.3.3　加固焊接空心球节点承载力提高系数计算

进行加固焊接空心球节点的表达式设计时,在《空间网格结构技术规程》(JGJ 7—2010)规定的焊接空心球节点承载力计算公式基础上乘以一个提高系数以便直观反映加固

对承载力的提高作用,公式表达如下:

$$N_{RT} = \eta_{RT} N_T \tag{6-13}$$

$$N_{RC} = \eta_{RC} N_C \tag{6-14}$$

$$\eta_{RT} = 1 + 0.452 k_r k_\alpha n \left(1 - 0.725 \frac{P}{N_y} \frac{\Delta u}{D}\right) \frac{h}{D} \frac{t}{T} \tag{6-15}$$

$$\eta_{RC} = 1 + 0.545 k_r k_\alpha n \left(1 - 0.768 \frac{P}{N_y} \frac{\Delta u}{D}\right) \frac{h}{D} \frac{t}{T} \tag{6-16}$$

式中: N_{RT}——加固焊接空心球节点抗拉极限承载力计算公式;

$\quad \eta_{RT}$——加固节点抗拉极限承载力提高系数;

$\quad N_T$——规范给出的一般焊接空心球节点抗拉极限承载力计算公式;

$\quad N_{RC}$——加固焊接空心球节点抗压极限承载力计算公式;

$\quad \eta_{RC}$——加固节点抗压极限承载力提高系数;

$\quad N_C$——规范给出的一般焊接空心球节点抗压承载力计算公式;

$\quad n$——加固板个数;

$\quad k_r$——与焊接球节点加肋情况相关的常数,对于加肋焊接球节点, $k_r=1$, 对于不加肋焊接球节点, $k_r=1.2$;

$\quad k_\alpha$——与加固板边缘角度 α 相关的常数, $90° < \alpha < 120°$ 时, $k_\alpha=1$, $\alpha=150°$ 时, $k_\alpha=0.8$, 其余部分按线性插值得出;

$\quad P$——加固过程中焊接球节点负载值;

$\quad N_y$——焊接球节点弹性承载力;

$\quad t$——加固板厚度(mm),如图 6-27 所示;

$\quad b$——加固板宽度(mm),如图 6-27 所示;

$\quad h$——加固板高度(mm),如图 6-27 所示;

$\quad T$——焊接空心球节点厚度(mm),如图 6-27 所示;

$\quad D$——焊接空心球节点直径(mm),如图 6-27 所示。

6.2.3.4　承载力提高系数校核

6.2.1 节试验、6.2.2 节数值模拟和 6.2.3.3 节承载力设计公式计算得到的承载力提高系数对比见表 6-12。对于试验和数值模拟,计算公式与实际值的误差都在 6% 以内,因此可以判定设计公式(6-13)~(6-16)能较为合理地反映真实情况。

以参数化分析中所有有限元模型为对象,进行承载力提高系数公式计算值和模拟值的对比,如图 6-41 所示。图中,竖轴表示吻合系数,由承载力计算公式(6-13)~(6-16)的计算结果与数值模拟所得结果做除法而得。消除重复模型后,共有 272 个有限元模型参与此次校核,样本量足够;对比结果表明,对于 99% 的有限元模型,数值模拟结果和公式计算结果误差在 7% 以内,因此可以认为,加固焊接空心球节点承载力计算公式(6-13)~(6-16)具有较高的准确性。

表 6-12　试验、FEA、公式计算结果对比

试件编号	原试件抗压极限承载力（kN）	加固后抗压极限承载力（kN）	承载力提高系数（试验）	承载力提高系数（公式计算）	误差
J3	6 079.4	7 680.5	1.263	1.252	0.87%
J4	6 115.1	7 617.1	1.246	1.227	1.52%
J5	5 967.8	7 352.2	1.232	1.195	3.00%
J6	6 230.9	9 098.8	1.460	1.378	5.62%
J2（FEA）	6 055.6	7 814.0	1.290	1.288	0.16%
J3（FEA）	6 055.6	7 425.8	1.226	1.252	2.12%
J4（FEA）	6 055.6	7 325.8	1.210	1.227	1.40%
J5（FEA）	6 055.6	7 260.4	1.199	1.195	0.33%
J6（FEA）	6 055.6	8 547.5	1.412	1.378	2.41%

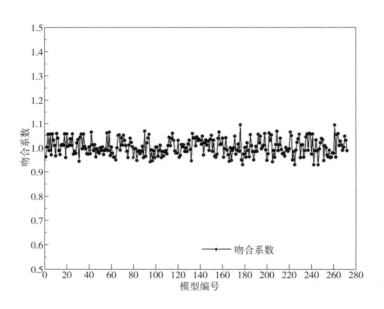

图 6-41　公式计算结果-有限元结果吻合系数

6.3　焊接角钢加固圆钢管方法研究

6.3.1　焊接角钢加固圆钢管构件试验研究

6.3.1.1　试验概况

1. 试件设计

目前,空间网格结构中常用的圆钢管规格为 $\Phi 114 \times 4$ 和 $\Phi 159 \times 10$,因此本次试验选择

这两种规格的杆件作为待加固杆件,材质选用 Q235 钢材,具体材性参考本构试验。角钢分别选用∟40×5 和∟70×5,加固方式选用四角钢加固。根据天津大学万能试验机的允许加载范围,构件长度选为 3 000 mm,角钢长度为 2 800 mm。焊接方式为角钢肢尖与待加固件间断焊接,间隔 500 mm 焊接 150 mm。试件三维示意图、横向剖面图、端部剖面图如图 6-42~图 6-45 所示。

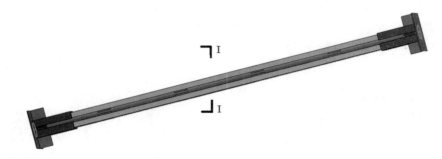

图 6-42　试件三维示意图

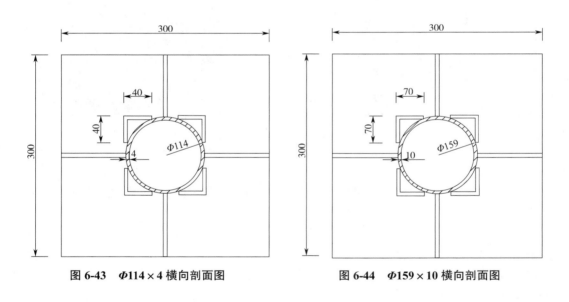

图 6-43　Φ114×4 横向剖面图　　　　　　　图 6-44　Φ159×10 横向剖面图

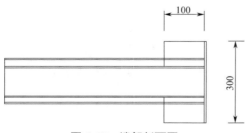

图 6-45　端部剖面图

2. 加载方案

本试验采用天津大学结构工程实验室 500 t 压力试验机进行轴压加载,加载仪器如图 6-46 所示。两端端板直接与压力机上下板相连。加载制度为先分级后连续。将试件的预估承载力作为确定分级加载制度的依据,分级荷载根据承载力的大小确定为 100 kN。每一级荷载加载完后,持荷 5 min,待试件变形和应变发展稳定后再进行数据采集和施加下一级荷载。当荷载达到预估承载力的 70%或试件的变形、跨中截面应变发展明显加快时,改为使用连续加载制度,此时也应连续采集数据。构件达到极限承载力后,荷载会持续减小,当荷载减小至极限承载力的 80%时停止试验。

图 6-46 加载装置示意图

3. 测点布置

本试验测试数据主要包括万能试验机压力、构件端部的竖向位移、构件跨中在两个水平方向的水平位移、待加固钢管的典型位置的应变以及角钢典型位置的应变,其中万能试验机压力和构件端部的竖向位移由万能试验机自动采集。在被加固钢管的跨中截面处布置应变片,在角钢的端部、跨中截面处布置应变片,获取钢管和角钢的应力发展数据;在角钢肢背和肢尖分别布置应变片,观察二者的应变差异。应变片布置如图 6-47~图 6-49 所示。在跨中截面沿两个方向各布置一个位移计,获取构件跨中水平位移。

图 6-47 SJ-1、4 应变片轴向布置

图 6-48　SJ-2、3、5、6 应变片轴向布置

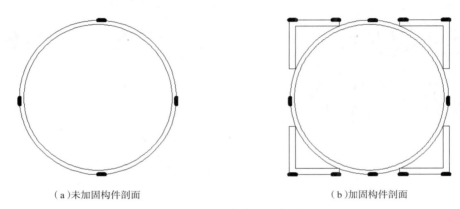

（a）未加固构件剖面　　　　　　　　　　（b）加固构件剖面

图 6-49　应变片剖面布置

4. 材性试验

本试验符合《钢及钢产品 力学性能试验取样位置及试样制备》（GB/T 2975—2018）的要求，并按照《金属材料 拉伸试验 第一部分:室温试验方法》（GB/T 228.1—2021）的测定方法和准确度要求进行拉伸试验,采用液压万能试验机进行室温下静力拉伸试验,如图6-50 所示。用于制作试件的钢材型号为 Q235B,每个试件加载前均使用游标卡尺精确测量有效区域厚度,每个位置至少测量 3 次,取平均值。材性信息见表 6-13,应力-应变曲线如图6-51 所示。

表 6-13　试件信息汇总表

编号	屈服强度（MPa）	抗拉强度（MPa）	弹性模量（GPa）	ε_{st}（%）	ε_u（%）
SJ-1	293.9	465.1	206	0.185 0	1.265 8
SJ-2	288.3	472.3	209	0.193 2	1.313 6
SJ-3	290.2	448.3	202	0.212 1	1.201 6
SJ-4	257.9	432.1	205	0.146 2	1.262 4
SJ-5	279.5	458.3	203	0.174 6	1.383 2
SJ-6	276.8	462.1	207	0.192 0	1.304 2

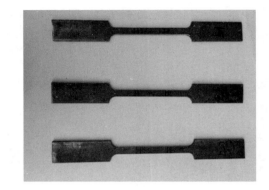

（a）加载装置示意图　　　　　　　　　　　　　　　（b）试件示意图

图 6-50　材性试验示意图

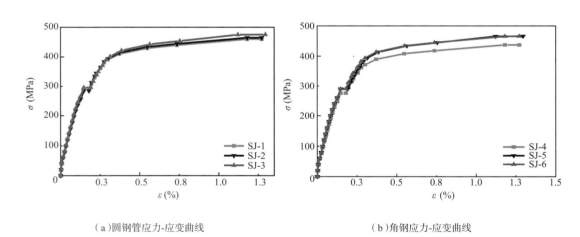

（a）圆钢管应力-应变曲线　　　　　　　　　　　　　（b）角钢应力-应变曲线

图 6-51　材料本构关系曲线

6.3.1.2　试验结果与分析

1. 试验现象分析

本试验共进行了两组 6 根试件的加载试验,每组包括 1 根未加固试件和 2 根角钢加固试件。各试件的试验现象如下。

1）试件 SJ-1

试件 SJ-1 为 Φ114×4 未加固构件,在荷载达到极限承载力的 70%（312.3 kN）前,构件并未发生明显变形,荷载与跨中位移近似呈线性关系。随着荷载继续增大,跨中位移迅速增大,当达到其极限承载力(446.1 kN)时,跨中侧向位移为 19.4 mm,约为构件长度的 1/150,构件发生弯曲失稳破坏。试件破坏形态如图 6-52 所示。

（a）绕 X 轴失稳破坏　　　　　　　　　　　（b）绕 Y 轴失稳破坏

图 6-52　试件 SJ-1 失稳破坏

2)试件 SJ-2

试件 SJ-2 为 $\Phi114 \times 4$ 焊接角钢加固试件,在达到极限承载力(748.5 kN)前,构件变形为角钢与原杆件共同的整体弯曲,变形不明显;达到极限承载力后,跨中截面处角钢突然出现分肢失稳并伴随有"吱"的响声,跨中位移迅速增大,构件出现整体屈曲现象,承载力迅速降低,构件的弯曲变形并不明显。试验过程中端部角钢始终未发生破坏。试件破坏形态如图 6-53 所示。

3)试件 SJ-3

试件 SJ-3 为 $\Phi114 \times 4$ 负载加固试件,为了方便试验操作,在未加固时将构件一端与角钢和原杆件进行焊接,另一端保持自由,既使角钢与原杆件在吊装过程中不会分离,方便后续的焊接操作,又使角钢在施加初始荷载过程中不会与原杆件共同受力,保证试验工况的准确性。负载加固的初始荷载为未加固构件稳定承载力的 65%,计算后为 290 kN。未加固构件加载到预定荷载后,原杆件尚未出现明显变形。保持荷载不变,进行焊接角钢加固。整个焊接过程耗时约 5 h,焊接顺序为从下到上依次焊接角钢与原杆件间的焊缝,焊接期间轴向位移不断增大,累计增大约 5 mm。在达到极限承载力(639.7 kN)前,变形为角钢与原杆件共同的整体弯曲,达到极限承载力后,跨中截面处角钢突然出现分肢失稳构件破坏,承载力迅速降低。构件的弯曲变形较为明显,主要为跨中截面分肢失稳破坏,端部角钢未发生破坏。试件破坏形态如图 6-54 所示。

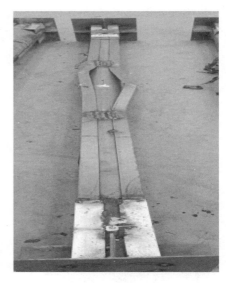

（a）加载过程中　　　　　　　　　　　　　　　（b）加载完成后

图 6-53　试件 SJ-2 失稳破坏

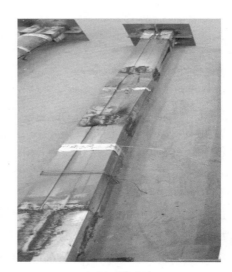

（a）加载过程中　　　　　　　　　　　　　　　（b）加载完成后

图 6-54　试件 SJ-3 失稳破坏

4）试件 SJ-4

试件 SJ-4 为 $\Phi159\times10$ 未加固构件，在荷载达到极限荷载的 80%（1 622 kN）前，构件并未发生明显变形，跨中变形与荷载呈线性关系。随着荷载继续增大，跨中位移迅速增加。当跨中位移达到 26.4 mm 时，约为构件长度的 1/115，构件达到极限承载力（2 027.2 kN）。试件破坏形态如图 6-55 所示。

（a）绕 X 轴失稳

（b）绕 Y 轴失稳

图 6-55 试件 SJ-4 失稳破坏

5）试件 SJ-5

试件 SJ-5 为 $\Phi159 \times 10$ 焊接角钢加固构件，在构件达到极限承载力前，构件弯曲变形并不明显，角钢未出现明显鼓曲。在达到极限承载力后，构件发生整体屈曲破坏，屈曲点位于构件反力端四分点处，同时此处角钢出现分肢失稳破坏。观察发现，实际焊接过程中为了躲避导线，此处焊缝间距明显偏大，该段角钢长细比较大，为构件薄弱段，因此在此处发生失稳破坏。试件破坏形态如图 6-56 所示。

（a）加载过程中

（b）加载完成后

图 6-56 试件 SJ-5 失稳破坏

6）试件 SJ-6

试件 SJ-6 为 $\Phi159 \times 10$ 负载加固构件，在加载前将套管一侧与原杆件焊接，然后施加初始荷载。初始荷载为未加固构件稳定承载力的 65%，计算后为 1 310 kN。保持初始荷载不变，进行焊接加固。整个焊接过程耗时约 4 h，焊接完成后，待焊缝冷却，继续加载，直至构件破坏。初次加载过程中由于所加荷载远小于原构件的极限承载力，所以原构件并未发生明显变形。在焊接过程中，由于焊接的热影响导致构件刚度损失，所以出现荷载保持不变，轴向位移不断增大的现象，轴向位移累计增大约 1 mm。在加载前的检查过程中，发现角钢跨中截面处存在鼓曲的初始缺陷，如图 6-57 所示。在加载过程中，鼓曲不断扩大，最终导致构件在跨中截面处发生整体失稳破坏（图 6-58）。

（a）未加载时角钢初始缺陷

（b）鼓曲破坏

图 6-57　角钢初始缺陷

（a）加载过程中

（b）加载完成后

图 6-58　试件 SJ-6 失稳破坏

2. 极限承载力分析

试件 SJ-1 的极限承载力为 446.1 kN，试件 SJ-2 的极限承载力为 748.5 kN，试件 SJ-3 的极限承载力为 639.7 kN。对比分析试件 SJ-1、SJ-2,角钢面积与原杆件面积比值为 88.0%,焊接加固极限承载力提升约 74.5%,二者较为接近,角钢材料基本得到充分的利用。试件 SJ-3 为负载加固试件,初始荷载为试件 SJ-1 极限承载力的 65%,即 290 kN。加载至初始荷载后,保持荷载不变,进行焊接角钢加固,完成加固后等待试件冷却至室温,然后加载至破坏。其极限承载力与不考虑卸载影响相比减少约 17.8%,原因为初始荷载导致圆钢管发生一定弯曲变形,加固过程中焊接热输入导致钢管刚度降低,弯曲变形进一步增加,构件承载力降低,如图 6-59 所示。

试件 SJ-4 的极限承载力为 2 027.2 kN,试件 SJ-5 的极限承载力为 2 513.6 kN,试件 SJ-6 的极限承载力为 2 399.4 kN(表 6-14)。对比分析试件 SJ-4、SJ-5,角钢面积与原杆件面积比值为 29.5%,焊接加固极限承载力提升 24.0%,二者较为接近,角钢材料得到充分利用。试件 SJ-6 为负载加固试件,初始荷载为试件 SJ-4 极限承载力的 65%,即 1 317.6 kN。加载至初始荷载后,保持荷载不变,进行焊接角钢加固,完成加固后等待试件冷却至室温,然后加载至破坏。其极限承载力与不考虑卸载影响相比降低 4.5%,变化并不明显,如图 6-60 所示。

试验极限承载力汇总在表 6-14 中。

表 6-14　试验极限承载力汇总表　　　　　　　　　　　　　　　　　(kN)

试件编号	SJ-1	SJ-2	SJ-3	SJ-4	SJ-5	SJ-6
试验承载力(kN)	446.1	748.5	639.7	2 027.2	2 513.6	2 399.4
承载力提高系数	—	67.8%	43.4%	—	24.0%	18.4%

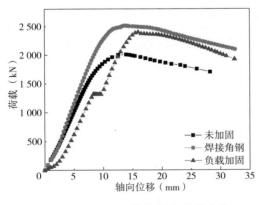

图 6-59　Φ114×4 荷载-轴向位移曲线

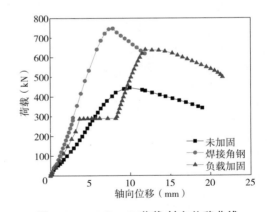

图 6-60　Φ159×10 荷载-轴向位移曲线

3. 刚度分析

由试件 SJ-1、SJ-2 的荷载-位移曲线可知,焊接角钢加固后荷载随轴向位移增长速率显著上升,相同荷载作用下构件变形显著减小,构件刚度增长 85%,其值与加固件和被加固件面积比值(88%)极为接近,试件 SJ-3 施加初始荷载阶段和加固后继续加载阶段与试件 SJ-1、SJ-2 相比,刚度偏大,见表 6-15。

表 6-15　试件刚度(SJ-1、SJ-2、SJ-3)

试件编号	SJ-1		SJ-2		SJ-3	
	试验值	理论值	试验值	理论值	加固前	加固后
刚度	52.1	94.8	96.5	178.4	70.8	111.9

由试件 SJ-4、SJ-5 的荷载-位移曲线可知,焊接角钢加固后构件刚度增长 14.0%,加固件与被加固件面积比值为 29.5%,二者相差较大,主要原因为端部角钢较早发生失稳破坏,端部荷载主要由被加固件承担,因此加固后刚度提升不明显,见表 6-16。

表 6-16　试件刚度(SJ-4、SJ-5、SJ-6)

试件编号	SJ-4		SJ-5		SJ-6	
	试验值	理论值	试验值	理论值	加固前	加固后
刚度	195.2	321.3	222.3	506.7	219.6	235.1

由于试验机存在系统误差以及试件端板的不平整均会导致试验测得的轴向位移偏大,构件刚度减小,所以各个试件试验测得的刚度值均小于理论值。

焊接过程中,在初始荷载作用下,构件的变形会不断增大,表现在荷载-位移曲线中为一个平台段。114 组构件平台段长度约为 5 mm,159 组构件平台段长度约为 1.3 mm。由此可见,当进行负载加固时,构件的长细比越大,焊接施工过程中产生的变形值越大。

4. 应变分析

如图 6-61、图 6-62 所示,未加固构件与焊接角钢加固构件在达到极限承载力前,原杆件跨中截面压应变与荷载呈线性关系;达到极限承载力后,构件发生失稳破坏,受压侧压应变迅速增大,另一侧压应变迅速变为拉应变。焊接角钢加固使得相同荷载作用下构件跨中截面应变显著减小,构件变形减小。

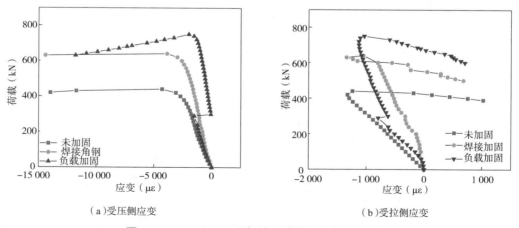

（a）受压侧应变　　　　　　　　　（b）受拉侧应变

图 6-61　Φ114×4 组原杆件跨中截面荷载-应变曲线

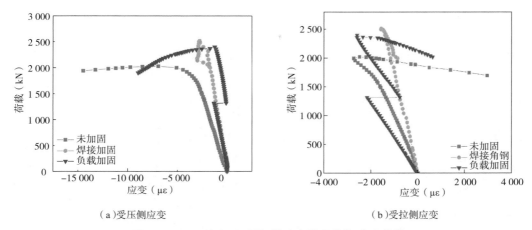

（a）受压侧应变　　　　　　　　　　　（b）受拉侧应变

图 6-62　Φ159×10 组原杆件跨中截面荷载-应变曲线

　　Φ114×4 组负载加固构件在施加初始荷载阶段荷载-应变曲线与原杆件相同,在随后的焊接过程中,由于热影响,压应变减小甚至转化为拉应变。在加固完成后继续加载过程中,荷载-应变曲线与焊接角钢加固试件相似。Φ159×10 负载加固构件受压侧压应变偏小,受拉侧压应变偏大,其原因为试件在加载过程中端板表面不平整,存在一定偏心加载。

　　图 6-63 为焊接角钢加固试件原杆件与相邻两角钢的跨中截面应变图。由图可知,构件荷载未达到构件极限承载力前,原杆件与角钢应变相同,即二者处于良好的协同工作状态。由于原杆件与角钢属于同一批钢材,二者材性相同,进一步可知二者截面应力相同。因此,原杆件与角钢各自所分担的荷载与自身面积成正比。

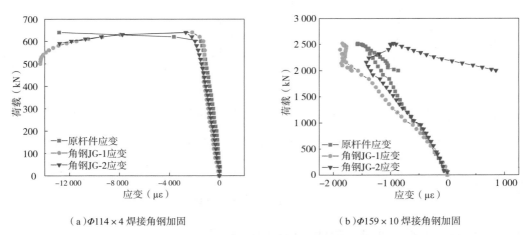

（a）Φ114×4 焊接角钢加固　　　　　　　（b）Φ159×10 焊接角钢加固

图 6-63　焊接角钢原杆件与相邻角钢荷载-应变曲线

　　图 6-64 为负载加固试件原杆件与相邻两角钢的跨中截面应变图。由图可知,初始荷载全部由原杆件承担。施加初始荷载阶段结束后的焊接阶段,原杆件与角钢在焊接热影响作用下,应变值均出现较大变化。继续加载过程中,原杆件与角钢应变增长速率相同,二者处于良好的共同变形状态。因此,焊接结束后的继续加载过程中,荷载按原杆件与角钢的面积

比值进行分配。

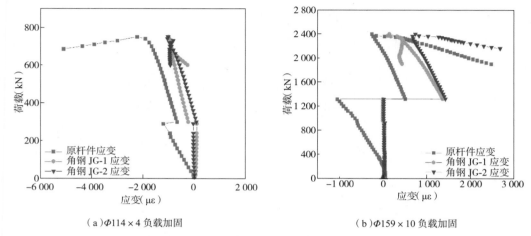

（a）$\Phi 114 \times 4$ 负载加固　　　　　　　　　（b）$\Phi 159 \times 10$ 负载加固

图 6-64　负载加固构件原杆件与相邻角钢荷载-应变曲线

综上,负载加固中的初始荷载全部由原杆件承担,负载焊接会导致原杆件与角钢的应力发生较大变化,但不会改变继续加载过程中荷载在原杆件与角钢间的分配关系。

考虑到角钢为单轴对称构件,且焊缝仅分布在肢尖位置,因此在角钢肢背和肢尖均布置应变片采集应变数据。选择焊接角钢加固试件跨中截面应变片进行分析,由图 6-65 可知,在构件达到极限承载力前,两组试件肢尖和肢背应变基本吻合,角钢处于均匀受压状态。

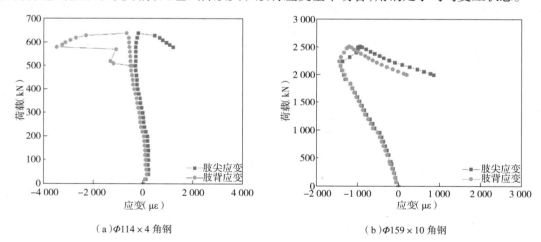

（a）$\Phi 114 \times 4$ 角钢　　　　　　　　　（b）$\Phi 159 \times 10$ 角钢

图 6-65　角钢荷载-应变曲线

6.3.2　焊接角钢加固圆钢管构件数值模拟

6.3.2.1　有限元建模

1. 网格划分和材料本构

采用 ABAQUS/Standard 模块进行角钢焊接加固钢管的轴压力学性能数值分析。角钢加固钢管轴压力学性能的有限元分析模型包括原钢管和角钢两个部分。随着荷载的增加,原钢管与角钢之间会产生复杂的接触非线性,为了准确模拟和分析这种接触非线性对构件力学性能的影响,有限元数值分析时选用计算精度较高的实体单元 C3D8R 进行建模。进行网格划分时,沿钢管和角钢轴向按 20 mm 间距划分网格,并在焊缝区域对网格进行加密,网格大小变为 5 mm,如图 6-66 所示;由于钢管厚度较大,沿钢管厚度方向划分两层单元。

图 6-66 网格划分示意图

材料弹性模量 $E=2.06 \times 10^5$ MPa,泊松比取 0.3,屈服强度为 290 MPa,极限抗拉强度为 480 MPa,应力-塑性应变数据见表 6-17。利用 von Mises 屈服准则判断材料是否进入塑性。

表 6-17 钢材本构关系

σ(MPa)	塑性应变
290	0
326.9	0.000 24
349.1	0.000 47
386.9	0.000 94
412.7	0.001 38
435.8	0.001 82
480	0.003

采用一致缺陷模态法并引入初始缺陷。首先进行 Buckle 分析,获得第一阶整体屈曲模态,参考《钢结构设计标准》(GB 50017—2017),钢管的最大缺陷为构件长度的 1/1 000,即 3 mm。因此,以第一阶屈曲模态作为缺陷分布模态,以 3 mm 作为最大初始缺陷控制值引入缺陷,如图 6-67 所示。

图 6-67 初始几何缺陷

2. 接触设置

进行原钢管与角钢之间的接触设置时,选择刚度较大、网格划分较粗糙的原杆件外表面为主面,刚度较小、网格划分较细密的角钢内表面为从面。接触关系分为有限滑移和小滑移两种。有限滑移允许两个接触面任意滑动,小滑移只允许两个接触面间发生单元内的滑动。考虑到原杆件在受压过程会产生较大的轴向变形,且失稳后与套管接触的过程中会产生较大滑移,所以接触关系选用有限滑移。法向接触属性定义为硬接触,切向接触属性定义为 Penalty,摩擦系数定为 0.3。

角钢与原钢管焊缝连接区域通过 Tie 来模拟。选择原杆件外面为主面,焊缝的底表面或角钢的厚度面为从面,并设置 0.1 mm 的 Specify Distance 值,允许 ABAQUS 在 0.1 mm 误差范围内自动调整两个面接触,建立接触对。

3. 荷载与边界设置

未加固构件和零载加固构件采用位移加载方式施加荷载。加载面为原杆件端面。将加载面与参考点耦合,在参考点上施加荷载定义边界条件。边界条件为两端固接,即 U1=U2=U3=0,UR1=UR2=UR3=0。在一端施加 40 mm 的位移。

负载加固构件采用力-位移混合加载方式,即在施加初始荷载和焊接阶段使用力加载,以便控制力的大小保持不变,最后加载阶段采用与零载加固件相同的位移加载。

4. 初始应力比的确定

CECS 给出了一般情况下,负荷下焊接加固作用有轴心压(拉)力和弯矩的构件时,其原构件在轴力和弯矩作用下的最大名义应力计算公式:

$$\sigma_{\text{omax}} = \frac{N_{\text{o}}}{A_{\text{on}}} \pm \frac{M_{\text{ox}} + N_{\text{o}}\omega_{\text{oy}}}{\alpha_{\text{N}x}W_{\text{on}x}} \pm \frac{M_{\text{oy}} + N_{\text{o}}\omega_{\text{ox}}}{\alpha_{\text{N}y}W_{\text{on}y}}\qquad(6\text{-}17)$$

式中: σ_{omax} ——原构件最大名义应力值;

N_{o} ——原构件所承受轴力值(N);

A_{on} ——计算截面面积(mm^2);

M_{ox} ——计算截面处绕 x 轴的弯矩值(N·mm);

M_{oy} ——计算截面处绕 y 轴的弯矩值(N·mm);

$W_{\text{on}x}$ —— x 轴截面抵抗矩(mm^3);

$W_{\text{on}y}$ —— y 轴截面抵抗矩(mm^3);

$\alpha_{\text{N}x}$ —— x 轴截面抵抗矩折减系数;

$\alpha_{\text{N}y}$ —— y 轴截面抵抗矩折减系数;

ω_{ox} ——轴力沿 x 轴偏心距离(mm);

ω_{oy} ——轴力沿 y 轴偏心距离(mm)。

6.3.2.2　数值分析结果与试验数据对比

1. 破坏模式对比

有限元模型分别按照未加固、零载焊接角钢加固、负载焊接角钢加固三种工况进行模拟,6 个试件均发生整体屈曲破坏,其中 $\Phi 114 \times 4$ 组试件零载加固后加载过程中四分点处角钢发生失稳破坏,负载焊接角钢加固试件跨中角钢发生失稳破坏。$\Phi 159 \times 10$ 组试件零载加固后加载过程中四分点与跨中角钢均发生失稳,负载加固构件跨中角钢发生失稳破坏,构件破坏形式如图 6-68~图 6-73 所示。各个试件的破坏形式与试验的破坏形式基本一致。

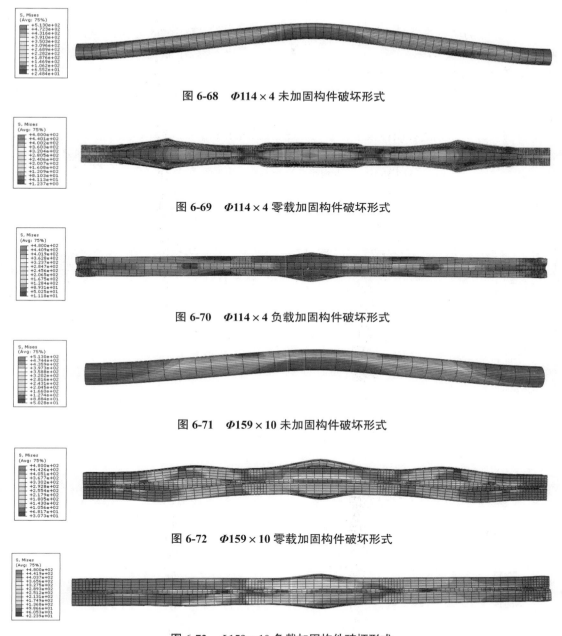

图 6-68　$\Phi114\times4$ 未加固构件破坏形式

图 6-69　$\Phi114\times4$ 零载加固构件破坏形式

图 6-70　$\Phi114\times4$ 负载加固构件破坏形式

图 6-71　$\Phi159\times10$ 未加固构件破坏形式

图 6-72　$\Phi159\times10$ 零载加固构件破坏形式

图 6-73　$\Phi159\times10$ 负载加固构件破坏形式

2. 荷载-位移曲线对比

由图 6-74 可以看出,有限元的分析结果和试验结果吻合较好,不考虑焊接热影响有限元分析的荷载-竖向位移曲线初始刚度同试验结果略有差异,主要原因是:

(1)不考虑焊接热影响的有限元分析未引入构件的残余应力,与构件实际情况存在差异;

(2)试验中试件端部的实际约束条件同有限元的理想约束情况存在差异;

(3)不考虑焊接热影响的有限元分析未考虑焊接时的热输入以及材性随温度变化的特

征,不能反映实际焊接过程;

(4)实际的试件由于冷弯成型及焊接端板过程,存在一定残余应力,而不考虑焊接热影响的有限元分析未考虑残余应力,这对有限元的准确分析带来了影响。

不考虑焊接热影响的有限元分析结果同试验结果存在比较大的差异,即该有限元分析方法无法模拟出因加固焊接施工而产生的位移平台段,对负载下焊接过程中试件的变形发展无法准确预测。

有限元分析得到的各试件极限承载力和试验结果的对比列于表 6-18 中,表中 $P_{u,EXP}$ 表示试验测得的试件极限承载力,$P_{u,FEA}$ 表示不考虑热影响的试件极限承载力有限元计算结果。

表 6-18 不考虑焊接热影响的极限承载力对比

试件	$P_{u,EXP}$(kN)	$P_{u,FEA}$(kN)	$P_{u,FEA}/P_{u,EXP}$
SJ-1	446.1	459.2	1.03
SJ-2	748.5	790.2	1.06
SJ-3	639.7	680.2	1.06
SJ-4	2 027.2	2 113.2	1.04
SJ-5	2 513.6	2 672.3	1.06
SJ-6	2 399.4	2 533.2	1.06

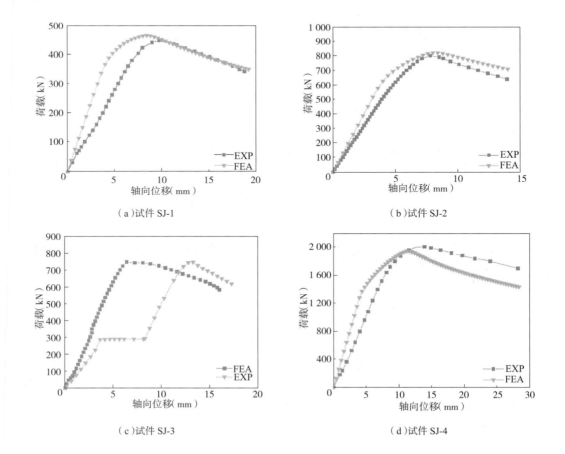

(a)试件 SJ-1

(b)试件 SJ-2

(c)试件 SJ-3

(d)试件 SJ-4

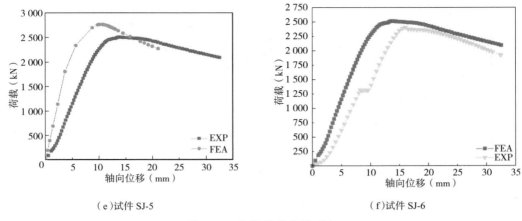

（e）试件 SJ-5　　　　　　　　　　（f）试件 SJ-6

图 6-74　荷载-位移曲线对比

对比分析表 6-19 中各试件的有限元计算结果和试验结果，不考虑焊接热影响的极限承载力有限元结果与试验结果吻合较好，最大误差为 8%，这表明采用不考虑焊接热影响的有限元方法模拟负载下焊接加固构件的极限承载力是可行的；但有限元结果与试验结果相比普遍偏大，主要原因为焊接过程中构件发生变形将导致极限承载力降低。

3. 荷载-应变曲线对比

选择原杆件与角钢截面处应变片，提取应变数据，得到各个试件的荷载-应变曲线，如图 6-75 所示。从总体趋势来看，有限元结果与试验结果变化趋势相同，试件 SJ-3、试件 SJ-6 的试验结果与有限元结果出现较大的偏差，主要原因为在焊接过程中构件由于受热膨胀，压应变变为拉应变。未考虑焊接热输入的模拟方法不能模拟出这一变化过程。

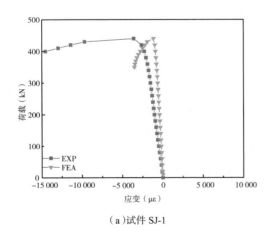

（a）试件 SJ-1

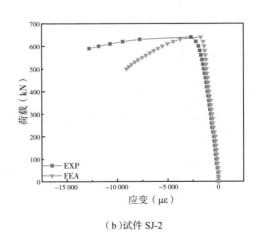

（b）试件 SJ-2

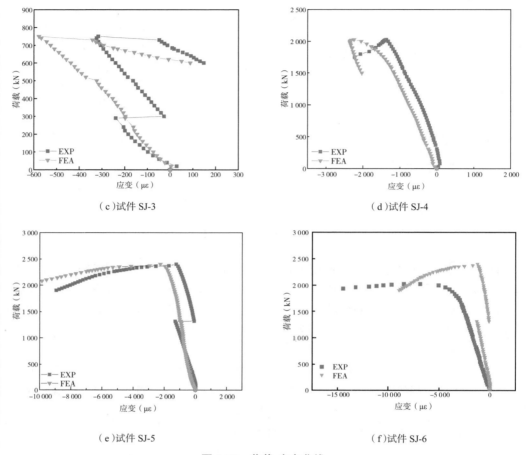

（c）试件 SJ-3　　　　　　　　　　　　（d）试件 SJ-4

（e）试件 SJ-5　　　　　　　　　　　　（f）试件 SJ-6

图 6-75　荷载-应变曲线

6.3.2.3　参数化分析

1. 初始缺陷分析

构件在加工过程中必然存在一定的初始缺陷，初始缺陷可以分为整体初始缺陷和局部初始缺陷两部分。局部初始缺陷可以通过视检的方式进行排除，而整体初始缺陷在分析过程中必须进行考虑。当不引入初始缺陷时，构件为理想轴压杆件，破坏形式为强度破坏，这样导致过高地估计构件极限承载力。目前常用的方法为一致缺陷模态法，即将构件的一阶屈曲模态作为初始缺陷引入模型中。初始缺陷值越大，构件的极限承载力越低，F/F_a 越小（F 和 F_a 分别为引入初始缺陷的加固后构件极限承载力和未引入初始缺陷的加固后构件极限承载力）。如图 6-76 所示，长细比为 30 的短柱在引入初始缺陷后承载力几乎不发生变化，且随初始缺陷增大承载力降低并不明显。长细比适中的中柱是工程中最为常见的情况，以长细比 60 为例，可以发现引入初始缺陷后，加固后构件极限承载力显著减小，当初始缺陷达到 $l/300$ 时，极限承载力降低约 18%。长细比为 150 的长柱引入初始缺陷后，加固后构件极限承载力降低最为显著，最大达到 30%。综上，焊接角钢加固情况下，初始缺陷对短柱极限承载力的影响并不显著，对中长柱极限承载力的影响显著。

2. 长细比和面积比

影响焊接套管加固构件极限承载力的因素主要为 A_r/A_c（A_r 表示加固件面积，A_c 表示被加固件面积）和原构件长细比 λ_0。用 F/F_0-1（F 表示加固后构件极限承载力，F_0 表示未加固构件极限承载力）表示加固后构件极限承载力提升情况，该值越大，则表明加固效果越好。当 A_r/A_c 为定值时，F/F_0 随着长细比增大而增大，加固效果越来越好。当构件长细比较小时，F/F_0-1 与 A_r/A_c 近似相等，即承载力提升与加固面积成正比，原因为构件发生强度破坏，极限承载力与截面面积成正比。当构件长细比较大时，F/F_0-1 明显大于 A_r/A_c，即承载力提升大于加固面积，原因为加固后不仅增加构件截面面积，同时使得构件长细比减小，稳定承载力提升。当构件长细比保持不变时，F/F_0 随着 A_r/A_c 增加而增加，如图 6-77、图 6-78 所示。

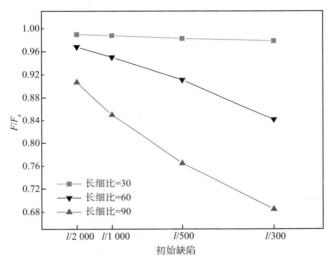

图 6-76　不同初始缺陷下构件承载力变化

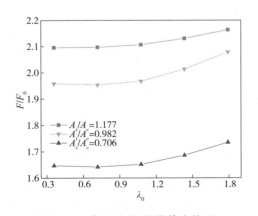

图 6-77　长细比-极限承载力关系

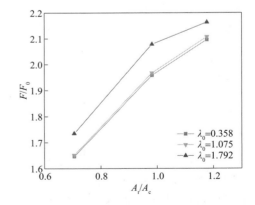

图 6-78　面积比-极限承载力关系

3. 边界条件

边界条件对构件极限承载力有显著影响，两端刚接的约束效应要显著强于两端铰接，因此两端铰接构件更容易发生失稳破坏。由图 6-79 可知,铰接和刚接构件在长细比增大时,加固效果迅速提升,并且两端铰接构件加固后承载力提升更为显著。

4. 负载加固影响

根据数值模拟结果,构件中存在的初始荷载会显著降低构件极限承载力,主要原因是由于初始荷载的存在,原构件存在一定的初始挠度,这种挠度可以视为一种几何缺陷,因此加固后构件极限承载力有所降低。负载加固的影响主要与构件长细比 λ_0、初始应力比 a 和面积比 A_r/A_c 有关。当保持 A_r/A_c 不变时,长细比、初始应力比与极限承载力降低值 F/F_a(F 表示负载加固情况下构件极限承载力,F_a 表示零载加固情况下构件极限承载力)的关系如图 6-80 所示。随着长细比和初始荷载增大,构件极限承载力不断降低。当保持初始荷载不变时,随着长细比增大,F/F_a 减小,逐渐趋于平缓,当构件长细比较大时,初始缺陷对构件承载力的影响逐渐减弱。

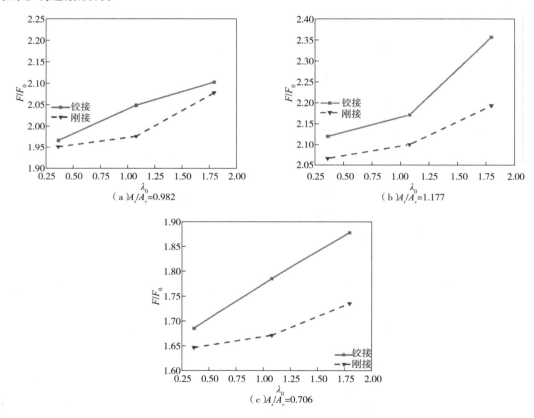

图 6-79　不同边界条件下构件极限承载力

如图 6-81 所示,当构件长细比较小时,承载力折减值随初始荷载的变化并不明显,而当长细比较大时,承载力折减值随初始荷载变化显著。主要原因为当长细比较小时,构件发生强度破坏,因此初始荷载引起的初弯曲对构件极限承载力影响很小。当构件较长时,构件发生稳定破坏,随着初弯曲增大,构件极限承载力迅速降低。

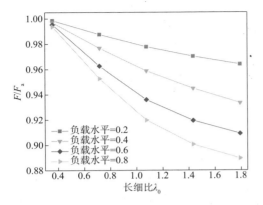

图 6-80　不同长细比下负载加固的影响

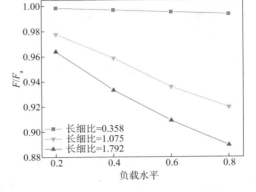

图 6-81　不同初始荷载下负载加固的影响

如图 6-82 所示，A_r/A_c 的值越大，负载加固对构件极限承载力折减的影响越小，其原因为当加固件面积 A_r 较大时，加固后构件承载能力主要由 A_r 贡献，被加固件贡献较小，而负载产生的几何初始缺陷又只对被加固件起作用。因此，当 A_r/A_c 值增大时，负载加固的不利影响逐渐减小。

如图 6-83 所示，由大量回归分析得，负载加固的影响与构件正则长细比 λ_0、初始应力比 α 和面积比 A_r/A_c 的关系为

$$R_a = \frac{F}{F_a} = 3.2\lambda_0^2 - 2.3\lambda_0 + 4\alpha + \left(\frac{A_r}{A_c}\right)^2 + 3.6\left(\frac{A_r}{A_c}\right) + \lambda_0\alpha\left(\frac{A_r}{A_c}\right) \tag{6-18}$$

$$N_a = R_a N_u \tag{6-19}$$

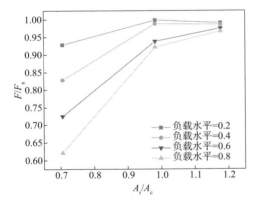
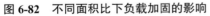

图 6-82　不同面积比下负载加固的影响

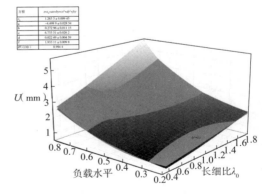

图 6-83　长细比与初始荷载比对负载加固影响的
耦合作用

6.4　焊接套管加固圆钢管方法研究

6.4.1　焊接套管加固圆钢管构件试验研究

6.4.1.1　试验概况

1. 试件设计

参考工程中常用的杆件规格,本试验选择两种待加固的杆件规格,即 $\Phi114\times4.75$ 和 $\Phi159\times8$,材质选用 Q235 钢材。加固套管的内径一般略大于被加固钢管的外径,因此与待加固钢管相匹配的套管选用 $\Phi127\times3.5$ 和 $\Phi180\times6$。加载用的万能试验机能放置 3 000 mm 高的试件,因此确定试件的长度为 3 000 mm,套管长度为 2 800 mm。待加固钢管与套管间采用间断焊接,即隔 500 mm 焊 100 mm。试件的三维示意图、横向剖面图、端面详图以及套管焊缝示意图如图 6-84~图 6-87 所示。

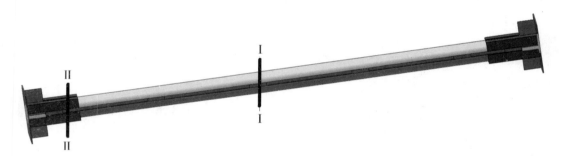

图 6-84　试件三维示意图

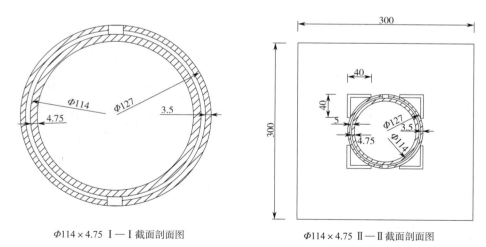

$\Phi114\times4.75$ Ⅰ—Ⅰ 截面剖面图

$\Phi114\times4.75$ Ⅱ—Ⅱ 截面剖面图

（a）$\Phi114\times4.75$ 横向剖面图

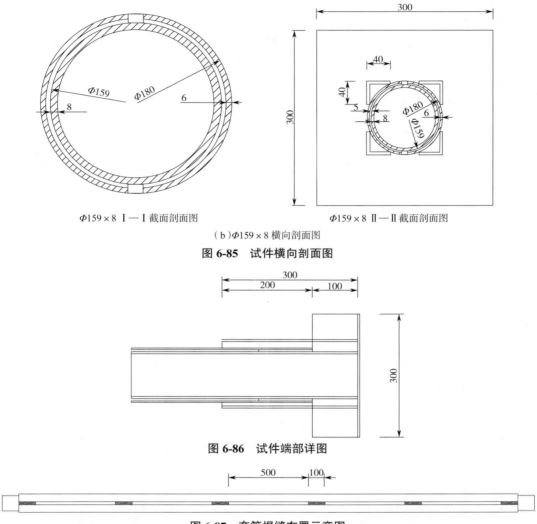

$\Phi159 \times 8$ Ⅰ—Ⅰ截面剖面图　　　　　　　　　$\Phi159 \times 8$ Ⅱ—Ⅱ截面剖面图

（b）$\Phi159 \times 8$ 横向剖面图

图 6-85　试件横向剖面图

图 6-86　试件端部详图

图 6-87　套管焊缝布置示意图

本试验每组 6 个试件,分别进行未加固钢管、零载加固钢管和负载加固钢管时的钢管轴压性能试验研究,试件信息见表 6-19。

表 6-19　试件信息汇总

试件编号	钢管规格	套管规格	是否加固	加固形式	钢管长细比
SJ-1	$\Phi114 \times 4.75$	$\Phi127 \times 3.5$	否	—	28.1
SJ-2	$\Phi114 \times 4.75$	$\Phi127 \times 3.5$	是	零载加固	28.1
SJ-3	$\Phi114 \times 4.75$	$\Phi127 \times 3.5$	是	负载加固	28.1
SJ-4	$\Phi159 \times 8$	$\Phi180 \times 6$	否	—	25.7
SJ-5	$\Phi159 \times 8$	$\Phi180 \times 6$	是	零载加固	25.7
SJ-6	$\Phi159 \times 8$	$\Phi180 \times 6$	是	负载加固	25.7

2. 材性试验

依据《金属材料室温拉伸实验方法》(GB/T 228—2002)加工标准拉伸试件。试件加载前,均使用游标卡尺精确测量有效区域厚度,每个位置测量 3 次,取其平均值。试验测得钢材弹性模量 $E=2.03 \times 10^5$ MPa,屈服强度为 290 MPa,极限抗拉强度为 480 MPa,应力-应变关系如图 6-88 所示。

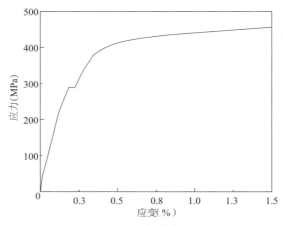

图 6-88　应力-应变关系

3. 加载方案

采用天津大学结构工程实验室 500 t 压力试验机进行轴压加载,加载装置示意图如图 6-89 所示。两端端板直接与压力机上下板相连。将试件的预估承载力作为确定分级加载制度的依据,分级荷载为 100 kN。每一级荷载施加完后,持荷 5 min,待试件变形和应变发展稳定后,进行数据采集,然后进行下一级加载。当荷载达到预估承载力的 70%或试件的变形、跨中截面应变发展明显加快时,改为连续位移加载;此时连续采集应变数据,直至试件失稳破坏。

(a)实物图

(b)示意图

图 6-89　加载装置示意图

4. 测点布置

本试验需要测试的数据包括万能试验机压力、试件端部的竖向位移、试件跨中两个水平方向的位移、待加固钢管的典型位置的应变以及套管典型位置的应变。万能试验机压力和试件端部的竖向位移由万能试验机自动采集。在待加固钢管的跨中和四分点截面处布置应变片,在套管的跨中和四分点截面处布置应变片,获取钢管和套管的应力发展数据,应变片布置如图 6-90 和图 6-91 所示。在跨中截面沿两个方向各布置一个位移计,获取试件跨中的水平位移。

（a）Ⅰ—Ⅰ截面应变片布置

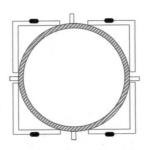

（b）Ⅱ—Ⅱ截面应变片布置

图 6-90　跨中、端部截面应变片布置

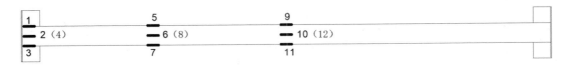

（a）试件 SJ-1、SJ-4 应变片轴向布置

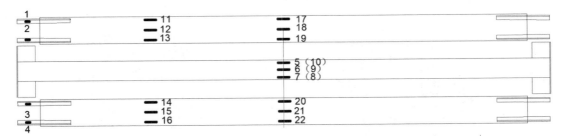

（b）试件 SJ-2、SJ-3、SJ-5、SJ-6 应变片轴向布置

图 6-91　应变片轴向布置

6.4.1.2　试验结果与分析

1. 试验现象分析

本试验共进行了两组轴压加载试验,每组包括 1 根未加固试件和 2 根套管加固试件。各试件的试验现象如下。

1）试件 SJ-1

试件 SJ-1 为 $\Phi 114 \times 4.75$ 未加固试件,在荷载达到极限承载力的 70%(312.3 kN)前,试

件并未发生明显变形,荷载与跨中位移近似呈线性关系。随着荷载继续增大,跨中位移迅速增大,当达到其极限承载力(446.1 kN)时,跨中侧向位移为 19.4 mm,约为试件长度的 1/150,试件发生弯曲失稳破坏。试件破坏形态如图 6-92 所示。

(a)绕 X 轴失稳破坏 　　　　　　　　　　　(b)绕 Y 轴失稳破坏

图 6-92　试件 SJ-1 失稳破坏

2)试件 SJ-2

SJ-2 为 $\Phi114 \times 4.75$ 杆件,零载加固。在荷载达到试件极限承载力的 85%(653.3 kN)前,试件并未发生明显变形,跨中位移与荷载近似呈线性关系。随着荷载继续增大,套管与原杆件的跨中位移不断增大,如图 6-93 所示。当试件达到极限承载力(768.6 kN)时,套管跨中发生局部鼓曲,并伴随有钢材撕裂声,试件迅速丧失承载能力。跨中局部鼓曲如图 6-94 所示。

(a)绕 X 轴失稳破坏 　　　　　　　　　　　(b)绕 Y 轴失稳破坏

图 6-93　试件 SJ-2 失稳破坏

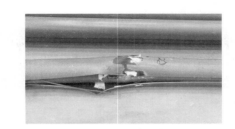

图 6-94　试件 SJ-2 局部鼓曲

3 ）试件 SJ-3

试件 SJ-3 为 $\Phi114 \times 4.75$ 杆件,在负载工况下焊接套管加固,然后加载至破坏。由于试件重量大,为了方便试验操作,在未加固时,将试件一端与套管和原杆件进行焊接,另一端保持自由,既使得套管与原杆件在吊装过程中不会分离,方便后续的焊接操作,又使得套管在负载过程中不会与原杆件共同受力,保证了试验工况的准确性,如图 6-95 所示。

焊缝

图 6-95　单侧套管焊接示意图

负载加固的初始荷载为未加固试件稳定承载力标准值的 65%,计算后为 203 kN。未加固试件加载到预定荷载后,原杆件尚未出现明显变形。保持荷载不变,进行焊接套管加固。整个焊接过程耗时约 5 h,焊接顺序为从下到上依次焊接套管与原杆件间的焊缝,然后焊接下部用于加固的角钢,最后焊接顶部角钢。焊接采用手工焊。焊接期间,试件轴向位移不断增大,累计增大约 2 mm。焊接完成后,对试件进行加载直至破坏,最大极限承载力为798.0 kN。初次加载过程中试件变形与未加固试件的变形基本一致。焊接加固后加载至破坏时,发生整体屈曲破坏,并未出现局部失稳,如图 6-96 所示。

（a）绕 X 轴失稳破环　　　　　　　　　　（b）绕 Y 轴失稳破环

图 6-96　试件 SJ-3 失稳破坏

4）试件 SJ-4

试件 SJ-4 为 $\Phi159\times8$ 未加固试件,在荷载达到极限承载力的 80%(1 622 kN)前,试件并未发生明显变形,跨中变形与荷载呈线性关系。随着荷载继续增大,跨中位移迅速增加。当跨中位移达到 26.4 mm 时,约为构件长度的 1/115,试件达到极限承载力(2 027.2 kN)。试件破坏形态如图 6-97 所示。

（a）绕 X 轴失稳破坏　　　　　　　　　（b）绕 Y 轴失稳破坏

图 6-97　试件 SJ-4 失稳破坏

5）试件 SJ-5

试件 SJ-5 为 $\Phi159\times8$ 杆件,非负载工况下采用间断焊接套管进行加固。在荷载达到极限承载力的 75%(2 038 kN)前,试件并未发生明显变形。随着荷载继续增大,套管与原杆件在焊缝的作用下共同发生侧向变形,如图 6-98 所示。继续加载过程中,跨中截面受压侧焊缝发生破坏,并伴随"嘭"的剧烈响声,此时试件达到极限承载力,如图 6-99 所示。

（a）绕 X 轴失稳破环　　　　　　　　　（b）绕 Y 轴失稳破坏

图 6-98　试件 SJ-5 失稳破坏

在荷载-跨中位移曲线中,焊缝破坏表现为荷载突然减小同时跨中位移迅速增大;在荷载-轴向位移曲线中,焊缝破坏表现为轴向位移不发生变化,荷载突然减小。其原因为焊缝能够使原杆件与套管共同受力和变形协调,防止套管局部失稳。焊缝破坏后套管失去约束,发生侧向变形,导致轴向荷载突然降低。继续加载过程中,端部角钢发生屈曲破坏,轴向荷载再次发生突变,如图 6-100 所示。继续位移加载,荷载基本保持不变。

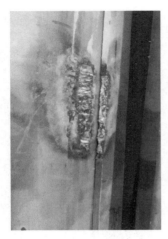

图 6-99　跨中焊缝发生破坏

图 6-100　端部角钢屈曲破坏

6）试件 SJ-6

试件 SJ-6 为 $\Phi159\times8$ 杆件,负载工况下焊接套管加固,最终发生整体屈曲破坏,如图 6-101 所示。在加载前将套管一侧与原杆件焊接,如图 6-95 所示,然后施加初始荷载。初始荷载为未加固试件稳定承载力标准值的 65%,即材料标准值与杆件截面面积和稳定系数的乘积的 0.65,计算后为 690 kN。保持初始荷载不变,进行焊接加固。整个焊接过程耗时约 4 h,焊接完成后,待焊缝冷却,进行继续加载,至试件破坏。初次加载过程中由于所加荷载远小于原试件的极限承载力,所以原试件并未发生明显变形。在焊接过程中,由于焊接的热影响导致试件刚度损失,所以出现荷载保持不变,轴向位移不断增大的现象,轴向位移累计增大约 1 mm。在继续加载过程中,跨中焊缝边缘处的套管发生局部鼓曲破坏,两端角钢发生屈曲破坏,试件极限承载力为 2 700.5 kN,如图 6-102、图 6-103 所示。

2. 承载力分析

试件 SJ-1、SJ-2 和 SJ-3 的荷载-位移曲线如图 6-104 和图 6-105 所示。试件 SJ-1 的极限承载力为 446.1 kN,试件 SJ-2 的极限承载力为 768.6 kN,试件 SJ-3 的极限承载力为 798.0 kN（表 6-20）。对比分析可知,采用套管加固极限承载力提升约 78.9%,加固效果比较理想,且加固后荷载随轴向位移的增长速率显著上升,试件变形显著减小,即试件的刚度有所提高。套管面积与原杆件面积比值为 0.83,套管材料基本得到充分利用。试件 SJ-3 在考虑负载加固条件下进行焊接套管加固,然后加载至破坏,其极限承载力与零载焊接套管加固时相比降低约 5%,因此负载比对加固后试件的轴压承载力影响较小。按照试件 SJ-1 的实际承载力进行计算,初始荷载仅为极限承载力的 40%,负载加固过程中焊接热影响小。

表 6-20　试件极限承载力汇总

试件编号	SJ-1	SJ-2	SJ-3	SJ-4	SJ-5	SJ-6
试验承载力（kN）	446.1	768.6	798.0	2 027.2	2 717.8	2 700.5
承载力提高系数	—	78.9%	72.3%	—	34.1%	33.2%

（a）绕 X 轴失稳破坏

（b）绕 Y 轴失稳破坏

图 6-101　试件 SJ-6 失稳破坏

图 6-102　跨中焊缝边缘套管鼓曲

图 6-103　角钢破坏

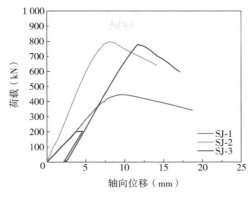

图 6-104 *Φ*114×4.75 荷载-轴向位移曲线

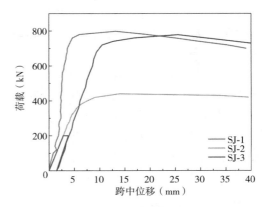

图 6-105 *Φ*114×4.75 荷载-跨中位移曲线

　　试件 SJ-4、SJ-5 和 SJ-6 的荷载-位移曲线如图 6-106 和图 6-107 所示。试件 SJ-4 的极限承载力为 2 027.2 kN,试件 SJ-5 的极限承载力为 2 717.8 kN,试件 SJ-6 的极限承载力为 2 700.5 kN(表 6-20)。由分析可知,套管加固极限承载力提升约 34.1%,套管面积与原杆件面积比值为 1.1。负载焊接加固的影响几乎可以忽略不计,主要原因为初始应力太小,且试件长细比太小。由图 6-104 可以看出,试件 SJ-2、SJ-3 加载达到极限承载力后,由于焊缝的破坏导致承载力突然降低,荷载出现阶梯状下降。试件 SJ-3 负载加固过程中出现一段荷载不变位移不断增加的水平段,其原因为焊接破坏导致试件的刚度降低,位移不断增大。

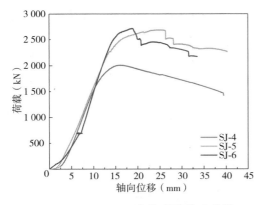

图 6-106 *Φ*159×8 荷载-轴向位移曲线

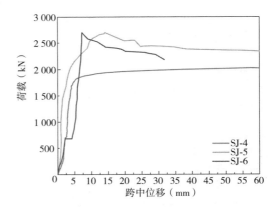

图 6-107 *Φ*159×8 荷载-跨中位移曲线

3. 应变分析

　　试件 SJ-1 的荷载-应变曲线如图 6-108~图 6-111 所示。跨中测点 10 和测点 12 的应变片位于钢管两侧,对称布置,两个测点的应变拉压对称,因此可以推断杆件具有明显的弯曲屈曲特征。由端部、跨中和四分点处同一侧的应变测点 2、测点 6 和测点 10 的应变数据可知,试件达到极限承载力前,端部和四分点处应变同步增长,端部 2 号应变片的应变增长速度快于四分点和跨中处,原因是 2 号应变片位于试件加载端,其应力集中效应明显,且位于偏压侧;当试件达到极限承载力后,2 号应变片应变迅速增大,四分点处 6 号应变片应变基本保持不变,跨中应变迅速由压应变变为拉应变,试件发生整体失稳破坏,荷载-应变曲线如图 6-110 所示。由端部、跨中和四分点处同一侧的应变测点 4、测点 8 和测点 12 的应变数据可知,试件达到极限承载力前,跨中截面应变片 12 压应变增长速度最快,四分点处截面应变片 8 次之,端部应变片 4 应变变化很小,原因为跨中截面主要受整体弯曲的影响,12 号应变片处于整体弯曲的受压侧,所以其压应变较大。端部截面主要受偏压的影响,4 号应变片处于偏压的受拉侧,偏压拉应力与轴压压应力相互抵消,所以应变变化小;在试件达到极限承载力后,跨中截面 12 号应变片应变迅速增大,由于变形协调,4 号应变片由压应变转为拉应变,荷载-应变曲线如图 6-108 所示。试件初始缺陷与变形如图 6-112 所示。

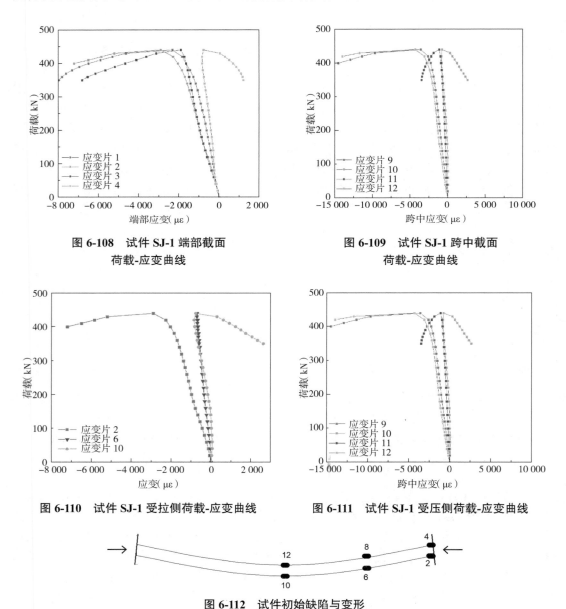

图 6-108　试件 SJ-1 端部截面　　　　　图 6-109　试件 SJ-1 跨中截面
荷载-应变曲线　　　　　　　　　　　荷载-应变曲线

图 6-110　试件 SJ-1 受拉侧荷载-应变曲线　　　图 6-111　试件 SJ-1 受压侧荷载-应变曲线

图 6-112　试件初始缺陷与变形

试件 SJ-4 的荷载-应变曲线如图 6-113 和图 6-114 所示。试件 SJ-4 的应变分布和发展规律与试件 SJ-1 基本相同;但由于试件 SJ-4 的长细比小,试件更接近强度破坏。因此,在失稳破坏前,试件 SJ-4 各个截面的压应变均大于 SJ-1 的应变。

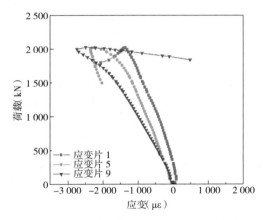

图 6-113　试件 SJ-4 受拉侧荷载-应变曲线

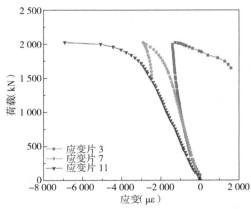

图 6-114　试件 SJ-4 受压侧荷载-应变曲线

未加固试件、零载焊接套管加固试件和负载套管焊接加固试件的荷载-应变曲线对比如图 6-115 和图 6-116 所示。由图可知,在相同荷载作用下,焊接套管加固使得原钢管跨中截面压应变显著减小;负载焊接套管加固过程中,跨中截面受压区的压应变出现平台段,焊接的热量导致测点周围钢材受热膨胀,局部位置处压应变显著减小,压应变减小量与试件的长细比正相关,即长细比越大的试件,平台段长度越大,压应力减小量越大。原因可能是试件长度相等的情况下,长细比越大,试件截面面积越小,焊接过程相对集中,焊接热影响相对较大,变形也相对较大。

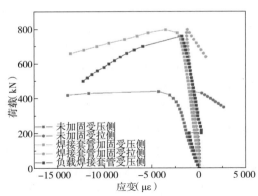

图 6-115　$\Phi114 \times 4.75$ 不同工况下原杆件跨中截面应变

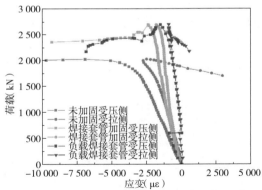

图 6-116　$\Phi159 \times 8$ 不同工况下原杆件跨中截面应变

零载工况下焊接套管加固试验中,套管的荷载-应变曲线如图 6-117、图 6-118 所示。在试件达到极限承载力前, $\Phi114 \times 4.75$ 套管的弯压侧跨中和四分点处始终处于受压状态,试件受力接近轴压状态;达到极限承载力后,由于试件发生整体屈曲,弯压侧和弯拉侧应变迅速分化,弯压侧压应变迅速增大,弯拉侧压应变迅速减小,跨中截面处出现拉应变,如图6-117 所示。在达到极限承载力前, $\Phi159\times8$ 套管的跨中截面和四分点截面处,一侧压应变增长略快于另一侧,原因可能为试件存在微小的弯曲初始缺陷;达到极限承载力后,弯压侧应变和弯拉侧应变迅速分化,受压区压应变迅速增大,受拉区压应变迅速减小,出现拉应变,如图6-118 所示。通过两组试件对比分析发现,达到极限承载力时, $\Phi114\times4.75$ 的套管应变值小于 $\Phi159\times8$ 的套管;以跨中截面弯压侧应变为例,当达到极限承载力时, $\Phi114\times4.75$ 的套管应变为 1 121.1με, $\Phi159\times8$ 的套管应变为 1 749.4με,原因可能为 $\Phi159\times8$ 试件长细比较小,接近强度破坏。 $\Phi114\times4.75$ 试件长细比较大,当截面应力应变没有充分发展时,试件发生失稳破坏,因此应变较小。

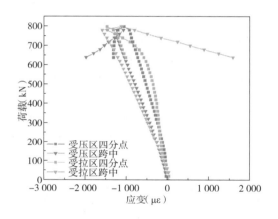

图 6-117　$\Phi114\times4.75$ 套管应变曲线　　　图 6-118　$\Phi159\times8$ 套管应变曲线

负载工况下焊接套管加固试验中,套管与原钢管焊接前,套管不受力,应变为 0,因此,两组试件在初始荷载作用下,荷载-应变曲线中图像均为竖直状。在试件达到极限承载力前, $\Phi114\times4.75$ 的套管受压区跨中和四分点处始终处于受压状态,应变与荷载近似呈线性关系;达到极限承载力后,四分点处应变基本不变,跨中应变迅速增大,如图 6-119 所示。试件达到极限承载力前, $\Phi159\times8$ 的套管弯压侧跨中和四分点处始终处于受压状态,应变与荷载近似呈线性关系;达到极限承载力后,两个位置处压应变迅速增大;弯拉侧跨中和四分点处在达到极限承载力前处于受压状态,在达到极限承载力后,两处均处于受拉状态,如图 6-120 所示。

零载工况下焊接套管加固钢管 $\Phi114\times4.75$ 和 $\Phi159\times8$ 时,原钢管与套管相应位置处的应变对比如图 6-121 和图 6-122 所示。由图 6-121 和图 6-122 可知,原钢管与套管跨中截面处的应变发展趋势比较接近,但原钢管跨中的应变增长速度大于套管,其原因是荷载直接施加在原钢管上,然后通过焊缝传递给套管,套管受力滞后。达到极限承载力时,原钢管跨中弯压侧应变是套管相应位置应变的 1.36 倍,弯拉侧应变是套管相应位置处的 1.60 倍。

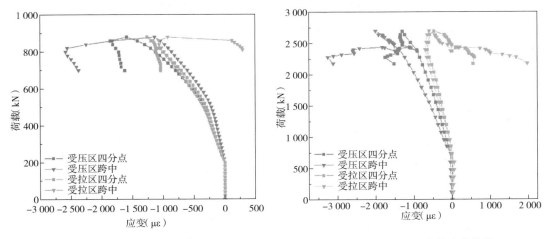

图 6-119　Φ114×4.75 套管应变曲线　　　　　图 6-120　Φ159×8 套管应变曲线

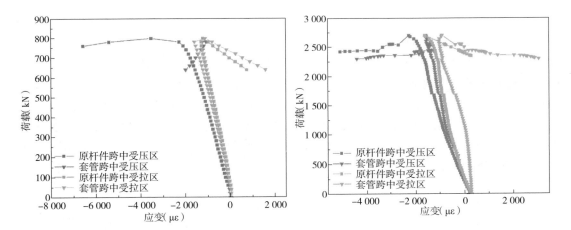

图 6-121　Φ114×4.75 套管应变曲线　　　　　图 6-122　Φ159×8 套管应变曲线

　　负载焊接套管加固工况中,在焊接前,套管的应变为 0,原杆件中存在压应变和焊接形成的平台段。焊接完成后,随着荷载继续增加,套管出现压应力。Φ114×4.75 组试件在继续加载过程中原杆件的应变增长速率快于套管中的应力增长,可能是焊接质量存在问题,如图 6-123 所示。Φ159×8 组试件在继续加载过程中原杆件的应变增长速率与套管中的应力增长基本一致,说明圆钢管与套管协调受力,如图 6-124 所示。

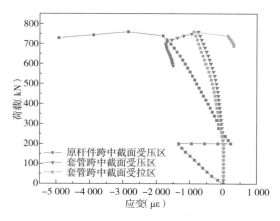

图 6-123　Φ114×4.75 套管应变曲线

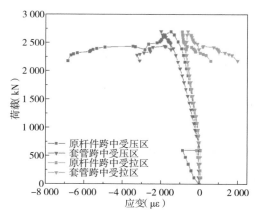

图 6-124　Φ159×8 套管应变曲线

6.4.2　焊接套管加固圆钢管构件数值模拟

6.4.2.1　有限元建模

1. 有限元模型建立

利用 ABAQUS 通用有限元分析软件,进行焊接套管加固钢管的轴压力学性能数值分析。有限元分析模型包括原钢管和套管两个部分,随着荷载的增加,原钢管与套管之间会发生复杂的接触非线性,为了准确模拟和分析这种接触非线性对构件力学性能的影响,数值建模时选用计算精度较高的实体单元 C3D8R。进行网格划分时,沿钢管和套管周向划分 20 个单元,沿钢管和套管厚度方向划分两层单元;沿钢管和套管轴向每隔 5 mm 划分一个单元,如图 6-125 所示。

图 6-125　有限元网格划分示意图

材料本构模型依据材性试验数据确定,弹性模量为 206 GPa,泊松比为 0.3,屈服强度为 290 MPa,极限抗拉强度为 480 MPa,应力-应变数据见表 6-21,选用 von Mises 屈服准则。

采用一致缺陷模态法并引入初始缺陷。首先进行特征值屈曲分析,获得第一阶屈曲模态,参考《钢结构设计标准》(GB 50017—2017),最大缺陷为构件长度的 1/1 000。因此,以第一阶屈曲模态作为缺陷分布模态,以 $l/1\,000$ 作为最大初始缺陷控制值引入缺陷,如图 6-126 所示。

表 6-21　钢材本构模型

σ（MPa）	塑性应变
290	0
326.9	0.000 24
349.1	0.000 47
386.9	0.000 94
412.7	0.001 38
435.8	0.001 82
480	0.003

图 6-126　构件初始几何缺陷

2. 接触设置

进行原钢管与套管之间的接触设置时,选择刚度较大、网格划分较粗糙的套管内表面为主面,刚度较小、网格划分较细密的原钢管外表面为从面。接触关系分为有限滑移和小滑移两种。有限滑移允许两个接触面任意滑动,小滑移只允许两个接触面间发生很小的滑动。考虑到原钢管在受压过程会产生较大的轴向变形,且失稳后与套管接触的过程中会产生较大滑移,所以接触关系选用有限滑移。法向接触属性定义为硬接触,切向接触属性定义为Penalty,摩擦系数定为 0.3。

套管与原钢管焊缝连接区域通过 Tie 来模拟。选择原钢管外表面为主面,焊缝的底表面的厚度面为从面,并设置 10 mm 的 Specify Distance 值,允许 ABAQUS 在 10 mm 误差范围内自动调整两个面接触,建立接触对。

3. 荷载与边界设置

采用位移加载方式施加荷载。加载面为原杆件端面。将加载面与参考点耦合,在参考点上施加荷载和边界条件。边界条件为两端固接,即 U1=U2=U3=0, UR1=UR2=UR3=0。在一端施加 40 mm 的位移。

6.4.2.2　数值分析结果与试验数据对比

1. 破坏模式对比

有限元模型分别按照未加固、焊接套管加固、负载焊接套管加固三种工况进行模拟。数值模拟得到了 6 个试件的失稳形式,如图 6-127~图 6-132 所示。6 个试件均发生整体屈曲破坏,与试验的破坏形式基本一致。

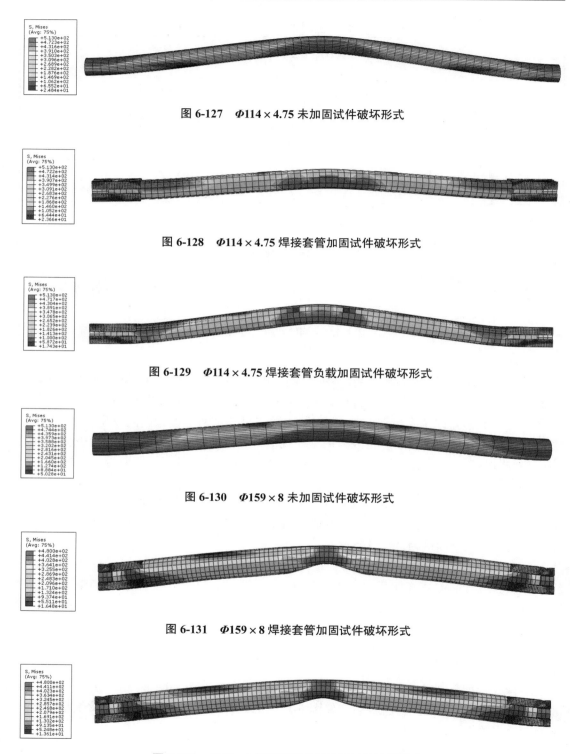

图 6-127　$\Phi114 \times 4.75$ 未加固试件破坏形式

图 6-128　$\Phi114 \times 4.75$ 焊接套管加固试件破坏形式

图 6-129　$\Phi114 \times 4.75$ 焊接套管负载加固试件破坏形式

图 6-130　$\Phi159 \times 8$ 未加固试件破坏形式

图 6-131　$\Phi159 \times 8$ 焊接套管加固试件破坏形式

图 6-132　$\Phi159 \times 8$ 焊接套管负载加固试件破坏形式

2. 荷载-位移曲线对比

图 6-133 为有限元结果与试验结果对比。由图 6-133 可知,有限元获得的荷载-轴向位移曲线与试验曲线基本吻合,有限元分析结果中的轴向刚度略大于试验,原因可能是试验设备与试件之间有微小缝隙,导致相同荷载情况下,试验测得的轴向位移略大。

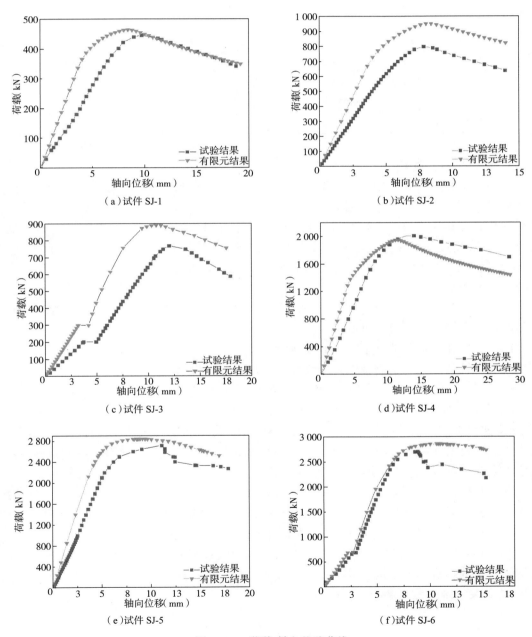

图 6-133　荷载-轴向位移曲线

通过荷载-轴向位移曲线,可确定各个试件的极限承载力,见表 6-22。有限元分析得到的极限承载力与试验结果基本一致,最大误差为 16.00%,平均误差为 6.51%。

表 6-22　极限承载力汇总表

试件编号	试验值(kN)	模拟值(kN)	误差(%)
SJ-1	446.1	464.3	4.08
SJ-2	798.0	950.3	19.09
SJ-3	768.6	888.5	15.60
SJ-4	2 027.2	1 944.1	4.10
SJ-5	2 717.8	2 859.9	5.23
SJ-6	2 700.5	2 838.6	5.11

3. 荷载-应力曲线对比

选择原钢管与套管跨中截面处测点,提取应变数据,根据钢材的实际本构模型,计算应力数据,得到各个试件典型的荷载-应力曲线,如图 6-134 所示。总体上,有限元结果与试验结果变化趋势相同,试件 SJ-1 和 SJ-5 的试验结果与有限元结果出现较大的偏差,可能是因为:有限元建模过程中并未考虑构件局部缺陷的影响;整体初始缺陷与实际初始缺陷存在误差;试验过程中,应变数据采集受到环境干扰,导致测量数值波动。

6.4.2.3　参数化分析

本节采用有限元数值分析,研究了钢材强度等级、构件长细比、边界约束、初始负载等因素对焊接套管加固钢管构件的影响。

图 6-135 给出了不同构件长细比时,焊接套管加固钢管的加固效果。由图 6-135 可知,长细比对加固效果具有显著影响。长细比对构件加固效果的影响可分为以下三个阶段:当长细比小于 90(Q235 钢)或 60(Q345 钢)时,长细比对加固效果影响较小;当长细比大于 150 时,长细比对加固效果影响较小;当长细比介于 90~150(Q235 钢)或 60~150(Q345 钢)时,长细比对加固效果有明显影响。由图 6-135 可知,除了长细比为 90 的构件外,钢材强度等级对加固效果基本无影响;当长细比大于 60 时,边界约束对加固效果有一定的影响,其可能原因为两端铰接的构件更加容易发生失稳破坏。

图 6-136 给出了不同初始负载时,焊接套管加固钢管的加固效果。由图可知,当长细比较小时,构件容易发生强度破坏,初始应力对构件极限承载力几乎没有影响;当构件长细比较大时,构件易发生失稳破坏,初始应力对构件的极限承载力会有一定削弱作用。

图 6-137 给出了不同初始缺陷时,焊接套管加固钢管的加固效果。由图可知,初始缺陷对加固效果的影响取决于构件长细比。当长细比较大时,初始缺陷容易导致构件发生失稳破坏,焊接套管加固效果会略差一些。

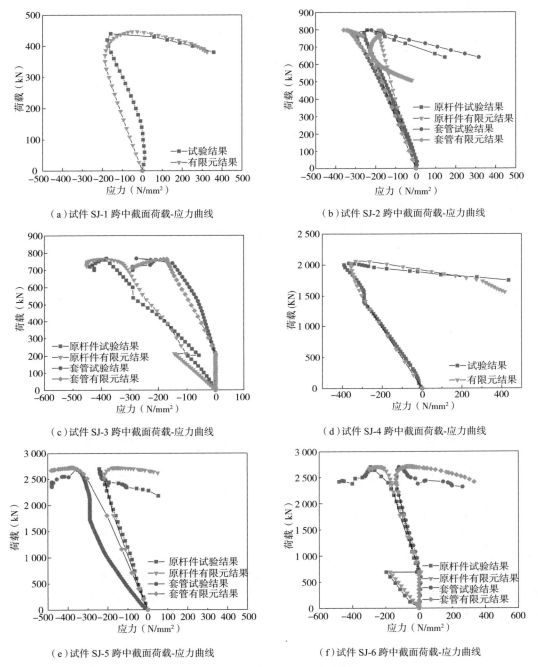

（a）试件 SJ-1 跨中截面荷载-应力曲线

（b）试件 SJ-2 跨中截面荷载-应力曲线

（c）试件 SJ-3 跨中截面荷载-应力曲线

（d）试件 SJ-4 跨中截面荷载-应力曲线

（e）试件 SJ-5 跨中截面荷载-应力曲线

（f）试件 SJ-6 跨中截面荷载-应力曲线

图 6-134　跨中截面荷载-应力图

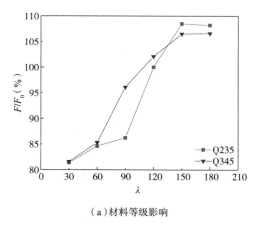

（a）材料等级影响

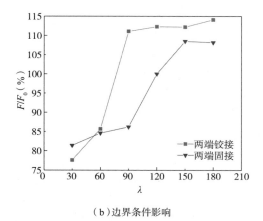

（b）边界条件影响

图 6-135　不同构件长细比时加固效果对比

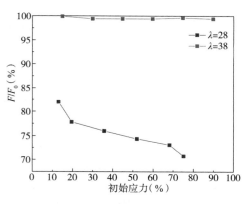

图 6-136　初始应力影响

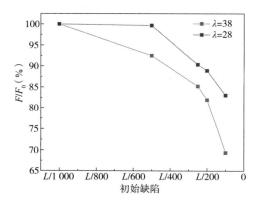

图 6-137　初始缺陷影响

　　工程中套管的长度不能做到与原杆件的长度等长,会留有一部分未加固段。因此,焊接加固杆件破坏形式分为未加固的端部破坏和加固杆件的整体屈曲破坏两种。端部破坏时构件的承载力取决于未加固杆件的截面强度,整体屈曲破坏时构件的承载力取决于加固后杆件的整体稳定性,同时要考虑未加固部分对整体稳定性的削弱。从经济和材料的充分利用角度看,进行未加固段强度承载力和加固后整体稳定承载力等强设计是最合理的,即使端部破坏荷载与整体屈曲荷载相等。

　　未加固段强度承载力:

$$F_i = A_i f_i \tag{6-20}$$

　　考虑到未加固部分对稳定性的削弱,在其稳定承载力后附加未加固杆件的稳定系数,加固段稳定承载力计算公式如下:

$$F_{\mathrm{w}} = (A_i + A_{\mathrm{e}}) f \varphi_{\mathrm{w}} \varphi_i \tag{6-21}$$

　　根据加固段和未加固段极限承载力相等的原则,推出

$$A_i f_i = (A_i + A_{\mathrm{e}}) f \varphi_{\mathrm{w}} \varphi_i \tag{6-22}$$

式中：F_i——未加固段强度承载力；

$\quad\quad A_i$——未加固杆件的截面面积；

$\quad\quad f_i$——未加固杆件的截面强度；

$\quad\quad F_w$——加固段稳定承载力；

$\quad\quad A_e$——加固段杆件的截面面积；

$\quad\quad f$——加固段杆件的截面强度；

$\quad\quad \varphi_w$——加固段杆件的稳定系数；

$\quad\quad \varphi_i$——未加固段杆件的稳定系数。

6.4.3 焊接套管加固后圆钢管承载力公式理论研究

采用双折线对被加固构件模型进行简化，近似认为两段杆件间为铰接，如图 6-138 所示。

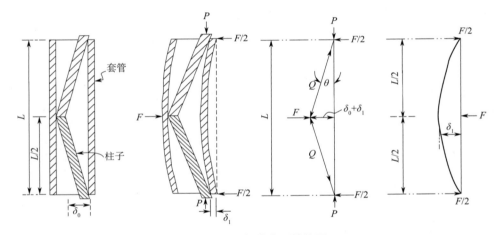

图 6-138 原杆件变形简化图

L_1—双折线简化模型中被加固杆件计算长度；L_2—双折线简化模型中套管计算长度；L_e—加固段杆件变形计算长度

根据被加固构件受力平衡有

$$F = 2P\tan\theta = \frac{4P}{L_1}(\delta_0 + \delta_1) \tag{6-23}$$

受集中荷载跨中挠度计算公式如下：

$$\delta_1 = \frac{FL_2^3}{48EI_S} \tag{6-24}$$

$$\delta_0 = d$$

$$F = \frac{4P}{L_1}(\delta_0 + \delta_1) = \frac{4Pd}{L_i\left(1 - \dfrac{PL_e^3}{12EI_eL_i}\right)} \tag{6-25}$$

$$P = \frac{\pi^2 EI_i}{L_i^2 / 4} \tag{6-26}$$

$$F = \frac{16\pi^2 E I_i d}{L_i^3\left(1 - \dfrac{\pi^2 I_i L_e^3}{3 I_e L_i^3}\right)} \tag{6-27}$$

式中：F——跨中集中荷载；

　　　P——端部集中荷载；

　　　θ——杆件轴线变形角度；

　　　L_i——杆件变形计算长度；

　　　δ_i——杆件变形计算跨中挠度；

　　　E——材料弹性模量；

　　　I_i——截面惯性矩；

　　　d——杆件跨中变形。

套管受力近似简化为跨中受集中荷载 F 的简支梁，跨中最大弯矩为 $M = \dfrac{FL_2}{4}$。整个构件发生整体屈曲的弹性屈曲荷载将由套管的刚度控制。

$$\frac{M}{W_e} = f \tag{6-28}$$

$$\left(\frac{L_i^3}{4\pi^2 E I_i L_e} I_e - \frac{L_e^2}{12E}\right)\frac{W_e}{I_e d} = \frac{1}{f} \tag{6-29}$$

防屈曲支撑为管状时：

$$\frac{d}{D} = \alpha \tag{6-30}$$

$$W_e = \frac{\pi}{32}(D^3 - d^3) = \frac{\pi D^3}{32}(1 - \alpha^3) \tag{6-31}$$

$$I_e = \frac{\pi}{64}(D^4 - d^4) = \frac{\pi D^4}{64}(1 - \alpha^4) = \frac{\pi D^4 t}{64}(1 + \alpha + \alpha^2 + \alpha^3) \tag{6-32}$$

将其代入式（6-29），有

$$\left(\frac{L_i^3}{4\pi^2 E I_i L_e} I_e - \frac{L_e^2}{12E}\right)\frac{2(1 - \alpha^3)}{\alpha D^2(1 - \alpha^4)} = \frac{1}{f_e} \tag{6-33}$$

做出如下简化：近似认为套管与原杆件等长，即 $\dfrac{L_e}{L_i} = 1$。

工程中常用的钢管 α 普遍在 0.9 左右，近似取 $\alpha = 0.9$，简化得

$$t = \frac{64\pi I_i}{3}\left(\frac{8E I_i L_i^3}{f_e}\frac{1}{D^2} + \frac{1}{D^4}\right) \tag{6-34}$$

式中：M——跨中最大弯矩；

　　　W_e——截面抵抗矩；

　　　f——抗弯截面弯曲应力；

　　　d——钢管内径；

D——钢管外径；

α——钢管内外径比值；

I_e——加固构件截面惯性矩；

t——套管加固构件计算比例系数。

6.5　本章小结

本章通过试验研究、数值分析和理论推导相结合的方法，对空间网格结构关键节点和构件的性能提升技术展开研究，提出焊接空心球节点负载焊接加固技术、圆钢管构件焊接角钢加固技术和圆钢管构件焊接套管加固技术；通过试验和数值分析，揭示了加固技术对关键节点和构件性能提升的机理，通过理论研究提出了加固后关键节点和构件的承载力计算公式。得到的主要结论如下。

（1）加固节点承载力提高系数与节点损伤、加固时的负载值、加固板数量有关：损伤节点承载力提高系数比未损伤加固节点承载力提高系数低 10% 左右；加固时负载越小，承载力提升越高；相同负载水平下，4 个板加固节点承载力提高 24.6%，6 个板加固节点承载力提高 47.6%。考虑焊接热影响的模拟方法能够更准确地反映节点的变形趋势和荷载-位移曲线发展规律，模拟结果与试验结果吻合良好。基于正交试验和二层次参数化分析结果，拟合得到加固后焊接空心球节点拉、压承载力提高系数设计公式；考虑节点损伤和加固负载值，对公式进行了进一步修正；通过试验结果和数值模拟结果对比，验证了本书提出的加固焊接空心球节点承载力计算公式的适用性。

（2）焊接角钢加固试验结果表明，未加固构件和加固构件最终均发生整体失稳破坏，角钢采用间断焊缝连接，在焊缝间断处角钢发生分肢失稳。两组构件焊接角钢加固后极限承载力分别增大 67.4% 和 23.9%，承载力增大值与面积比近似相同。对应的负载加固构件极限承载力分别提升 42.8% 和 18.3%，负载加固构件极限承载力相对于零载加固构件显著降低。经过对试验数据的分析，负载加固对长细比较大的构件承载力削弱较为明显，而对长细比较小构件削弱并不明显。负载加固过程中，初始荷载由原杆件承担，二次加载过程中所施加的荷载由原杆件和角钢按面积比进行分配。焊接过程中的热输入会改变局部应力分布，但不会改变原杆件与角钢间的荷载分配。

（3）本章提出一种考虑焊接热输入的有限元分析方法，对试验工况进行数值模拟，得到的结果与试验结果的误差在 10% 以内，证明该方法有效；采用验证后的有限元模型及分析方法，研究了焊接热输入、初始负载比、长细比以及加固件与原构件截面面积比对焊接加固构件力学性能的影响，并建立了考虑焊接热输入的构件极限承载力计算公式。分析结果表明，初始负载比和长细比共同影响加固后构件的受力性能。

（4）选用工程中常用的 $\Phi114 \times 4.75$ 和 $\Phi159 \times 8$ 两种规格的钢管杆件，综合应用试验研究、数值模拟和理论分析方法，研究了焊接套管加固后钢管的承载性能。结果表明，套管加固钢管杆件效果明显，加固后杆件承载力提高 35% 以上；在变形缺陷不明显的情况下，初始负载对加固后极限承载力基本无影响。另外，本章还提出了套管加固后钢管稳定承载力的计算公式。